W0256553

aprentas
Herausgeber

Laborpraxis
Band 1: Einführung, Allgemeine Methoden

6. Auflage

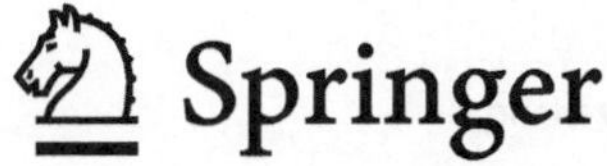 Springer

Herausgeber
aprentas
Muttenz, Schweiz

ISBN 978-3-0348-0965-8   ISBN 978-3-0348-0966-5 (eBook)
DOI 10.1007/978-3-0348-0966-5

Die Deutsche Nationalbibliothek verzeichnet diese Publikation in der Deutschen Nationalbibliografie; detaillierte bibliografische Daten sind im Internet über http://dnb.d-nb.de abrufbar.

1. Aufl. © Birkhäuser Basel 1977, 2. Aufl. © Birkhäuser Basel 1983, 3. Aufl. © Birkhäuser Basel 1987, 4. Aufl. © Birkhäuser Basel 1990, 5. Aufl. © Birkhäuser Basel 1996
© Springer International Publishing Switzerland 2017
Mit freundlicher Genehmigung von aprentas

Gedruckt auf säurefreiem und chlorfrei gebleichtem Papier.

Springer ist Teil von Springer Nature
Die eingetragene Gesellschaft ist Springer International Publishing AG Switzerland

Vorwort zur 6. Auflage

Die LABORPRAXIS hat sich seit ersten Anfängen Mitte der Siebzigerjahre des letzten Jahrhunderts immer grösserer Beliebtheit bei der Ausbildung von Laborpraktikern in chemischen Labors erfreut. Ursprünglich war sie als Lehrmittel zur Laborantenausbildung in der Werkschule der Firma Ciba-Geigy AG konzipiert. Sie gilt heutzutage vielerorts als Standardwerk für die grundlegende praktische Arbeit im chemisch-pharmazeutischen Labor. Als Nachfolgeinstitution der Werkschule Ciba-Geigy AG gibt der Ausbildungsverbund aprentas die LABORPRAXIS in der 6. völlig neu überarbeiteten Auflage heraus.

Die vierbändige LABORPRAXIS mit Schwerpunkten bezüglich organischer Synthesemethoden, Chromatographie und Spektroskopie, dient Berufseinsteigern als sehr breit angelegtes Lehrmittel und erfahrenen Fachkräften als Nachschlagewerk mit übersichtlich dargestellten theoretischen Grundlagen und konkreten, erprobten Anwendungsideen.

Die theoretischen Grundlagen für jedes Kapitel sind für Personen mit allgemeiner Vorbildung verständlich abgefasst. Sie zeigen theoretische Hintergründe von praktischen Arbeiten auf und erläutern Gerätefunktionen. Zu jedem Kapitel gibt es Hinweise auf vertiefende und weiterführende Literatur. Arbeitssicherheit und -hygiene sowie die zwölf Prinzipien der nachhaltigen Chemie finden neben den entsprechenden Kapiteln in der ganzen LABORPRAXIS Beachtung. Die im Buch erwähnten praktischen, theoretischen und rechtlichen Grundlagen gründen auf Gegebenheiten bei Kunden von aprentas aus der chemisch-pharmazeutischen Industrie in der Schweiz, haben aber meist allgemeine Gültigkeit. Wenn spezifisch schweizerische Gegebenheiten vorkommen, ist das ausdrücklich erwähnt. Die LABORPRAXIS findet zudem Anwendung in Labors von verwandten Arbeitsgebieten wie biochemischen, klinischen, werkstoffkundlichen oder universitären Einrichtungen.

Die LABORPRAXIS eignet sich für den Einsatz in der Grund- und in der Weiterbildung von Fachpersonal. Der Inhalt entspricht den aktuellen Anforderungen der Bildungsverordnung und des Bildungsplanes zum Beruf Laborantin / Laborant mit eidgenössischem Fähigkeitszeugnis (EFZ), welche vom Staatssekretariat für Bildung, Forschung und Innovation (SBFI) in Bern verordnet wurden.

Inhaltsübersicht

Inhaltsübersicht Band 1

- **Das Chemische Labor**

Grundeinrichtungen, Aufbewahren von Chemikalien, Gefässe für die Aufbewahrung von Chemikalien, Handhabung von Chemikalien, Laborunterhalt, Betrieb bei Abwesenheit der Mitarbeitenden

- **Arbeitssicherheit und Gesundheitsschutz**

Organisation Sicherheit, Gefährdungsbeurteilung im Umgang mit Gefahrstoffen, Generelle Bestimmungen, Spezifische Bestimmungen, Technische Schutzmassnahmen und deren Prüfung

- **Umgang mit Abfällen und Emissionen**

Gesetzliche Grundlagen, Reduzieren, Rezyklieren, Ersetzen, Grüne Chemie, Entsorgen, Spezielle Chemikalien entsorgen, Übersicht über ausgewählte Stoffklassen

- **Werkstoffe im Labor**

Metallische Werkstoffe, Nichtmetallische Werkstoffe, Kunststoffe

- **Protokollführung, Wort- und Zeichenerklärungen**

Grundsätzlicher Aufbau eines Protokolls, GLP- ISO 9001- und Akkreditierungs-Grundsätze für Protokolle, Sicherung der im Labor erarbeiteten Erkenntnisse, Häufig angewandte Terminologie, Fachliteratur

- **Bewerten von Mess- und Analysenergebnissen**

Einleitung, Begriffe, Fehlerarten, Zusammenhang der Fehlerarten, Statistische Messgrössen, Praktische Anwendungsbeispiele von Messgrössen

- **Apparaturenbau für organische Synthesen**

Grundlagen, Schliffverbindungen, Versuchsapparaturen

- **Zerkleinern, Mischen, Rühren**

Theoretische Grundlagen, Übersicht: Homogene und heterogene Systeme, Zerkleinern und Mischen von Feststoffen, Korngrösse, Rühren von Flüssigkeiten, Mischen von Flüssigkeiten

- **Lösen**

Theoretische Grundlagen, Lösemittel, Herstellen von Lösungen in der Praxis, Physikalisches Verhalten von Lösungen

- **Heizen und Kühlen**

Physikalische Grundlagen Heizen und Kühlen, Heizmittel und Heizgeräte, Temperaturregelgeräte, Wärmeübertragungsmittel, Heizmedien, Allgemeine Grundlagen Kühlen, Wärmeübertragungsmittel, Kühlmedien, Kühlgeräte, Spezielle Kühlmethoden, Hilfsmittel

- **Heizen mit Mikrowellen**

Einsatzgebiete, Energieübertragung, Permittivität (ε), dielektrische Leitfähigkeit, Verlustfaktor (tan δ) und Dissipationsfaktor, Die Mikrowelle, Wärmeübertragung, Sicherheit

- **Arbeiten mit Vakuum**

Physikalische Grundlagen, Pumpen zum Erzeugen von vermindertem Druck, Pumpenstände und Peripheriegeräte

- **Arbeiten mit Gasen**

Physikalische Grundlagen, Technisch hergestellte Gase, Umgang mit Gasen, Gaskenndaten

Inhaltsübersicht Band 2

- **Wägen**

Physikalische Grundlagen, Allgemeine Grundlagen, Waagen

- **Volumenmessen**

Physikalische Grundlagen, Allgemeine Grundlagen, Volumenmessgeräte in der Praxis, Volumenmessen im Mikrobereich, Hilfsmittel

- **Dichtebestimmung**

Physikalische Grundlagen, Dichtebestimmung von Flüssigkeiten

- **Temperaturmessen**

Allgemein, Temperaturskalen, Laborübliche Temperaturmessgeräte, Flüssigkeitsausdehnungsthermometer, Elektrische Temperaturmessfühler, Metallausdehnungsthermometer, Wärmestrahlungsmessgeräte

- **Thermische Kennzahlen**

Die Aggregatzustände, Aggregatzustandsübergänge

- **Schmelzpunktbestimmung**

Grundlagen, Anwendung in der Praxis, Ablauf und Dokumentation, Praktische Durchführung, Geräte

- **Erstarrungspunktbestimmung**

Grundlagen, Bestimmung nach Pharmacopoea (Ph.Helv.VI)

- **Siedepunktbestimmung**

Grundlagen, Siedepunktbestimmung

- **Druck- und Durchflussmessung von Gasen**

Grundlagen, Mechanische Manometer, Elektronische Manometer, Anzeige- und Messgeräte für Gasdurchfluss

- **Bestimmen der Refraktion**

Physikalische Grundlagen, Refraktometer, Messen im durchfallenden Licht von klaren, farblosen Flüssigkeiten, Messen im reflektierten Licht, Elektronische Refraktometer

- **pH-Messen**

Theoretische Grundlagen, Säuren und Basen, Der pH-Wert, Puffer, Visuelle pH-Messung, Elektrometrische Messung

Inhaltsübersicht Band 3

- **Filtrieren**

Allgemeine Grundlagen, Filtrationsmethoden, Filterarten, Filterhilfsmittel, Filtermaterialien, Filtrationsgeräte, Filtration bei Normaldruck, Filtration bei vermindertem Druck, Filtration mit Überdruck, Filtration mit Filterhilfsmitteln, Arbeiten mit Membranfiltern

- **Trocknen**

Feuchtigkeitsformen, Trockenmittel, Trocknen von Feststoffen, Trocknen von Flüssigkeiten, Trocknen von Gasen, Spezielle Techniken

- **Extrahieren**

Allgemeine Grundlagen, Extraktionsmittel, Löslichkeit, Verteilungsprinzip, Extraktionsmethoden, Endpunktkontrolle, Extrahieren von Extraktionsgutlösungen in Portionen, Extrahieren mit spezifisch leichteren Extraktionsmitteln nach dem Drei-Scheidetrichterverfahren, Extrahieren mit spezifisch schwereren Extraktionsmittel nach dem Drei-Scheidetrichterverfahren, Kontinuierliches Extrahieren von Extraktionsgut-Lösungen, Kontinuierliches Extrahieren von Feststoffgemischen

- **Umfällen**

Theoretische Grundlagen, Allgemeine Grundlagen, Durchführung einer Umfällung

- **Chemisch-physikalische Trennung**

Allgemeine Grundlagen, Trennen durch Extraktion, Trennen durch Wasserdampfdestillation

- **Umkristallisation**

Physikalische Grundlagen, Allgemeine Grundlagen, Praktische Durchführung einer Umkristallisation, Alternative Umkristallisationsmethoden

- **Destillation, Grundlagen**

Allgemeine Grundlagen, Siedeverhalten von binären Gemischen, Durchführen einer Destillation

- **Gleichstromdestillation**

Allgemeine Grundlagen, Destillation von Flüssigkeiten bei Normaldruck, Destillation von Flüssigkeiten bei vermindertem Druck

Inhaltsübersicht Band 4

- **Nachweis von Ionen in Lösungen**
Allgemeine Grundlagen, Kationen, Anionen, Zusammenfassung des praktischen Vorgehens

- **Organisch-quantitative Elementaranalyse**
Bestimmung von Stickstoff nach Kjeldahl, Weitere Aufschlussmethoden

- **Grundlagen der Massanalyse**
Einleitung, Masslösung, Titrationsarten und Methoden, Arbeitsvorbereitung, Berechnungen, Endpunktbestimmung, Potentiometrie, Voltammetrie / Ampèrometrie, Elektrodentypen, Potentiometrische Titration mit automatisierten Systemen, Praxistipps Titration

- **Neutralisationstitration in wässrigen Medium**
Theoretische Grundlagen, Äquivalenzpunktbestimmung, Titration von Säuren oder Basen, Allgemeine Arbeitsvorschrift direkte Titration, Allgemeine Arbeitsvorschrift indirekte Titration, Allgemeine Arbeitsvorschrift Rücktitration

- **Neutralisations-Titrationen in nichtwässrigem Medium**
Allgemeine Grundlagen, Neutralisation in nichtwässrigem Medium, Wahl des Lösemittels, Titration von schwachen Basen mit $HClO_4$, Endpunktbestimmung, Allgemeine Arbeitsvorschrift, Titration von schwachen Säuren mit TBAOH, Endpunktbestimmung, Allgemeine Arbeitsvorschrift Geräte

- **Redoxtitrationen in wässrigem Medium**
Chemische Grundlagen, Titration von oxidierbaren Stoffen mit Kaliumpermanganat, Titration von oxidierbaren Stoffen mit Iod, Bestimmung von reduzierbaren Stoffen mit Iodid

- **Fällungs-Titrationen**
Allgemeine Grundlagen, Masslösung, Endpunktbestimmung, Bestimmung von Halogenidionen mit Silbernitrat, Allgemeine Arbeitsvorschriften

- **Komplexometrische Titration**
Chemische Grundlagen, Allgemeine Grundlagen, Direkte Titration von Kupfer-II-Ionen, Direkte Titration von Magnesium- oder Zink-Ionen, Direkte Titration von Calcium-Ionen, Substitutions-Titration von Barium-Ionen, Bestimmung der Wasserhärte

- **Wasserbestimmung nach Karl Fischer**
Einführung, Chemische Reaktionen, Masslösung, Detektionsmethoden, Praktische Durchführung, Literatur

- **Spektroskopie**
Theoretische Grundlagen, Absorptionsspektren, Emissionsspektren, Elektromagnetische Strahlung, Physikalische Zusammenhänge, Absorption, Absorptionsgesetze, Anwendung des Lambert-Beer'schen Gesetzes, Spektroskopischen Methoden: häufig verwendete Methoden in der organischen Chemie

- **UV-VIS Spektroskopie**

Grundlagen, UV-VIS Spektrophotometer, Geräteparameter, Gerätetests, Probenvorbereitung, Lösemittel, Küvetten, Messmethoden, Qualitative Interpretation von Spektren organischer Verbindungen

- **IR-Spektroskopie**

Physikalische Grundlagen, IR-Spektrometer, Aufnahmetechniken, Das IR Spektrum, Auswerten eines Spektrums, Interpretation eines Spektrums

- **1H-NMR-Spektroskopie**

Einführung in die 1H-NMR-Spektroskopie, Zur Geschichte der NMR-Spektroskopie, Grundlagen, Das NMR-Gerät, Spektreninterpretation, Probenvorbereitung, Kriterien zur Auswertung von Spektren, Gehaltsbestimmungen, Interpretationshilfen

- **Massenspektroskopie**

Grundlagen, Begriffe und Erklärungen, Ionen-Erzeugung, Analysatoren, Detektoren, Kopplungen MS mit anderen Methoden, Aufbau und Aussagen eines Massenspektrums, Isotopen-Verhältnis bei Chlor und Brom, Verzeichnis von charakteristischen Massendifferenzen

Inhaltsverzeichnis

Das Chemische Labor

Die Einrichtung des Arbeitsplatzes

© Springer International Publishing Switzerland 2017
aprentas (Hrsg.), *Laborpraxis Band 1: Einführung, Allgemeine Methoden*, DOI 10.1007/978-3-0348-0966-5_1

Das chemische Labor ist speziell für die Arbeit mit Chemikalien ausgerüstet und konzipiert. Mit den verschiedenen darin vorhandenen Einrichtungen und Apparaturen können Mitarbeitende Analysen, Synthesen und dazugehörige Arbeiten sicher und sachgerecht durchführen.

> ❯ **Kein chemisches Labor ist direkt mit einem anderen zu vergleichen.**

Irgendetwas ist immer anders, sei es ein spezielles Gerät oder eine etwas veränderte Einrichtung. Unterschiede ergeben sich durch die verschiedenen Arbeitsgebiete. Beispiele dafür sind Kunststoffchemie, Pharmazeutische- oder Agrochemie, Physikalische Chemie oder Lebensmittelanalytik. Andere sind hoch spezialisiert wie ein Hydrierlabor, Sprengstofflabor oder NMR-Spektroskopielabor. Alle Labors verändern sich zudem, je nach geänderten Arbeitszielen und neu hinzugekommenen Einrichtungen, mit der Zeit.

> ❯ **Allen chemischen Labors gemeinsam ist, dass sie ein Ort für naturwissenschaftlich – technische Arbeit mit starkem Bezug zur Chemie sind.**

1.1   Grundeinrichtungen

Ein chemisches Labor ist häufig ein Raum in einem speziell für Labors erbauten Gebäude. Oft sind mehrere Nebenräume wie Lagerräume, Büros und Aufenthaltsräume vorhanden. Es gibt aber auch mobile Labors oder Grossraumlabors.

In der Schweiz gelten so genannte EKAS (Eidgenössische Koordinationskommission für Arbeitssicherheit) Richtlinien. Den Link dazu gibt es im Literaturverzeichnis.

1.1.1   Labortische

Der Arbeitstisch besitzt die notwendigen Installationen (Gestänge, Energieanschlüsse, Abluft und so weiter), die ein zweckmässiges Arbeiten ermöglichen. Er ist in der Regel für stehendes Arbeiten vorgesehen.

In vielen Labors gibt es einen speziellen Wägetisch. Er ist speziell für ein erschütterungsarmes Arbeiten konstruiert, was in der Regel zuverlässigere Ergebnisse liefert.

Um in einem Labor flexibel arbeiten zu können, werden vielfach ganze Apparaturen oder analytische Geräte auf fahrbaren Tischen oder Gestellen montiert und, wenn sie nicht gebraucht werden, in Nebenräumen gelagert.

1.1.2   Belag der Tischfläche

Die Tischfläche besteht meist aus einer Glasplatte oder aus Keramik (Klinker). Mattglas mit einer weissen Unterlage wird mit einer Silikonfuge eingekittet. Diese Fläche ist etwas weniger gegen mechanische Einwirkungen und Hitze stabil als Klinker. Defekte Glasplatten hingegen lassen sich leicht ersetzen. Keramische Kacheln haben den Nachteil, dass Stücke abplatzen können und ein Auswechseln nicht so einfach ist.

Kunstharzplatten (Kellco) sind geeignet für Wäge-, Abstell- und Schreibtische. Sie sind gegen viele Chemikalien nur kurzfristig beständig, hitzeempfindlich und nicht kratzfest.

1.1.3 Abzug, Kapelle

Chemische Umsetzungen, Destillationen, Filtrationen, Arbeiten mit flüchtigen oder stäubenden Stoffen und so weiter *müssen* im Abzug, welcher auch Kapelle genannt wird, ausgeführt werden. Die verunreinigte Luft wird über eingebaute Filtersysteme gereinigt oder über die Hauslüftung abgeführt. Absaugschlitze sorgen für eine gute Lüftung beim Entweichen von Dämpfen oder Gasen mit grösserer oder kleinerer Dichte als Luft. Schieber aus Sicherheitsglas schützen vor Spritzern und mechanischen Einflüssen. Da eine optimale Lüftung nur bei geschlossenem Schieber gewährleistet ist, sind die Armaturen ausserhalb des Abzugs angebracht. In Notfällen kann beispielsweise deswegen die Stromzufuhr von aussen unterbrochen werden.

In Labors, welche für die Arbeit mit grösseren Mengen an Chemikalien ausgerüstet sind, gibt es sogenannte Stehkapellen (Abzug ohne Arbeitstisch) für hohe Apparaturen (beispielsweise für 10 L Doppelmantelreaktoren oder Rektifikationen mitsamt Thermostat). Solche Stehkapellen erlauben das Arbeiten auf bequemer Höhe oder mit fest auf mobilen Einheiten montierten Apparaturen.

Oft ist eine Kohlenstoffdioxidgas-Objektschutzanlage angeschlossen. Erreicht die Luft eine Temperatur von 72 °C, schmilzt die Lötstelle und die Anlage wird ausgelöst.

> **Wurde die Kohlenstoffdioxidgas-Objektschutzanlage ausgelöst, muss das Labor umgehend verlassen werden. Das CO_2 verdrängt den Luftsauerstoff. Es besteht *Erstickungsgefahr*.**

1.1.4 Installationen

Energiezuleitungen kommen oft aus der Decke zu den Arbeitsflächen und in die Kapellen. Rohrleitungen und Armaturen können mit Kennfarben bezeichnet sein. Die ◘ Tab. 1.1 bezeichnet die wichtigsten.

◘ Tab. 1.1 Kennzeichnung von Rohrleitungen

Energie	Kennfarbe	Bemerkungen
Hausvakuum	Grau	Restdruck ca. 130 mbar
Wasser	Grün	Überdruck max. 6 bar
Deionisiertes Wasser	Grün	Mit Aufschrift wie „Entmineralisiertes Wasser"
Druckluft	Blau	Überdruck ca. 3 bar
Stickstoff	Gelb	Mit Aufschrift „Stickstoff"
Argon	Gelb	Mit Aufschrift „Argon"
Wasserstoff	Gelb	Mit Aufschrift „Wasserstoff"
Elektrische Energie	Keine	230 Volt, 380 Volt

1.1.5 Böden

Böden in einem chemischen Labor sollten mit einem äusserst robusten, verschweissten PVC Belag oder mit einem gegossenen Kunststoffboden versehen sein. Es ist vorteilhaft, wenn dieser an den Seiten einige Zentimeter an der Wand hochgezogen ist. Damit soll verhindert werden, dass im Falle von Havarien Chemikalien ins Mauerwerk eindringen können. Als Alternative gibt es auch Keramikböden, welche allerdings sehr gut verfugt sein müssen.

1.2 Aufbewahren von Chemikalien

Chemikalien müssen sorgfältig und für Unbefugte unerreichbar aufbewahrt werden. Das Ausführen von Chemikalien aus jedem Labor ist von Gesetzes wegen strikt untersagt.

Gut organisierte Labors pflegen ein sorgfältiges Chemikalienmanagement. Dort sorgen die Mitarbeitenden dafür, dass nur eine minimale Anzahl Flaschen angebrochen herumstehen, dass regelmässig Chemikalien, Reagenzien sowie Hilfsstoffe aufgebraucht werden und dass nicht mehr gebrauchte Bestände regelmässig aussortiert werden.

1.2.1 Chemikalienregal

Die Chemikalienregale in den Labors dienen zum Aufstellen von Standflaschen. Darauf werden Mengen bis zu einem Kilogramm respektive einem Liter der im Labor häufig benötigten Substanzen aufbewahrt. Es dürfen nur solche Substanzen aufbewahrt werden, die keine schädlichen Dämpfe entwickeln können.

Brennbare Lösemittel dürfen nur in kleinen Gefässen auf Regalen im Labor aufbewahrt werden. Die Gesamtmenge aller im Labor aufbewahrten Lösemittel darf 5 L nicht übersteigen.

1.2.2 Lösemittelschrank

Der mit schwer entzündbarem Material ausgekleidete und ventilierte Lösemittelschrank dient zum Aufbewahren von maximal 100 L Lösemittel (meist Standflaschen bis 1 L Inhalt, maximal 5-Liter Gebinde).

1.2.3 Säure- und Laugenschrank

Dieser mit Kunststoff ausgekleidete und ventilierte Schrank dient zum Aufbewahren von aggressiven Säuren respektive Laugen. Mancherorts hat es zwei Schränke; Einen für Säuren, saure Lösungen und sauer reagierenden Reagenzien und einen für Basen, basische Lösungen und basisch reagierenden Reagenzien.

1.2.4 Kühlschrank

Leichtflüchtige und wärmeempfindliche Substanzen werden in einem Kühlschrank aufbewahrt. Laborkühlschränke sind zudem EX-geschützt.

> Der Laborkühlschrank darf unter keinen Umständen zum Aufbewahren von Lebensmitteln benützt werden.

1.2.5 Lösemittelraum

Lösemittelvorräte werden meistens in Kanistern manchmal auch in Kunststoff- oder Glasgebinden in einem speziellen Lösemittelraum aufbewahrt. Der Raum ist mit einer automatischen Kohlenstoffdioxidgas-Objektschutzanlage ausgerüstet. Die Gebindegrösse ist maximal 20 L, der Gesamtinhalt aller Gebinde darf 1000 L nicht überschreiten.

1.2.6 Chemikalienraum

Vielerorts werden Chemikalien in separaten Räumen gelagert. Es gelten dort die gleichen Richtlinien und Sicherheitsbestimmungen wie für das Aufbewahren von Chemikalien im Labor. Werden in einem Abstellraum Chemikalien gelagert, so dürfen keine anderen Gegenstände darin gelagert sein.

1.3 Gefässe für die Aufbewahrung von Chemikalien

Alle Stoffe sind in geeigneten, mechanisch, thermisch und chemisch genügend widerstandsfähigen Gefässe aufzubewahren. Die im Labor üblichen Gebinde sind in ◘ Tab. 1.2 erwähnt:

◘ **Tab. 1.2** Welche Chemikalie gehört in welches Gebinde

Inhalt		Bezeichnung/Bemerkung
Feste Stoffe (Pulver, Granulate)		Weithalsflaschen aus Glas oder Kunststoff, braun oder farblos, mit Schraubdeckel
Dickflüssige Stoffe		Weithalsflaschen aus Glas, braun oder farblos, mit Schraubdeckel oder Glasstopfen
Flüssigkeiten		Enghalsflaschen aus Glas, braun oder farblos, mit Schraubdeckel oder Stopfen aus Glas oder Kunststoff

◘ Tab. 1.2 (*Fortsetzung*) Welche Chemikalie gehört in welches Gebinde

Inhalt		Bezeichnung/Bemerkung
Grössere Mengen Flüssigkeiten		Kanister aus Blech oder Kunststoff
Leichtflüchtige, stark sauerstoff- und feuchtigkeitsempfindliche sowie sterile Stoffe		Ampullen aus Glas; wenn Inhalt unter Normaldruck mit flachem, sonst mit rundem Boden
Flüssigkeiten unter Druck		Aerosoldose
verflüssigte Gase, Gase		Druckgasflasche
Feste Abfälle		Vorübergehende Aufbewahrung in geschlossenem Kunststoff- bzw. Glasbehälter

1.3.1   Beschriftung von Gefässen

Die Beschriftung eines Gefässes hat den Zweck, dessen Inhalt eindeutig zu definieren und auf vorhandene Gefahrenquellen hinzuweisen. Folgende Punkte können auf dem Etikett vermerkt sein:

- Name des Produkts/Produkt- und Versuchsnummer/evtl. chemische Formel,
- molare Masse,
- Reinheit,
- physikalische Konstanten (Smp, Sdp, Dichte, Gehalt nach GC und so weiter),
- Gefahrenhinweise (zum Beispiel Giftpiktogramm nach GHS, H- und P-Sätze),
- Name der Person, welche die Substanz hergestellt hat, resp. Herkunft des Produkts,
- Abfülldatum,
- Tara des Gefässes (mit oder ohne Verschluss vermerken).

Etiketten, insbesondere von Standflaschen, sind beispielsweise mit transparentem Klebeband zu schützen.

> **Gedruckte Etiketten sind besser lesbar als von Hand geschriebene wie** ◨ **Tab. 1.3 zeigt.**

◨ **Tab. 1.3** Beispiel einer Chemikalienetikette

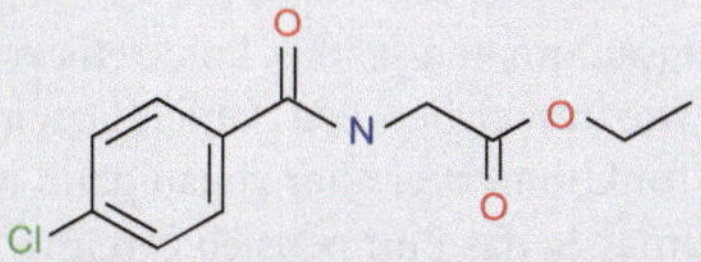	
4-Chlor-hippursäureethylester	
HPLC > 98 %	NMR bestätigt Struktur
UK	AZM Labor P.02
Tara ohne Deckel: 12,36 g	

Häufig sind selber hergestellte Chemikalien zusätzlich mit einem Barcode versehen.

1.4 Handhabung von Chemikalien

Chemikalien sind aus Vorsorgegründen allgemein als giftig und gefährlich zu betrachten. Eine für Mensch und Material sichere Handhabung ist somit nur möglich, wenn die Eigenschaften der betreffenden Substanzen bekannt sind. *Vor* der Aufnahme einer praktischen Arbeit ist die Kenntnis über folgende Eigenschaften verwendeter Chemikalien wichtig:

- Aggregatzustand,
- relevante physikalische Konstanten wie Siedepunkt, Flüchtigkeit, Dichte,
- Giftigkeit,
- Brennbarkeit,
- Empfindlichkeit gegen Licht, Luft und Feuchtigkeit,
- Reaktionsfähigkeit,
- Sicherheitsmassnahmen.

Gemäss der REACH-Verordnung gibt es umfassende Informationen zu eingekauften Chemikalien, Reagenzien und Hilfsstoffen. Diese Informationen finden sich in einem *Sicherheitsdatenblatt* (SDB; auf Englisch *Material Safety Data Sheet*, MSDS) welche für alle handelsüblichen Chemikalien vorliegt. Diese SDB (MSDS) lassen sich leicht im Internet unter der Website des Herstellers oder des Verkäufers finden.

Schwieriger wird es, wenn es sich um selber hergestellte Chemikalien handelt. Mitarbeitende müssen sich trotzdem informieren. Das kann durch Rückfragen bei den Vorgesetzten oder bei der Sicherheitsprüfstelle, durch eigene Vorversuche oder Messungen geschehen.

1.5 Laborunterhalt

Mitarbeitende müssen ein chemisches Labor regelmässig sauber pflegen, sorgfältig unterhalten und sachgerecht neu anordnen. Sowohl ökonomische, arbeitshygienische, als auch ökologische Erfordernisse verlangen dies.

1.5.1 Unterhalt von Geräten und Einrichtungen

Viele teure oder häufig benötigte Geräte und Einrichtungen müssen regelmässig auf deren zuverlässige Funktion überprüft und, sofern das keine speziellen Kompetenzen erfordert, gewartet werden. Es gibt für wichtige Geräte ein Logbuch, sei es auf Papier oder in einem elektronischen System. Damit lassen sich Gebrauch und Wartung überprüfen und allfällige Verschleisserscheinungen rechtzeitig erkennen.

Am Beispiel eines Reinigungsautomaten sei dies konkretisiert. Mitarbeitende könnten den Reinigungsautomaten einfach wie immer befüllen, laufen lassen und ausräumen, bis er nicht mehr funktioniert. Manchmal funktioniert er aber genau dann nicht mehr, wenn er dringend gebraucht würde. Werden regelmässig das Pumpensieb gereinigt, Dichtungen abgewischt und die Anschlüsse überprüft, wird eine wesentlich höhere Verfügbarkeit und längere Gebrauchsdauer des Reinigungsautomaten erreicht.Für manche Geräte gibt es Serviceabonnements durch spezialisiertes Personal der Herstellerin oder der Landesvertretung.

In GMP / GLP Labors dürfen Wartungsarbeiten entweder nur nach einer SOP (*standard operating procedure*) oder nur durch speziell autorisiertes Personal ausgeführt werden.

1.5.2 Reinigen von Glasgeräten

Mit Chemikalien verunreinigtes Geschirr ist so weit vorzubereiten, dass es frei von Chemikalien und organischen Lösemitteln ist und gefahrlos gewaschen werden kann. Das Waschbecken darf nicht als Ausguss für Chemikalien verwendet werden.

Erfolgt die Reinigung mittels Reinigungsautomaten, sind die geeigneten Einsätze und das richtige Spülmittel zu verwenden.

Pipetten werden getrennt in einer Pipettenwaschkombination gereinigt; Thermometer und Glasgeschirr wie evakuierte und verspiegelte Destillationskolonnen, Destillationsspinnen, Pyknometer, Küvetten und so weiter sind sofort nach Gebrauch von Hand zu reinigen.

Lösemittelfeuchtes Geschirr darf wegen der Explosionsgefahr nicht in elektrisch beheizten Trockenschränken getrocknet werden.

In einigen Fällen ist vorgängig eine „chemische" Reinigung notwendig.

1.5.3 Service Organisation

Siehe hierzu ◘ Tab. 1.4.

◘ **Tab. 1.4** Auflistung von Servicestellen

Service-Stelle	Lieferbares Material resp. Dienstleistung
Büromaterialbezugsstelle	Büromaterial
Betriebsmaterialmagazin	Geräte, Apparate, Werkzeuge, Putzmittel und so weiter ab Lager
Präparatemagazin	Chemikalien aus eigenen Werken und aus Fremdfirmen, Chemikalienbörse
Station für Druckgasflaschen	Ausleihen und Unterhalt von Druckgasflaschen und Ventilen

▣ Tab. 1.4 *(Fortsetzung)* Auflistung von Servicestellen

Service-Stelle	Lieferbares Material resp. Dienstleistung
Glasbläserei	Reparaturen von Glasgeräten, Anfertigung von speziellen Apparateteilen
Werkstätten	Reparatur von Geräten, Apparaten, Einrichtungen und Installationen
Geräte-Service	Reparaturen und Kontrollen von Vakuumpumpen, Zentrifugen, Waagen und so weiter

Die entsprechenden Weisungen bezüglich Lieferfristen, Transport, Visumkompetenz und so weiter sind zu beachten und eventuell benötigte Administration ist zu erledigen.

1.6 Betrieb bei Abwesenheit der Mitarbeitenden

Einzelne Apparaturen und Geräte, die während der Abwesenheit des Laborpersonals in Betrieb sind, müssen den jeweiligen Vorschriften entsprechend beschriftet werden und für den unbeaufsichtigten Betrieb vorbereitet sein.

In grossen Firmen oder Instituten gibt es einen Nachtdienst, der gewisse Überwachungsaufgaben übernimmt.

1.7 Zusammenfassung

Eine Übersicht über die Grundeinrichtung eines chemischen Labors, einige Grundsätze zum Unterhalt eines chemischen Labors und Regeln zum Aufbewahren von Chemikalien sind Inhalte des Kapitels.

Weiterführende Literatur

EKAS Homepage: http://www.ekas.admin.ch/ ; aufgerufen am 21. 4. 2015
Richtlinien für chemische Labors: http://www.ekas.admin.ch/index-de.php?frameset=34; aufgerufen am 21. 4. 2015
In Europa gibt es die OSHA (European Agency for Safety and Health at Work), hier die deutschsprachige Startseite:
https://osha.europa.eu/de/front-page/view; aufgerufen am 21. 4. 2015

Arbeitssicherheit und Gesundheitsschutz

© Springer International Publishing Switzerland 2017

aprentas (Hrsg.), *Laborpraxis Band 1: Einführung, Allgemeine Methoden*, DOI 10.1007/978-3-0348-0966-5_2

2.1 Organisation Sicherheit

Unternehmen mit besonderen Gefahren, dazu zählen Labors, in denen mit chemischen sowie physikalischen Methoden präparativ, analytisch oder anwendungstechnisch mit Chemikalien gearbeitet werden, sind gesetzlich verpflichtet, für die Sicherheit und Gesundheit der Arbeitnehmer zu sorgen.

Das schweizerische Arbeitsgesetz hält im Artikel 6 fest:

> Der Arbeitgeber ist verpflichtet, zum Schutze der Gesundheit der Arbeitnehmer alle Massnahmen zu treffen, die nach der Erfahrung notwendig, nach dem Stand der Technik anwendbar und den Verhältnissen des Betriebs angemessen sind. Er hat im Weiteren die erforderlichen Massnahmen zum Schutze der persönlichen Integrität der Arbeitnehmer vorzusehen.

Für die Arbeitnehmer gilt dazu:

> Für den Gesundheitsschutz hat der Arbeitgeber die Arbeitnehmer zur Mitwirkung heranzuziehen. Diese sind verpflichtet, den Arbeitgeber in der Durchführung der Vorschriften über den Gesundheitsschutz zu unterstützen.

In den dazugehörigen Gesetzen (zum Beispiel *Unfallverhütungsgesetz UVG*) und Verordnungen (zum Beispiel *Verordnung zum Unfallverhütungsgesetz VUV*), sowie in spezifischen Vorschriften der Eidgenössischen Koordinationskommission für Arbeitssicherheit *EKAS*, von Unfallversicherungen (Beispielsweise Schweizerische Unfallversicherungsanstalt *SUVA*) und von Berufs- oder Fachverbänden werden im Detail Gefährdungsermittlungen und Schutzmassnahmen definiert.

Unfallverhütung ist also eine vom Gesetz verlangte Pflicht!

Arbeitgeber und Arbeitnehmer tragen beide Verantwortung bezüglich Arbeitssicherheit. Die gesetzlichen Grundlagen in Deutschland und Österreich übertragen den Arbeitgebern eine grössere Verantwortung, als das in der Schweiz der Fall ist. Siehe hierzu ◘ Abb. 2.1.

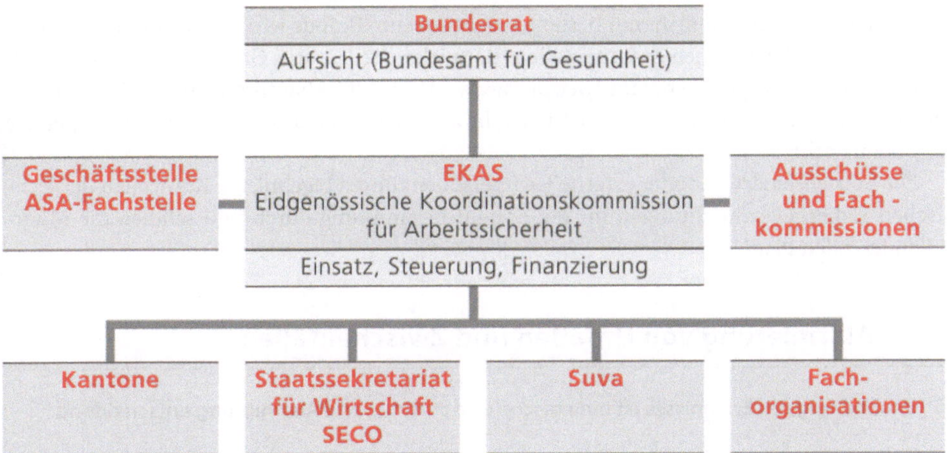

◘ **Abb. 2.1** Eine Übersicht über Umsetzung der gesetzlichen Vorgaben in der Schweiz. (Quelle: http://www.ekas.admin.ch/; aufgerufen am 14.4.2015)

2.1.1   Sicherheitsdienst und Fachpersonen

Betriebe mit besonderen Gefährdungen unterliegen in der Schweiz der *EKAS*-Richtlinie über den Zuzug von Arbeitsärzten und anderen Spezialisten der Arbeitssicherheit (*ASA*-Richtlinie). Kleinere Firmen können diese Fachpersonen von extern zuziehen. Grössere Firmen beschäftigen Mitarbeitende (Teil- und/oder Vollzeitpensum) mit folgenden Aufgaben:

- Systematische Erkennung und Behebung von Gefährdungen vor Ort,
- Erarbeitung von Vorschlägen zur Verhütung von Unfällen und Berufskrankheiten,
- Beratung der Arbeitgeber (Geschäftsleitung und Linienvorgesetzte) und der Arbeitnehmer,
- Organisation der Ersten Hilfe, medizinische Notversorgung, Rettung und Brandbekämpfung,
- Aus- und Weiterbildung der Belegschaft aller Stufe im Bereich,
- Auditierung des Sicherheitssystems in allen Bereichen,
- führen einer Dokumentation zu Sicherheit und Gesundheitsschutz am Arbeitsplatz,
- Analyse der Ursache von Unfällen, Beinahe-Unfällen und Sachschäden.

2.1.2   Werkärztlicher Dienst und Betriebssanität

Der Werkärztliche Dienst ist auf den Chemiebetrieb ausgerichtet. Seine Arbeit umfasst Vorsorgeuntersuchungen sowie ärztliche Notmassnahmen bei Krankheit oder Unfall am Arbeitsplatz.

Nebst der routinemässigen Eintrittsuntersuchung von neuen Mitarbeitenden werden speziell gefährdete Personen bezüglich Gesundheitszustands ständig überwacht. Das Laborpersonal wird zu periodischen Kontrollen über den allgemeinen Gesundheitszustand aufgeboten.

Die Erstversorgung bei Unfällen oder akuten Erkrankungen stellen in der Regel Betriebssanitäter und Betriebsnothelfer vor Ort sicher. Bei Bedarf kann anschliessend weiteres medizinisches Fachpersonal übernehmen.

2.1.3   Betriebsfeuerwehr

Die Betriebsfeuerwehr ist nicht nur bestens ausgerüstet um Brände wirkungsvoll zu bekämpfen, sondern ist auch bei internen Zwischenfällen (Beispielsweise Havarie, Gasausbruch) und Störfällen über die Betriebsgrenze hinaus (Beispielsweise Abwasser-/Abluftprobleme), zu alarmieren. Kleinere Firmen ohne eigene Betriebsfeuerwehr alarmieren die örtliche Feuerwehr respektive die Chemiewehr.

Die Betriebsfeuerwehr oder externe Fachpersonen führen regelmässig Kontrollen der technischen Sicherheitseinrichtungen für die Ereignisbekämpfung durch und schulen die Mitarbeitenden nach Plan.

2.1.4   Alarmierung von Unfällen und Zwischenfällen

> **Unabhängig des Ereignisses ist eine rasche und strukturierte Alarmierung entscheidend.**

Grundsätzlich kann bei jedem Ereignis über die internationale Notrufnummer 112 alarmiert werden. Weitere spezifische Notrufnummern sind in der untenstehenden ◘ Tab. 2.1 aufgeführt:

◘ **Tab. 2.1** Übersicht über die Notfallnummern in der Schweiz

Internationaler Notruf	112	Feuerwehr	118
Notruf Sanität Erste Hilfe	144	Polizei	117
Rega, Rettungsflugwacht	1414	Tox Info Suisse, Notfall-Beratung	145

2.1.5 Verhalten bei Unfällen mit Personenschaden und Erste Hilfe

Unter dem Begriff Erste Hilfe versteht man alle Massnahmen, die bei Unfällen, akuten Erkrankungen und Vergiftungen bis zum Eintreffen eines Arztes oder Rettungsdienstes erforderlich sind, damit sich der Gesundheitszustand der betroffenen Person nicht weiter verschlechtert.

❯ **Dies alles geschieht unter Berücksichtigung des Selbstschutzes.**

Wie in einer solchen Situation vorzugehen ist, zeigt ◘ Tab. 2.2.

◘ **Tab. 2.2** Ein Leitfaden für das Handeln in Notsituationen

Rot: Schauen
– Situation überblicken
– Was ist geschehen?
– Wer ist beteiligt?
– Wer ist betroffen?

Gelb: Denken
– Gefahr für Helfende ausschliessen
– Gefahr für andere Personen ausschliessen
– Gefahr für Patienten ausschliessen

Grün: Handeln
– Selbstschutz beachten
– Unfallstelle absichern
– Maschinen abschalten
– Nothilfe leisten
– Alarmieren (Tel. 112)

❯ **Eine rasche Alarmierung ist wichtig**

Eine telefonische Unfallmeldung soll folgende Informationen enthalten:
▬ *Wo ist der Notfall?*
  Angaben zu Ort, Strasse, Gebäudenummer, Stockwerk, Raumnummer.
▬ *Was ist geschehen?*
  Kurze Beschreibung der Situation, damit entsprechende Massnahmen durch die Rettungsleitstelle eingeleitet werden können. Beispiel: Brand, Havarie, Personenschaden, und so weiter.
▬ *Wie viele Verletzte / Betroffene sind zu versorgen?*
  Angabe wichtig, damit genügend Fahrzeuge und Fachleute aufgeboten werden.

— *Welche Art von Verletzungen oder Krankheitszeichen haben die Betroffenen?*
Angaben, ob Personen in einem lebensgefährlichen Zustand sind oder gegebenenfalls involvierte Chemikalien oder Maschinen angeben.

❯ **Die alarmierende Person muss auf eventuelle Rückfragen der Notrufzentrale warten, bevor sie das Gespräch beendet.**

Wenn genügend Helfer vor Ort sind, ist es sinnvoll, wenn Helfer für die Einweisung des Rettungsdienstes abgestellt werden.

Lebensrettende Sofortmassnahmen – das ABCD-Schema
Siehe hierzu als Übersicht die folgende ◘ Abb. 2.2.

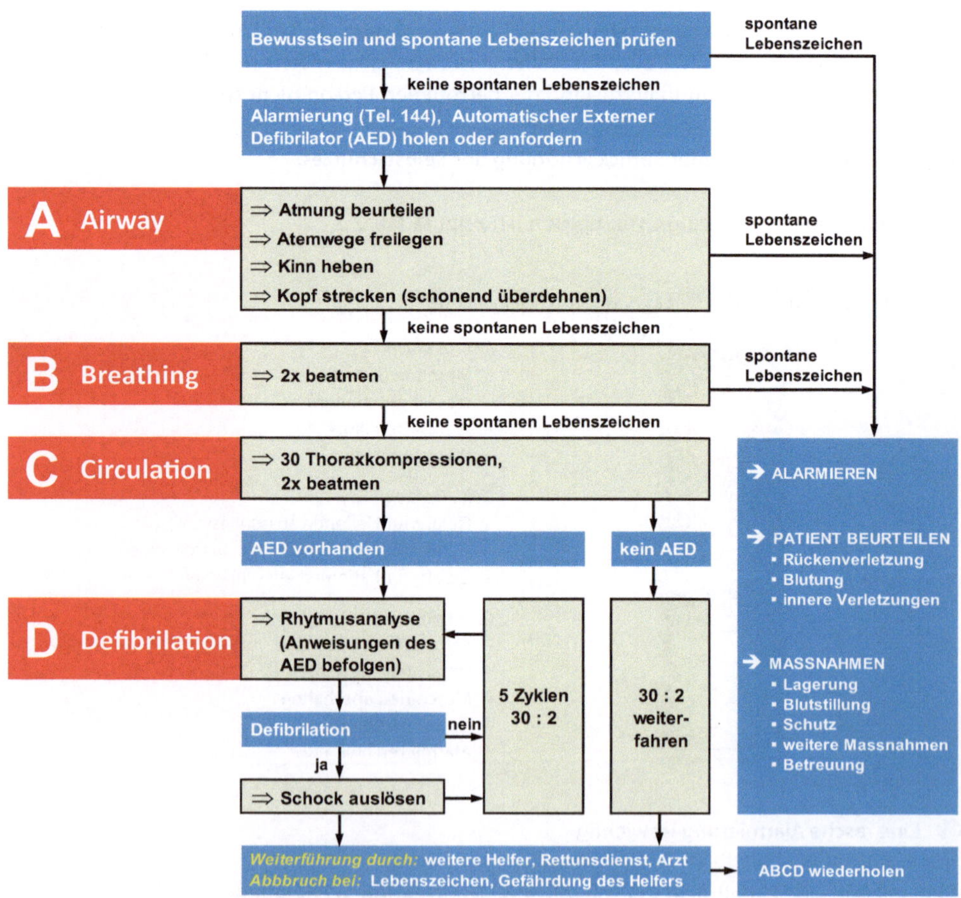

◘ **Abb. 2.2** ABCD-Schema für lebensrettende Sofortmassnahmen

Sofortmassnahmen bei Hautverätzungen
— Stoff beseitigen oder zumindest verdünnen, ohne Kontamination weiterer Hautbereiche.
— Kontaminierte Kleidungsstücke vollständig entfernen (auch Schuhe, Socken oder Strümpfe).
— Kontaminierte Körperstelle sofort unter fliessendem Wasser gründlich spülen.
— Wunde keimfrei verbinden.
— Sanität oder Arzt aufsuchen.

Sofortmassnahmen bei Augenverätzungen
- Augen gründlich mit Wasser spülen. Der Betroffene sollte dabei möglichst sitzen oder besser noch liegen.
- Ein Helfer hält das Auge auf (mit Schutzhandschuhen), der zweite Helfer giesst Wasser ins Auge, dabei immer vom inneren Augenwickel nach aussen. Das gesunde Auge zwingend schützen.
- Anschliessend Auge mit keimfreiem Verband bedecken und so schnell wie möglich Arzt aufsuchen oder alarmieren.

Sofortmassnamen bei Vergiftungen
- Zuerst Bewusstsein, Atmung und Kreislauf des Betroffenen überprüfen, bei Bedarf lebensrettende Sofortmassnahmen einleiten unter Berücksichtigung des Selbstschutzes.
- Möglichst schnell alarmieren.
- Ohne Anweisung einer kompetenten Stelle wie einem Arzt oder der *Tox Info Suisse* (Telefon 145) kein Getränk oder Gegenmittel einflössen.

Sofortmassnamen bei Vergiftungen durch Gase
- Aus Eigenschutz dürfen von aussen in geschlossenen Räumen und Behältern keine Rettungsversuche ohne spezielle, umluftunabhängige Atemschutzgeräte und entsprechender Sicherung unternommen werden.
- Wichtig: schnelle Alarmierung.
- Bei Vergiftungserscheinungen Betroffene an die frische Luft begleiten, bei Atemnot zusätzlich mit erhöhtem Oberkörper lagern.

Sofortmassnamen bei Verbrennungen
- Brandwunde kühlen mit laufendem Wasser.
- Brandwunden wegen der Infektionsgefahr steril bedecken.
- Sanität/Arzt aufsuchen, bei grösserer Wundfläche Notruf alarmieren.

Erste Hilfe-Symbole finden sich in der folgenden ◘ Tab. 2.3.

◘ **Tab. 2.3** Hinweistafeln, welche in Labors häufig anzutreffen sind

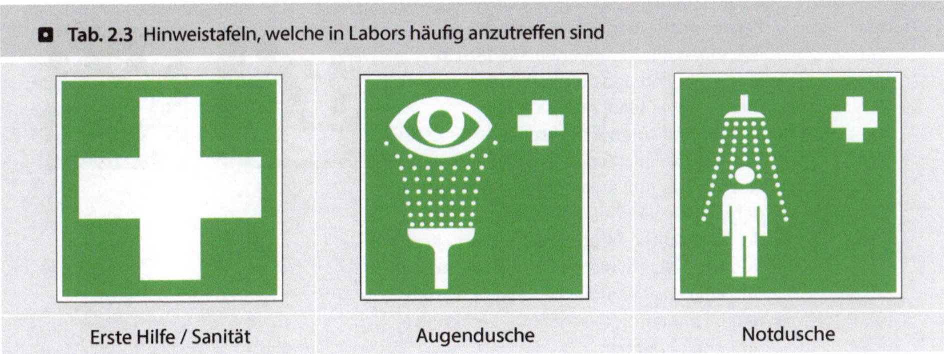

Erste Hilfe / Sanität	Augendusche	Notdusche

2.1.6 Verhalten bei Havarie

Havarien im Labor werden unterschiedlich gehandhabt.

▶ **Wichtig ist, Personen- und Umweltschäden zu verhindern.**

Kleinmengen an Lösemittel oder Säuren/Basen können mit geeignetem Chemikalien-/Ölbinder aufgenommen werden, unter Berücksichtigung des Selbstschutzes.

Ist der Selbstschutz nicht gewährleistet (zum Beispiel bei grösseren Mengen oder hoher Toxizität), müssen anwesende Personen informiert und das Labor geräumt werden. Die (Betriebs-)Feuerwehr wird umgehend alarmiert. Bis zu deren Eintreffen sicherstellen, dass keine Personen den betroffenen Raum betreten (durch Signalisation, Absperrung und so weiter). Der Feuerwehr, wenn das möglich ist, Angaben über den betreffenden Stoff machen (zum Beispiel mittels Sicherheitsdatenblatt).

Bei Gasaustritt oder bei einem automatischen Gasalarm muss das Personal das Labor umgehend räumen. Das Personal darf den Raum erst nach Freigabe durch die Feuerwehr wieder betreten. Bei einem Mangel an Sauerstoff bieten Schutzmasken keine Sicherheit.

2.1.7   Verhalten im Brandfall

Das Laborpersonal muss die Alarmorganisation im betreffenden Gebäude, die Standorte von Feuermeldern, Handfeuerlöschern, Löschdecken und der Sicherheitsduschen kennen und mit den vorhandenen Löschgeräten umgehen können. Der Arbeitgeber muss regelmässige Löschinstruktionen organisieren.

> **Bei Brandausbruch gilt stets der Grundsatz:** *Alarmieren – Retten – Löschen*

◼ Tab. 2.4 zeigt eine Übersicht dazu.

◼ **Tab. 2.4** Verhalten im Brandfall. (Textquelle: http://www.bfb-cipi.ch) (Mit freundlicher Genehmigung der Beratungsstelle für Brandverhütung BfB, Bern, Schweiz)

Alarmieren	– Zuerst Feuerwehr alarmieren, entweder telefonisch (Telefon 112 oder 118) oder via Handtaster – Die Hauszentrale und allfällige Personen, die durch den Brand gefährdet werden können informieren	
Retten	– Personen aus dem brennenden Raum (Personen mit brennenden Kleidern in Decken hüllen und auf dem Boden wälzen, mit Wasser kühlen) retten – Fenster und Türen schliessen – Die Brandstelle über die gekennzeichneten Fluchtwege zum Sammelplatz verlassen, dabei in keinem Fall den Aufzug benutzen – Bei verrauchten Treppenhäusern und Korridoren im Raum bleiben, Türe abdichten und am Fenster auf die Feuerwehr warten – Räume mit automatischer CO_2-Löschung umgehend räumen	
Löschen	– Brand mit geeigneten Mitteln bekämpfen – Bei brennenden Elektrogeräten sofort Stecker rausziehen und Sicherung ausschalten – Eintreffende Feuerwehr einweisen – Keine Risiken eingehen	

> **Die Bekämpfung eines Brandes mit Handlöschgeräten**

- Handlöschgerät an sicherem Ort in Bereitschaft setzen.
- Feuer mit dem Wind im Rücken und von unten nach oben bekämpfen.
- Bei brennenden Flüssigkeiten nicht direkt in die Flüssigkeit spritzen.
- Wenn nötig, mehrere gleichartige Löschgeräte gleichzeitig einsetzen.
- Selbstschutz beachten und Rückweg sichern.
- Nach jedem Einsatz Löschgeräte (auch nur angebrauchte) wieder nachfüllen lassen.

2.2   Gefährdungsbeurteilung im Umgang mit Gefahrstoffen

Arbeitgeber sind verpflichtet, systematische Gefährdungsermittlungen durchzuführen. In Labors ist typischerweise mit folgenden Risiken durch Gefahrstoffe zu rechnen:

- Brand- und Explosionsgefahr durch brennbare feste, flüssige und gasförmige Stoffe.
- Gefahr von Gesundheitsschäden durch feste, flüssige und gasförmige Stoffe.
- Gefahr durch unbekannte, heftige oder unkontrollierbare Reaktionen.
- Augen- und Hautverätzungen durch ätzende und reizende Stoffe.

Weitere Einwirkungen belasten oder gefährden das Laborpersonal
- Mangelhafte oder der Sehaufgabe nicht angemessene Beleuchtung.
- Ungünstige raumklimatische Bedingungen.
- Gefahr durch Behälter mit Über- oder Unterdruck.
- Gefahr durch heisse oder sehr kalte Oberflächen.
- Gefahr durch heisse oder sehr kalte Medien.
- Lärm beispielsweise von Geräten und Anlagen.
- Mechanische Gefährdungen beispielsweise durch Geräte und Anlagen.
- Hautgefährdung durch Feuchtarbeit, insbesondere durch das unsachgemäss lange Tragen von Handschuhen.
- Rutschgefahr beispielsweise durch Nässe.
- Stolpergefahr.
- Belastungen des Bewegungsapparates durch repetitive Tätigkeiten oder Zwangshaltungen.
- Psychische Belastung durch repetitive Tätigkeiten, Zeitdruck, Isolation, hohe Anforderung an die Konzentration.
- Belastungen der Arbeitnehmer durch persönliche Schutzausrüstung (PSA).

Bei einer Gefährdungsermittlung und -beurteilung sind alle Aspekte zu berücksichtigen, die kurz- und langfristig Auswirkungen auf die Sicherheit und die Gesundheit haben können. Das S-T-O-P-Prinzip bestimmt die Reihenfolge, in der Massnahmen zu treffen sind:

> ***Substitution (Ersatzmassnahme)***
> **Der Ersatz von gefährlichen Arbeitsverfahren, von risikobehafteten Stoffe und von unsicheren Einrichtungen durch weniger gefährliche oder besser durch ungefährliche.**

> *Technische Massnahmen*
> **Das Anbringen von Schutzvorrichtungen, Geländer, Auffangnetzen, Kapselungen (Containment), das Erfassen von Emissionen (zum Beispiel Quellenabsaugung, eventuell optimierte Luftführung und verstärkte Raumlüftung), Schleusen und so weiter.**

> *Organisatorische Massnahmen*
> **Das Organisieren von Zeitlich beschränkter Expositionsdauer (Arbeitswechsel, Pausenregelung), Ausbildungen, Regelung von Zuständigkeiten, Überwachung und so weiter.**

> *Persönliche Schutzmassnahmen (PSA tragen)*
> **Das Tragen von Ausrüstung zum Schutz vor direkter Exposition (zum Beispiel eine Gasmaske beim Umfüllen gesundheitsgefährdender Stoffe in einem offenen System) oder vor eventueller Exposition (zum Beispiel spezielle Schutzkleidung bei der Gefährdung durch Chemikalienspritzer oder Arbeitsschuhe bei der Gefährdung durch herabfallende Gegenstände).**

2.2.1 Informationsrecherche

Es gibt, vor allem über Gefahrstoffe, verschiedene Informationsquellen, welche das Laborpersonal vor Aufnahme einer Arbeit vorgängig konsultieren muss. Bei den Gefahrstoffen dienen in erster Linie die Kennzeichnung der Stoffe und das entsprechende Sicherheitsdatenblatt *SDB* (auch Material Safety Data Sheet *MSDS* genannt) als Informationsquelle.

Sicherheitsdatenblätter sind durch den Hersteller respektive Verkäufer mitzuliefern.

Gebinde-Etiketten geben zudem einen ersten Überblick der Gefährdungen, wie der folgenden ◻ Abb. 2.3 zu entnehmen ist.

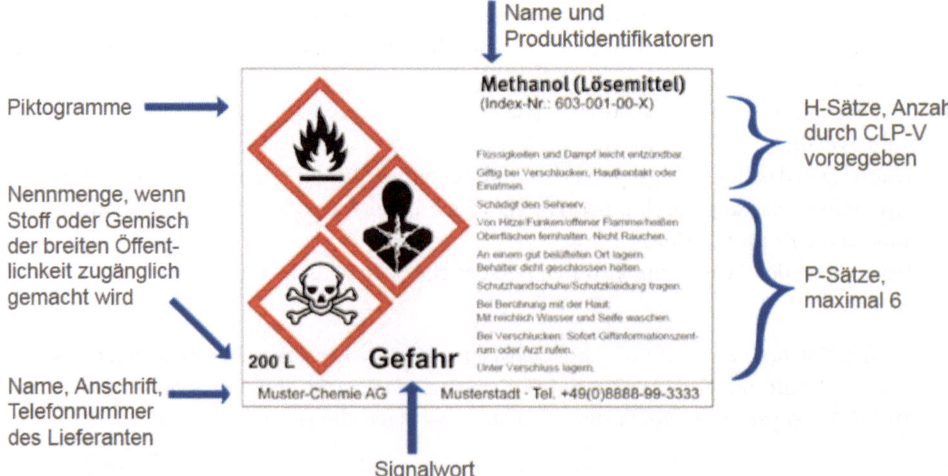

◻ **Abb. 2.3** Beispiel einer Chemikalienetikette wie sie im Handel vorgeschrieben sind. (Quelle: BG RCI, Quelle: www.bgrci.de, Quelle: www.bgn.de (Mit freundlicher Genehmigung der Berufsgenossenschaft Nahrungsmittel und Gastgewerbe, Mannheim, Deutschland))

Bereiche wie die Forschung oder bei der Arbeit mit Stoffen, die dem Verwender unbekannt sind, die unzureichend untersucht oder kommerziell nicht erhältlich sind, ist es notwendig, zusätzliche Informationen zu gewinnen. Analogieschlüsse sind möglich.

Als Informationsquellen können Fachexperten, Fachliteratur wie auch die einschlägigen Datenbanken im Internet genutzt werden. Bei einer Recherche ist es wichtig, dass Quellen bevorzugt werden, die erfahrungsgemäss valide Daten enthalten. Eine Plausibilitätsprüfung der Daten mittels des eigenen Sachverstandes bleibt für den Verwender der Daten verpflichtend.

2.2.2 Gefährdungsermittlung von Gefahrstoffen

GHS Globally Harmonized System

> Es ist das Ziel einer weltweit einheitlichen Einstufung und Kennzeichnung von Chemikalien, die Gefährdung für die menschliche Gesundheit und für die Umwelt bei der Herstellung, Verwendung und beim Transport von chemischen Stoffen und Gemischen zu reduzieren. Die Grundlage dafür ist ein weltweit einheitliches System für die Einstufung der Gefahren, welche von Chemikalien ausgehen können. Zusätzlich gelten für die Kommunikation von Gefahren einheitliche Kennzeichnungssymbole. In Europa wird die Umsetzung der *GHS*-Anforderungen durch die *CLP*-Verordnung geregelt (Regulation on Classification, Labelling and Packaging of Substances and Mixtures).

Gefahrensymbole nach GHS
Siehe hierzu ◘ Tab. 2.5.

◘ Tab. 2.5 Übersicht der Gefahrensymbole

	**EXPLOSIV** Kann explodieren durch Kontakt mit Flammen oder Funken, nach Schlägen, Reibung oder Erhitzung. Kann bei falscher Lagerung auch ohne Fremdeinwirkung zu Explosionen führen
	**BRANDFÖRDERND** Kann Brände verursachen oder beschleunigen. Setzt beim Brand Sauerstoff frei, lässt sich daher nur mit speziellen Mitteln löschen. Ein Ersticken der Flamme ist unmöglich
	**HOCHENTZÜNDLICH** Kann sich durch den Kontakt mit Flammen und Funken, durch Schläge, Reibung, Erhitzung, Luft- oder Wasserkontakt entzünden. Kann sich bei falscher Lagerung auch ohne Fremdeinwirkung selber entzünden.

◨ Tab. 2.5 *(Fortsetzung)* Übersicht der Gefahrensymbole

GAS UNTER DRUCK
Enthält komprimierte, verflüssigte oder gelöste Gase. Geruchlose oder unsichtbare Gase können unbemerkt entweichen. Behälter mit komprimierten Gasen können durch Hitze oder Verformung bersten

HOCHGIFTIG
Kann schon in kleineren Mengen zu schweren Vergiftungen und zum Tod führen

GESUNDHEITSSCHÄDIGEND
Kann bestimmte Organe schädigen. Kann zu sofortiger und langfristiger massiver Beeinträchtigung der Gesundheit führen. Krebs erzeugen, das Erbgut, die Fruchtbarkeit oder die Entwicklung schädigen. Kann bei Eindringen in die Atemwege tödlich sein

ÄTZEND
Kann schwere Hautverätzungen und Augenschäden verursachen. Kann bestimmte Materialien auflösen (zum Beispiel Textilien). Ist schädigend für Tiere, Pflanzen und organisches Material aller Art

VORSICHT GEFÄHRLICH
Kann die Haut irritieren, Allergien oder Ekzeme auslösen, Schläfrigkeit verursachen. Kann nach einmaligem Kontakt Vergiftungen auslösen. Kann die Ozonschicht schädigen

GEWÄSSERGEFÄHRDEND
Kann Wasserorganismen wie Fische, Wasserinsekten und Wasserpflanzen in geringen Konzentrationen akut oder durch Langzeitwirkung schädigen

Die Kennzeichen werden durch Signalwörter und mit den sogenannten H- & P-Sätzen ergänzt und spezifiziert.

❯ Signalwort

Die Signalwörter als Ergänzung zu den Gefahrensymbolen geben Auskunft über den relativen Gefährdungsgrad des Stoffes.
- *GEFAHR*
  für die schwerwiegenden Gefahrstoffkategorien.
- *ACHTUNG*
  für die weniger schwerwiegenden Gefahrenkategorien.

❯ H- und P-Sätze

Die H- & P-Sätze sind knappe Sicherheitshinweise für die jeweiligen Gefahrstoffe.

> Die *H-Sätze* (Hazard Statements) beschreiben Gefährdungen, die von den Gefahrstoffen ausgehen.
> Die *P-Sätze* (Precautionary Statements) geben dazu Sicherheitshinweise für den Umgang mit diesen Gefahrstoffen.

Die Kodierung der H-Sätze ist, wie es ◘ Abb. 2.4 zeigt, aufgebaut.

◘ **Abb. 2.4** Kodierungssystematik von H-Sätzen

Die Kodierung der P-Sätze ist wie es ◘ Abb. 2.5 zeigt, aufgebaut.

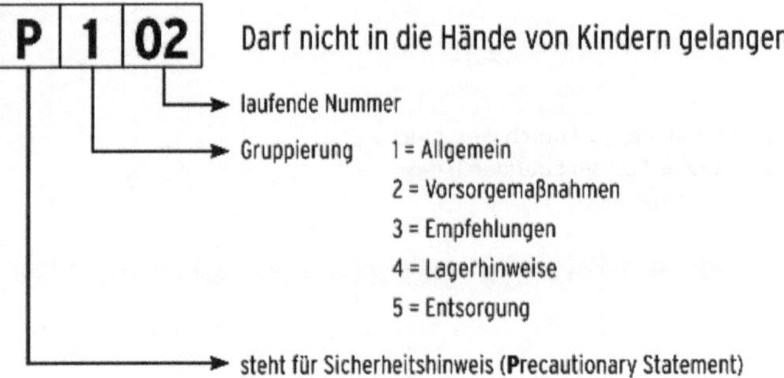

◘ **Abb. 2.5** Kodierungssystematik von P-Sätzen

Die Bedeutung der einzelnen H- & P-Sätze sind beispielsweise in der CLP-Verordnung vollständig aufgeführt. Chemikalienspezifisch sind die H- & P-Sätze in den dazugehörigen Sicherheitsdatenblättern (*SDB*, *MSDS*) aufgeführt.

In Europa werden zusätzlich weitere H-Sätze, sogenannte EUH-Sätze verwendet. Es handelt sich hierbei um ehemalige EU-Kennzeichnungssysteme (R-Sätze), die bei der Erarbeitung des *GHS* nicht berücksichtigt wurden.

> ● *Maximale Arbeitsplatzkonzentration MAK-Wert*

Der Maximale Arbeitsplatzkonzentrationswert (*MAK*-Wert) ist die höchstzulässige Durchschnittskonzentration eines gas-, dampf- oder staubförmigen Arbeitsstoffes in der Luft, die nach derzeitiger Kenntnis in der Regel bei Einwirkung während einer Arbeitszeit von 8 h täglich und bis 42 h pro Woche auch über längere Perioden bei der ganz stark überwiegenden Zahl der gesunden, am Arbeitsplatz Beschäftigten die Gesundheit nicht gefährdet.

Die Schweizerische Unfallversicherungsanstalt SUVA veröffentlicht regelmässig die aktuell gültigen *MAK*-Werte auf ihrer Internetseite.

❯ *Weitere Sicherheitsdaten*

— *LD50-Wert*
Die letale Dosis (LD) ist in der Toxikologie die Dosis eines bestimmten Stoffes oder einer bestimmten Strahlung, die für ein bestimmtes Lebewesen tödlich (letal) wirkt. Der LD50 sagt aus, dass 50 % der beobachteten Population die Dosis nicht überleben. Sie wird auch die mittlere letale Dosis genannt.

— *Flammpunkt*
Der Flammpunkt eines brennbaren Stoffes ist die niedrigste Temperatur (bezogen auf Normaldruck), bei der sich aus dem Stoff unter festgelegten Bedingungen ein Dampf/ Luft-Gemisch bildet, das durch Fremdzündung entflammbar ist.

— *Zündtemperatur*
Die Zündtemperatur ist die ermittelte niedrigste Temperatur, bei welcher sich der betreffende Stoff in seiner zündwilligsten Form bei Normaldruck *ohne Fremdeinwirkung* noch selbst entzündet.

❯ *Aufnahme von Gefahrstoffen in den menschlichen Organismus*

Gefahrstoffe können, wie ◘ Tab. 2.6 zeigt, auf drei Arten in den Organismus gelangen.

◘ **Tab. 2.6** Die drei Aufnahmewege von Giftstoffen in den menschlichen Körper

Oral In den Mund gelangen die Substanzen zum Beispiel durch Verschlucken, die Aufnahme mit der Nahrung (schmutzige Hände) oder durch das Abwischen des Mundes mit schmutziger Kleidung	
Inhalativ Die Lunge hat eine grosse Oberfläche, daher werden Substanzen schnell aufgenommen. Sie gelangen direkt ins Blut, es besteht nur ein geringer Selbstschutz. Auf den Geruchsinn ist kein Verlass, da er schnell ermüdet, beziehungsweise da viele Gase geruchlos sind. Gefährdet ist die Lunge durch Gase, Dämpfe und Stäube	
Dermal Die Haut bietet nur einen begrenzten natürlichen Schutz durch die Hornschicht, sie ist gegen Säuren besser geschützt als gegen Laugen. Die Gifte können durch die Poren eindringen, auch ohne die Haut zu reizen. Weiter gelangen Substanzen durch Verletzung der Hautschicht beispielsweise bei Injektionen in den Körper	

Dabei wird zwischen zwei Vergiftungsgefahren unterschieden:

- *Akut*: Sofortige Reaktion des Körpers auf einen Gefahrstoff durch Kontakt mit der Haut, Inhalation von Gasen, Dämpfen und Stäuben oder Verschlucken.
- *Chronisch*: Zeitlich verzögerte Reaktion des Körpers auf einen Gefahrstoff durch häufige oder langzeitige Exposition gegenüber KMR-Stoffen (K: karzinogen, M: mutagen, R: reproduktionstoxisch).

2.2.3 Instruktion und Schulung

Der Arbeitgeber hat dafür zu sorgen, dass die Mitarbeitenden ihre Arbeit mit dem notwendigen Wissen bezüglich Arbeitssicherheit und Arbeitshygiene ausführen. Die Mitarbeitenden sind vor der Aufnahme ihrer Beschäftigung und danach in angemessenen Zeitabständen, sowie vor dem erstmaligen Verwenden von Gefahrstoffen, Einrichtungen und Arbeitsmitteln zu unterweisen.

Frauen im gebärfähigen Alter, werdende und stillende Mütter sowie Jugendliche sind zusätzlich spezifisch über die möglichen Gefahren und Beschäftigungsbeschränkungen sowie -verbote zu informieren.

Wird Fremdpersonal, zum Beispiel für Reparatur- und Reinigungsarbeiten, eingesetzt, hat vor Aufnahme der Tätigkeiten eine Unterweisung über die Gefahren und die notwendigen Schutzmassnahmen stattzufinden. Die Mitarbeitenden der Fremdfirmen sind entsprechend einzuweisen.

Inhalt und Zeitpunkt von Sicherheitsunterweisungen sind schriftlich festzuhalten. Die Unterwiesenen bestätigen durch ihre Unterschrift ihre Teilnahme.

Der Arbeitsgeber hat dafür zu sorgen, dass Sicherheitsdatenblätter, interne Betriebsanweisungen und Vorschriften an geeigneter Stelle zugänglich gemacht und den Mitarbeitenden jederzeit zur Verfügung stehen.

> **Verhalten sich Mitarbeitende beispielsweise aus Fahrlässigkeit oder Mutwillen entgegen der gegebenen Instruktionen, können sie dafür zur Verantwortung gezogen werden.**

2.3 Generelle Bestimmungen

2.3.1 Arbeitshygiene

Mit angemessenen, definierten Massnahmen soll sichergestellt werden, dass Arbeitsplätze frei gehalten werden vor Kontaminationen mit Chemikalien. Eine nicht kontaminierte Arbeitsumgebung bedeuten für das Laborpersonal, dass keine akute und keine chronische Intoxikation (Aufnahme von Giften) ihrer Körper stattfinden können. Wichtige Massnahmen sind:

- regelmässige Reinigung der Arbeitsplätze,
- keine Nahrungsmittel in den Laborbereichen,
- regelmässiges Händewaschen mit der Unterstützung von Hautreinigungs- und Hautpflegemitteln,
- getrennte Aufbewahrungsmöglichkeit von Arbeits- und Strassenkleidung,
- regelmässiges Reinigen und/oder entsorgen von Arbeits- und Schutzkleidung,
- korrektes Ausziehen von kontaminierter *PSA* (zum Beispiel Handschuhe).

> Zwei einfache Massnahmen sind grundlegend für eine gute Arbeitshygiene.
> Erstens *Ordnung* am Arbeitsplatz
> Zweitens *Sauberkeit* am Arbeitsplatz

Die Verantwortung dafür liegt, was die organisatorischen Belange und die Bereitstellung von Ressourcen betrifft, bei den Arbeitgebern. Arbeitnehmer müssen, nicht nur weil das gesetzlich so vorgesehen ist, sondern auch aus ureigenem Interesse, der Arbeitssicherheit, der Arbeitshygiene und dem Gesundheitsschutz einen hohen Stellenwert beimessen und Anforderungen vor allem fachlich korrekt umsetzen.

> **Die Qualität der Arbeitssicherheit, der Arbeitshygiene und des Gesundheitsschutzes hängt in grossem Mass von der Sorgfalt des Laborpersonals im Arbeitsalltag ab.**

2.3.2 Kleidung und Schuhwerk

Als geeignete Arbeitskleidung mit ausreichender Schutzfunktion bei normalen Labortätigkeiten, dient ein langer Laborkittel mit langen, eng anliegenden Ärmeln. Damit wird gewährleistet, dass Gefahrstoffe so lange vom Kittelstoff aufgehalten werden, dass eine Berührung mit der Haut durch sofortiges Ausziehen des Kittels vermieden oder stark reduziert werden kann. Ferner wird eine Verschleppung von Kontaminationen durch den Verbleib des Kittels im Labor vermieden. Kittel mit Baumwollanteil von mindestens 35 % sind aus brandschutzgründen in der Regel geeignet.

Zum Arbeitskittel ist es wichtig, dass lange Hosen getragen werden, die ebenfalls den oben erwähnten Schutz bieten. Die persönliche Kleidung muss ebenfalls diese Kriterien erfüllen. Textilien, wie sie beispielsweise in leicht trocknender Sportsbekleidung zu finden sind, bestehen häufig aus reinen Kunstfasergeweben.

In den Labors dürfen nur festes, geschlossenes und trittsicheres Schuhwerk getragen werden. Diese bieten neben dem festen Halt am Fuß und einem Schutz gegen das Ausgleiten auch einen Schutz gegen herabtropfende oder -fallende Gefahrstoffe.

2.3.3 Persönliche Schutzausrüstung *PSA*

Der Arbeitgeber muss den Labormitarbeitenden geeignete persönliche Schutzausrüstung in ausreichendem Ausmass und der jeweiligen Tätigkeit entsprechend zur Verfügung stellen. Die persönliche Schutzausrüstung kommt erst zum Einsatz, wenn die Unfall- und Gesundheitsgefahr nicht durch Ersatzmassnahmen (Substitution), Schutzeinrichtungen oder arbeitsorganisatorischen Massnamen (siehe STOP-Regel) vermieden oder ausreichend begrenzt werden kann.

Bei der Verwendung persönlicher Schutzausrüstung ist es wichtig, dass diese nach Angaben des Herstellers korrekt verwendet und eingesetzt wird. Die *PSA* ist vor Gebrauch immer auf Schäden zu prüfen und gegebenenfalls zu ersetzen.

> *Augenschutz*

□ Abb. 2.6 Piktogramm „Augenschutz ist hier obligatorisch"

Der durch den Arbeitgeber zur Verfügung gestellte Standard-Augenschutz (Tragepflicht bei □ Abb. 2.6) beinhaltet eine Brille mit ausreichendem Seitenschutz. Diese hat zwingend die Anforderungen der EN 166 zu erfüllen. Spezieller Augenschutz für weiterführende Arbeiten wie zum Beispiel Schutz vor Infrarot-Strahlung, ist in einer Gefahrenbeurteilung zu ermitteln.

> *Handschutz*

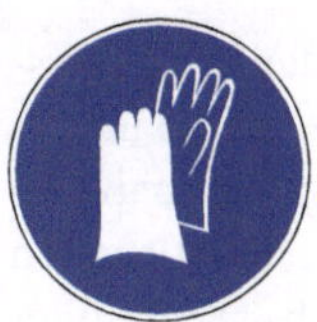

□ Abb. 2.7 Piktogramm „Handschuhe tragen ist hier obligatorisch"

Bei Tätigkeiten, die mit besonderen Gefahren für die Hände verbunden sind, müssen geeignete Schutzhandschuhe getragen werden (Kennzeichnung gemäss □ Abb. 2.7). Es gibt eine grosse Bandbreite von speziellen, spezifisch anwendbaren Handschuhen, beispielsweise für die Handhabung von flüssigem Stickstoff. Handschuhe müssen entsprechend ihrem Verwendungszweck ausgewählt und vor jeder Benutzung auf Beschädigungen kontrolliert werden. Beschädigte oder anderweitig unbrauchbar gewordene Handschuhe sind unverzüglich zu ersetzen.

Beim Tragen von Handschuhen ist darauf zu achten, dass mit diesen nicht aus Versehen Kontaminationen im Labor verteilt werden. Zum Beispiel auf Tastaturen, auf Türklinken, auf Armaturen und auf Schreibgeräten.

Häufig werden wegen des hohen Tragkomforts in Labors Einweg-Schutzhandschuhe angewendet. Dabei ist zu beachten, dass kontaminierte Handschuhe sofort gewechselt werden. Viele Gefahrstoffe können in das Handschuhmaterial diffundieren, unter Umständen mit erstaunlich hoher Geschwindigkeit. Zum Beispiel diffundieren Aceton, Acetonitril oder Methanol in wenigen Sekunden durch Nitril-Handschuhe. Die Schutzhandschuhe sind daher gemäss den Beständigkeitsangaben des Herstellers auszuwählen. Einweg-Schutzhandschuhe sollen in der Regel im Labor nur einen Schutz gegen den kurzzeitigen Kontakt mit Spritzern bieten. Diese müssen die Norm 420 (allgemeine Anforderungen an den Schutzhandschuh), sowie die EN 374-1 (Schutz gegen chemische Gefährdungen) erfüllen.

Nebst dem Tragen von Handschuhen ist eine gute Handhygiene absolut notwendig. Hände müssen während der Laborarbeit regelmässig gewaschen und mit Handpflegemitteln nachgefettet werden.

> *Atemschutz*

◘ Abb. 2.8 Piktogramm „Staubfilter tragen ist hier obligatorisch"

◘ Abb. 2.9 Piktogramm „Atemschutzmaske tragen ist hier obligatorisch"

Die Gesundheit der Mitarbeitenden ist primär durch organisatorische und technische Massnahmen zu schützen. Das heisst, gesundheitsgefährdende Stoffe und Verfahren sind, wo immer das möglich ist, durch weniger gefährliche zu ersetzen. Absaug- und Lüftungsmassnahmen beispielsweise in einer Kapelle sind Pflicht bei allen Arbeiten mit brennbaren, belästigenden oder toxischen Substanzen. Atemschutzgeräte (zum Beispiel Partikelfilter ◘ Abb. 2.8, Gasfilter ◘ Abb. 2.9) sollen erst dann zum Einsatz kommen, wenn organisatorische und technische Massnahmen nicht möglich sind oder nicht ausreichen.

Je nach Labortätigkeiten sind weitere Schutzausrüstungen notwendig wie zum Beispiel Kopfschutz, Fussschutz oder Gehörschutz. Wie ◘ Abb. 2.10 zeigt.

◘ Abb. 2.10 Weitere *PSA* Piktogramme

2.3.4 Umgang mit Gefahrstoffen

> *Lagerung*

Gefahrstoffe dürfen nur in Behältern aufbewahrt werden, die aus Werkstoffen bestehen, welche die zu erwartenden Beanspruchungen aushalten und entsprechend ihrem Inhalt gekennzeichnet sind. Zudem sind Gefahrstoffe so aufzubewahren, dass bei Beschädigung der Behältnisse keine gefährlichen Reaktionen möglich sind. Es dürfen sich immer nur diejenigen Mengen an Gefahrstoffen im Labor befinden, die für den ungehinderten Arbeitsablauf notwendig sind.

Die Aufbewahrung ist in geeigneten Chemikalienräumen respektive Schränken vorzunehmen. Deren Anforderungen sind in gesetzlichen Vorgaben und Richtlinien ausführlich beschrieben (Beispielsweise *EKAS* Richtlinie: Chemische Laboratorien).

Gebinde mit Gefahrstoffen dürfen in Regalen, Schränken und anderen Einrichtungen nur bis zu einer solchen Höhe aufbewahrt werden, dass sie noch sicher entnommen und abgestellt werden können, das heisst bis Griffhöhe von ca. 175 cm.

> **Transport und Umfüllen**

Beim Umfüllen und beim Transport von Gefahrstoffen können Gefährdungen durch Gase, Dämpfe, Schwebstoffe, Spritzer oder freigesetzte Gefahrstoffmengen entstehen.

Nicht bruchsichere Behältnisse müssen beim Tragen am Behälterboden unterstützt werden. In andere Räume dürfen solche Behältnisse nur mit Hilfsmitteln befördert werden, die ein sicheres Halten und Tragen ermöglichen. ◘ Abb. 2.11 zeigt ein gutes Beispiel dafür.

◘ **Abb. 2.11** Beispiel für ein Behältnis für den Chemikalientransport zwischen Labors oder zwischen Labor und Lagerraum. (Mit freundlicher Genehmigung der Berufsgenossenschaft Rohstoffe und Chemische Industrie, Heidelberg, Deutschland)

In Aufzügen dürfen flüchtige Gefahrstoffe nicht zusammen mit Personen transportiert werden. Hierzu zählen beispielsweise Lösemittel oder tiefkalte verflüssigte Gase.

Das Um- und Abfüllen giftiger, ätzender und brennbarer Flüssigkeiten aus grösseren Gebinden darf nur unter Verwendung von Vorrichtungen erfolgen, die das Verspritzen und Verschütten dieser Flüssigkeiten verhindern. Beim Um- und Abfüllen von Mengen grösser als 5 L brennbarer Lösemittel muss vermieden werden, dass gefährliche elektrostatische Aufladungen auftreten.

2.3.5 Brandschutz

> **Brandverhütung**

Zur Brandentstehung braucht es
- brennbares Material,
- Sauerstoff (ca. 210 mL pro Liter Luft),
- Zündenergie (zum Beispiel Flamme, Funke, heisse Heizplatte, Heizdraht, Föhn, elektrostatische Entladungsfunken, und so weiter).

Siehe hierzu ◘ Abb. 2.12.

◘ Abb. 2.12 Das Feuerdreieck. Fehlt eine der Voraussetzungen, kann kein Feuer entstehen

Fehlt eine dieser Voraussetzung, so besteht keine Brandgefahr. Wird Brennstoff, Sauerstoff oder die Wärme (Zündquelle) entfernt, erlischt ein bestehender Brand wie ◘ Abb. 2.13 zeigt.

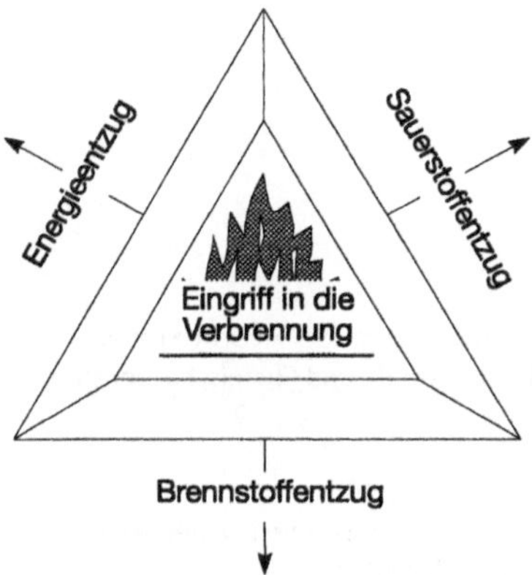

◘ Abb. 2.13 Möglichkeiten ein Feuer zu löschen

Zur wirksamen Brandverhütung gehört:
- das Einholen von Informationen bezüglich Brennbarkeit und Zündtemperatur der Chemikalien, mit denen gearbeitet werden soll,
- das Vermeiden der Ausbreitung von Dämpfen,
- das Entfernen von Zündquellen (insbesondere versteckte),
- das Verhindern der statischen Aufladung (zum Beispiel Kleidung, Umfüllen von Lösemittel),
- das Vorbereiten der geeigneten Schutz- und Löschmittel,
- Rauchverbot.

❯ *Flucht und Rettungspläne*

In jedem Labor sind aktuelle Flucht- und Rettungspläne, wie ◘ Abb. 2.14 zeigt, gut sichtbar anzubringen. Diese geben Auskunft über den ausgewiesenen Fluchtweg, Standorte von Handtastern, Löscheinrichtungen und Sammelplatz.

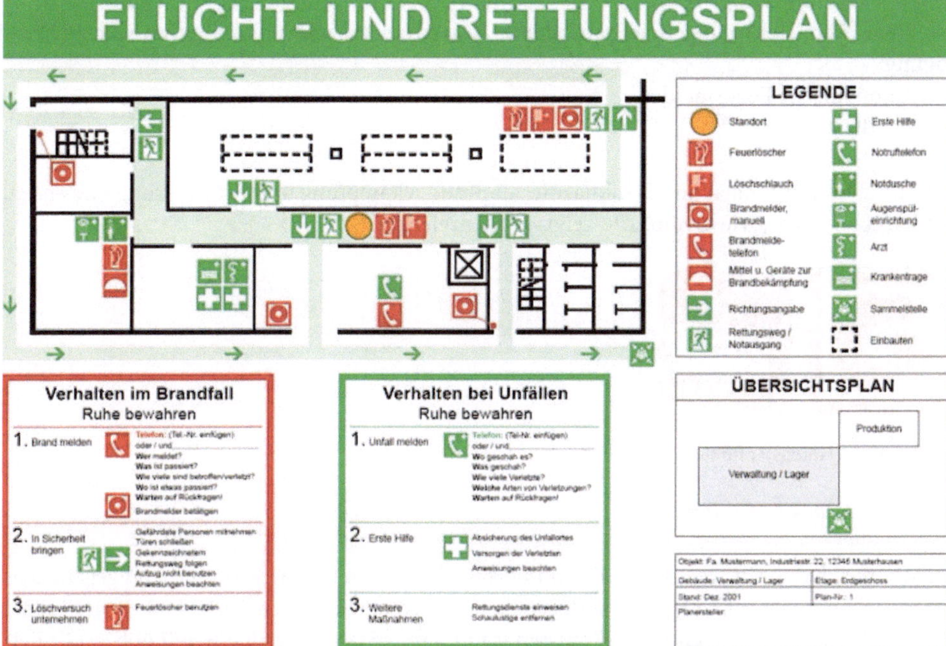

Abb. 2.14 Ein Beispiel für einen Flucht und Rettungsplan. (Mit freundlicher Genehmigung der Berufsgenossenschaft Rohstoffe und Chemische Industrie, Heidelberg, Deutschland)

Fluchtwege und Sammelplatz

Ausgänge, Fluchtbalkone sowie als Fluchtwege bezeichnete Fenster beziehungsweise Durchstiege sind immer freizuhalten. Labor- und Korridortüren sind zum Verhindern von Vergasung beziehungsweise Verqualmen der Fluchtwege immer geschlossen zu halten. Personen- und Warenlifte dürfen nicht als Fluchtwege benutzt werden. Der Sammelplatz ist im Ereignisfall umgehend aufzusuchen und darf erst nach ausdrücklicher Anweisung der Einsatzleitung wieder verlassen werden. Kennzeichnung gemäss Abb. 2.15.

Abb. 2.15 Hinweistafeln für den Fluchtweg und den Sammelplatz

Brandschutzeinrichtungen

In einem Labor stehen folgende Brandschutz- respektive Alarmierungseinrichtungen zur Verfügung:

- Automatische Feuermelder,
- Handtaster.

Sämtliche Einrichtungen und Schilder, die auf Brandbekämpfung und Alarmierung hinweisen, sind in roter Farbe, wie ◘ Abb. 2.16 zeigt, gekennzeichnet.

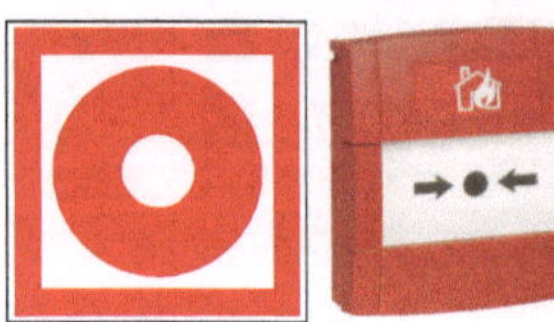

◘ **Abb. 2.16** Handtaster für die Alarmierung

❯ *Löschgeräte und Einrichtungen*

In Laborgebäuden sind je nach Gefährdung Handfeuerlöscher, Wasserposten und gegebenenfalls auch automatische CO_2-Löschanlagen zu installieren. Die Standorte der Handfeuerlöscher sind eindeutig gekennzeichnet und müssen ständig freigehalten werden wie ◘ Abb. 2.17 zeigt.

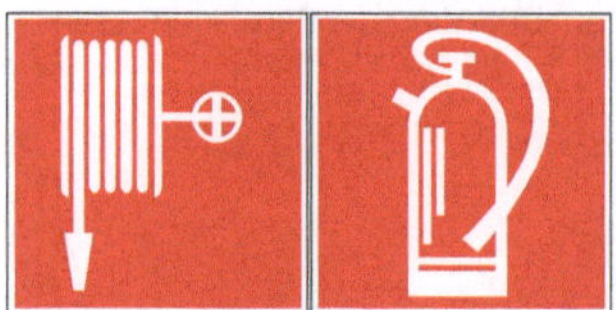

◘ **Abb. 2.17** Piktogramme, welche einen Feuerlöschposten und den Standort eines Feuerlöschers zeigen

❯ *Brandklassen*

◘ Tab. 2.7 gibt Überblick der Brandklassen, dazugehörige Materialien und Bekämpfungsmöglichkeit.

◘ **Tab. 2.7** Tabelle Brandklassen. (Mit freundlicher Genehmigung von Schweizer-Brandschutz GmbH, Wangen, Schweiz)

Brandklasse A – Feste Stoffe, die normalerweise unter Glutbildung verbrennen
Dazu zählen unter anderem Papier, Holz, Textilien, Heu, Stroh, Kunststoffe und Kohle.
Bekämpfung möglich mit Wasser, Löschschaum, ABC-Pulver und Löschdecke

Brandklasse B – Flüssige beziehungsweise flüssig werdende Stoffe
Dazu zählen unter anderem Wachs, Alkohol, Benzin, chemische Lösemittel, Lacke, Teer und viele Kunststoffe.
Bekämpfung möglich mit ABC-Pulver, BC-Pulver, CO_2, Löschschaum und Löschdecke

Brandklasse C – Gasförmige Stoffe
Dazu zählen unter anderem Methan, Propan, Wasserstoff, Butan, Erdgas.
Bekämpfung möglich mit ABC-Pulver und BC-Pulver

Brandklasse D – Brände von Metallen
Dazu zählen unter anderem Natrium, Lithium, Aluminium, Kalium, Magnesium und deren Legierungen.
Bekämpfung möglich mit D-Pulver, trockenem Sand, trockenes Streu- oder Viehsalz
Ganz wichtig – niemals mit Wasser löschen

Brandklasse F – Brände von Speiseölen beziehungsweise Speisefetten
Dazu zählen unter anderem tierische und pflanzliche Speiseöle und Speisefette.
Bekämpfung möglich mit speziellem Fettbrandfeuerlöscher, bedingt mit Löschdecke, CO_2 und Pulver-Feuerlöscher
Ganz wichtig – niemals mit Wasser löschen

2.3.6 Explosionsschutz

Zu einer Explosion kommt es, wenn eine gefährliche explosionsfähige Atmosphäre und eine wirksame Zündquelle gleichzeitig und am gleichen Ort vorhanden sind. Explosionsgefahr herrscht zum Beispiel bei der Gewinnung, Herstellung, Lagerung und Fortleitung sowie bei der Verarbeitung, Umfüllen und Umschlag von brennbaren Stoffen, die eine explosionsfähige Atmosphäre bilden können. Das Piktogramm in ▢ Abb. 2.18 weist auf diese Gefahr hin.

◼ **Abb. 2.18** Piktogramm für einen Bereich mit potentieller Explosionsgefahr

Explosionsgefährdete Räume müssen spezielle Anforderungen (zum Beispiel betreffend Brandabschnitte, Lüftung, elektrische Installationen) erfüllen und sind mit obenstehendem Warnschild zu kennzeichnen.

Auch Geräte und Maschinen, die in diesen Räumen zum Einsatz kommen, müssen entsprechende Normen erfüllen und ex-sicher sein, das bedeutet sie dürfen keine Zündquelle darstellen. Arbeitsplätze mit diesen Risiken sind gemäss *ATEX*-Explosionsschutzrichtlinien (*ATEX* kommt von *AT*mosphère *EX*plosibles) zu prüfen. Es müssen entsprechende Massnahmen getroffen werden.

2.3.7   Ergonomie

Der Begriff Ergonomie stammt aus dem Griechischen von Ergon = Arbeit (Tätigkeit, um ein Ziel zu erreichen) und Nomos = Regel.

In der Verordnung 3 zum Arbeitsgesetz, Artikel 23 steht:

> Arbeitsplätze, Arbeitsgeräte und Hilfsmittel sind nach ergonomischen Gesichtspunkten zu gestalten und einzurichten. Arbeitgeber und Arbeitnehmer sorgen für ihre sachgerechte Benutzung.

Unter Ergonomie wird die Anpassung der Arbeitsbedingungen an die Fähigkeiten und Eigenschaften des arbeitenden Menschen und mit den Anpassungsmöglichkeiten des Menschen an seine Arbeitsaufgabe verstanden. Doch die Ergonomie beinhaltet mehr als die Anpassung von Arbeitsmitteln an die physischen Eigenschaften des Menschen. Es geht auch um eine menschengerechte Organisation der Arbeit, um den Arbeitsinhalt und das gesamte Arbeitsumfeld.

Das Ziel der Ergonomie ist:
- weniger Erkrankungen und Unfälle,
- Verbesserung des Wohlbefindens und Steigerung der Produktivität.

Weiterführende Informationen und Checklisten sind auf der SUVA-Internetseite erhältlich.

2.4   Spezifische Bestimmungen

2.4.1   Spezielle Gefährdungen durch Gefahrstoffe

Toxische Chemikalien müssen mit den GHS Piktogrammen gekennzeichnet sein. Das Laborpersonal muss diese kennen. Nachfolgend sind einige ausgewählte Beispiele aufgeführt.

> **KMR Stoffe**

Abb. 2.19 GHS Piktogramm „gesundheitsschädigend"

Vor Aufnahme der Tätigkeiten mit solchen Stoffen (gemäss ◘ Abb. 2.19) ist zu prüfen, ob diese durch weniger gefährliche ersetzt werden können. Stehen kein geeigneter Ersatzstoff oder kein geeignetes Ersatzverfahren zur Verfügung, so muss vorrangig ein geschlossenes System für die Tätigkeiten vorgesehen werden. Ist die Anwendung eines geschlossenen Systems technisch nicht möglich, so müssen geeignete Massnahmen zur Verringerung der Gefährdung auf ein Mindestmass vorgesehen werden.

Die Abkürzung KMR steht für Karzinogenität, Keimzellmutagenität und Reprotoxizität. Die Begriffe sind wie folgt definiert.

Karzinogenität
Stoffe und Gemische, die im menschlichen Körper Krebs erzeugen oder die Krebshäufigkeit erhöhen können (Kategorie 1A/1B) oder im Verdacht stehen, solche Wirkungen hervorzurufen (Kategorie 2).

Keimzellmutagenität
Stoffe und Gemische, die vererbbare Mutationen in den Keimzellen von Menschen hervorrufen können (Kategorie 1A/1B) oder die wegen solcher möglicher Wirkung Anlass zur Besorgnis geben (Kategorie 2).

Reproduktionstoxizität
Stoffe und Gemische, die die Fortpflanzungsfähigkeit beim Menschen (Sexualfunktion und Fruchtbarkeit) beeinträchtigen und/oder Entwicklungsschäden bei menschlichen Nachkommen verursachen (Kategorie 1A/1B) oder die im Verdacht stehen, solche Wirkungen hervorzurufen (Kategorie 2).

> **Organische Peroxide**

Abb. 2.20 GHS Piktogramme für „explosiv" und „hochentzündlich"

Zahlreiche organische Verbindungen (Kennzeichnung gemäss ◘ Abb. 2.20), insbesondere sauerstoffhaltige Lösemittel, können mit Luftsauerstoff Peroxide bilden. Es handelt sich dabei um thermisch instabile Stoffe oder Gemische, die einer selbstbeschleunigenden exothermen Zersetzung unterliegen können. Sie können schnell verbrennen, sind schlag- und reibempfindlich oder reagieren mit anderen Stoffen gefährlich und schnell.

Die gebildeten Peroxide sind schwer-flüchtig und reichern sich besonders bei Destillationen in der Destillationsblase an, wo sie sich explosionsartig zersetzen können. Typische Beispiele für peroxidbildende Verbindungen sind Ether, wie Diethylether, Dioxan und Tetrahydrofuran.

> Flüssigkeiten, die zur Bildung organischer Peroxide neigen, müssen vor der Destillation und dem Abdampfen auf Anwesenheit von Peroxiden untersucht und die Peroxide entfernt werden. Nachweis und Vernichtung von Peroxiden ist im ▶ Kapitel 11 Umgang mit Abfällen und Emissionen beschrieben. Flüssigkeiten, die zur Bildung organischer Peroxide neigen, sind vor Licht, insbesondere UV-Strahlung, geschützt aufzubewahren.

❯ *Selbstentzündliche Stoffe*

Solche Substanzen sind thermisch instabile, flüssige oder feste Stoffe und Gemische, die sich auch ohne Beteiligung von Sauerstoff (Luft) stark exotherm zersetzen können und die nicht als explosive Stoffe, als organische Peroxide oder als oxidierend eingestuft sind. Siehe hierzu ◘ Abb. 2.20.

Zu den selbstentzündlichen Stoffen gehören beispielsweise viele Metallalkyle, Lithiumaluminiumhydrid, Silane, niedrige Phosphane und weisser Phosphor. Manche Hydrierkatalysatoren, wie Palladium auf Trägern oder Raney-Nickel, nehmen nach Gebrauch beim Trocknen pyrophore (brandfördernde) Eigenschaften an.

> Tätigkeiten mit selbstentzündlichen Stoffen müssen im Abzug durchgeführt werden. Alle brennbaren Substanzen, alle Hilfsmittel und alle Geräte die nicht unmittelbar für die Fortführung der Arbeit benötigt werden, sind aus dem Abzug zu entfernen. Geeignete Löschmittel sind bereitzuhalten.

❯ *Explosionsfähige Stoffe*

◘ **Abb. 2.21** GHS Piktogramm für „explosiv"

Explosionsgefährliche Stoffe gemäss ◘ Abb. 2.21, sind unter anderem zahlreiche organische Nitroso- und Nitroverbindungen, Salpetersäureester, Diazoverbindungen, Radikale, Schwermetallperchlorate, organische Peroxide und Persäuren.

Mischungen oxidierender Verbindungen, beispielsweise Nitrate, Chromate, Chlorate, Perchlorate, rauchende Salpetersäure, konzentrierte Perchlorsäure und Wasserstoffperoxidlösungen (insbesondere bei Konzentrationen oberhalb von 30 %) mit brennbaren oder reduzierenden Stoffen, können die Eigenschaften von explosionsgefährlichen Stoffen haben.

Explosionsgefährliche Stoffe und Gemische sind in möglichst kleinen Mengen und nur an ausreichend abgeschirmten Arbeitsplätzen zu handhaben. Geeignete Schutzvorkehrungen technischer, organisatorischer und personenbezogener Art sind zu treffen. Überhitzung, Flammennähe, Funkenbildung, Schlag und Reibung sind zu vermeiden. Vorräte an explosionsgefährlichen Stoffen und Gemischen sind so gering wie möglich zu halten. Sie sind gegen Flammen- und Hitzeeinwirkung gesichert, unter Verschluss und von den Arbeitsplätzen entfernt, möglichst in einem besonderen Raum, aufzubewahren. Eine Zusammenlagerung mit brennbaren Gefahrstoffen oder Druckgasen, auch in Sicherheitsschränken, ist verboten.

2.4.2 Elektrostatische Aufladung/Entladung

Durch Reibung von zwei verschiedenen, nicht leitenden oder isolierten leitenden Materialien (fest, flüssig oder gasförmig), kann es zu elektrostatischen Aufladungen kommen. Beim Entladen (zum Beispiel Erdkontakt) entstehen Funken, die als Zündquelle wirken können.

Im Labor können elektrostatische Aufladungen beobachtet werden beim:

- umfüllen pulverförmiger Stoffe,
- rühren oder umgiessen von flüssigen Stoffen,
- ausströmen verdichteter Gase,
- aufwirbeln von stäubenden Chemikalien,
- bewegen in isolierenden Kleidungsstücken (Kunstfasergewebe, Kunststoff- oder Gummisohlen),
- gehen auf nichtleitendem Kunststoffboden.

Unter Funkenbildung können sich beispielsweise Flansche aus Metall an Kunststoff- oder Glasleitungen über eine sich nähernde Person oder statisch isolierte Personen (Gummisohlen!) an geerdeten Gegenständen (Türfallen, Wasserhahn, Heizung, Behälter, Apparaturen) entladen.

Gegen statische Elektrizität sind folgende Massnahmen möglich:

- isolierende Stoffe leitfähig machen, leitende Teile erden,
- grössere Mengen leicht brennbarer oder stäubender Chemikalien nur in geerdete Behälter umfüllen,
- brennbare Lösemittel nicht in Auffanggefässe plätschern lassen, Trichter mit langen Stutzen verwenden und Metalltrichter erden,
- feine, pulverförmige Substanzen nicht aufwirbeln,
- Vorsicht beim Hantieren mit Kunststoffgebinden und -säcken,
- ungeerdete Metalltrichter nicht mit Kunststoff- oder Glasgefässen verwenden,
- Glas- oder Kunststofftrichter nicht mit ungeerdeten Metallgefässen einsetzen,
- Metallteile an isolierenden Apparaturen erden,
- Gase, Dämpfe und Stäube am Entstehungsort entsorgen,
- vermeiden von trockener Laborluft (Einsatz von Luftbefeuchter).

2.4.3 Elektromagnetische Strahlung

❯ *UV-Strahlung*

Direkte oder indirekte UV-Exposition (Wellenlängenbereich 180 bis 400 nm) kann zu Entzündungen und Verbrennungen der Horn- und Bindehaut, welche langfristig negative Folgen für das Sehvermögen haben können, führen. Auf der Haut können sonnenbrandartige Verbrennungen hervorgerufen werden. Wiederholte Exposition kann zur vorzeitigen Hautalterung oder sogar Hautkrebs führen. Heisse Oberflächen von UV-Lampen können zudem zu Verbrennungen führen. Das Piktogramm in ◘ Abb. 2.22 warnt vor UV Strahlung.

◘ **Abb. 2.22** Piktogramm welches vor UV Strahlung warnt

Ultraviolett-Strahler müssen derart angeordnet sein und so betrieben werden, dass die Augen und die Haut nicht geschädigt werden können und eine gesundheitliche Beeinträchtigung durch Ozon ausgeschlossen ist.

❯ *Laser-Strahlung*

Für sämtliche Laser gilt die Europäische Norm EN 60825-1. Aufgrund der Gefährdung der zugänglichen Strahlung werden Laser in verschiedene Klassen eingeteilt und gekennzeichnet. Anhand der Einstufung sind entsprechende Massnahmen zu treffen. Das Piktogramm in ◘ Abb. 2.23 warnt vor Laser-Strahlung.

◘ **Abb. 2.23** Piktogramm welches vor Laser-Strahlung warnt

Laserstrahlung kann eine hohe Gefährdung für Augen und Haut darstellen. Darüber hinaus kann Laserlicht mit hoher Energie im Labor chemische Reaktionen und physikalische Prozesse auslösen und gegebenenfalls zu Materialzerstörungen führen. Zudem stellt Laserlicht eine Zündquelle dar.

❯ *Mikrowellen-Strahlung*

Bei der Beheizung mit Mikrowellengeräten sind mögliche Brand- und Explosionsgefahren zu berücksichtigen. Substanzen in Mikrowellenöfen erhitzen sich bei entsprechend hoher Absorptionsfähigkeit für Mikrowellenstrahlung sehr schnell. Lösemittel können innerhalb von Sekunden ihren Siedepunkt erreichen. Beim Erhitzen von Flüssigkeiten müssen Siedeverzüge zwingend vermieden werden. Feststoffe können sich sehr hoch erhitzen, so dass Brandgefahr besteht.

Weitere Informationen über Anwendung von Mikrowellen finden sich im ► Kapitel 11 Heizen mit Mikrowellen.

2.4.4 Magnetfelder

◨ Abb. 2.24 Piktogramm welches vor starken elektrischen, elektromagnetischen und magnetischen Feldern warnt

Frequenzbereich: statische Felder (0 Hz) bis 300 GHz

Die Schweizerische Unfallversicherungsanstalt *SUVA* setzt Grenzwerte für Arbeitssituationen mit elektrischen, magnetischen respektive elektromagnetischen Feldern fest. Bereiche mit starken Magneten, beispielsweise für die NMR-Spektroskopie, können merkliche Feldstärken aufweisen. Solche Feldstärken können ebenfalls in benachbarten Räumen, auch oberhalb und unterhalb von Magneten, auftreten. Solche Räume sind mit dem entsprechenden Gefahrensymbol gemäss ◨ Abb. 2.24 zu kennzeichnen.

> **Personen mit Herzschrittmachern oder anderen elektromedizinischen Hilfsgeräten sind möglicherweise auch beim Einhalten dieser Grenzwerte ungenügend geschützt.**

2.4.5 Lärm und Ultraschall

Lärm ist unerwünschter, störender oder gesundheitsschädigender Schall. Die Hauptgefahren sind:

- Ermüdung, Stress, Fehleranfälligkeit,
- Verständnisschwierigkeiten,
- unheilbare Gehörschäden (Lärmschwerhörigkeit).

Unter gesundheits- respektive gehörschädigendem Lärm wird eine Lärmexposition von 8 h mit 85 dB(A) oder einem impulsartigen Schall mit einem Spitzenpegel von 120 dB(C) verstanden. Überschreitet ein Arbeitsplatz diese Grenzwerte, sind Massnahmen nach dem S-T-O-P-Prinzip zu veranlassen (siehe Kapitel Gefährdungsbeurteilung im Umgang mit Gefahrstoffen).

Ultraschall, zum Beispiel durch im Labor vorhandene Ultraschallbäder, verursachen nach dem heutigen Stand des Wissens keine Schäden, wenn der Lärmexpositionspegel für 8 h unter 110 dB und der Maximalpegel unter 140 dB liegen.

> **Ultraschall hat eine zellzerstörende Wirkung. Deshalb dürfen keine lebenden Organismen, keine Körperteile und insbesondere keine Hände in ein laufendes Ultraschallbad gehalten werden.**

2.4.6 Elektrogeräte und Maschinen

Elektrische Geräte und Maschinen beinhalten viele unterschiedliche Gefährdungen, wie:
- mechanische Gefährdungen (zum Beispiel Quetschgefahr, Einzugsgefahr, Handverletzungen),
- elektrische Gefährdungen (zum Beispiel elektrische Spannung),
- thermische Gefährdungen (zum Beispiel heisse oder kalte Oberflächen, Strahlung).

Wichtig ist, dass die Geräte die Sicherheitsanforderungen gemäss der Europäischen Maschinenrichtlinie (2006/42EG) erfüllen.

> **Die Anweisungen der Bedienungsanleitung müssen eingehalten werden.**

Zur Verhütung von Elektrounfällen sind zum Beispiel folgende Massnahmen anzuwenden:
- Sicherungen einbauen, welche bei zu grossem Stromfluss den Stromkreis unterbrechen. Eine FI-Sicherung unterbricht den Stromkreis bei Erdkontakt.
- Erden von Metallgehäusen, dadurch werden auf das Gehäuse gelangende Ströme abgeleitet und die Sicherung spricht an.
- Apparate mit Erdkontakt dürfen nur an geerdeten (Dreipol-)Steckdosen angeschlossen werden.
- Elektrische Apparate an gesicherten Orten aufstellen und vor Verschmutzung schützen.

2.4.7 Weitere typische Gefahrenquellen in Labors

> *Druckgasflaschen*

Betreffend Lagerung und Handhabung sind diverse Sicherheitsvorschriften im Umgang mit Druckgasflaschen zu berücksichtigen. Siehe hierzu ◘ Abb. 2.25. Diese werden im ▶ Kapitel 13 Arbeiten mit Gasen behandelt.

◘ **Abb. 2.25** Piktogramm, welches vor Behältern unter Druck warnt

Druckgasflaschen sind aus Brandschutzgründen grundsätzlich ausserhalb des Labors sicher zu lagern. Falls Druckgasflaschen stationär in einem Labor aufgestellt sind, müssen die Räume mit dem obigen Warnsymbol gekennzeichnet werden.

> *Vakuum*

Zum Evakuieren sind geeignete Glasgefässe wie Rundkolben, Spitzkolben und Kühler zu verwenden. Nicht geeignet sind zum Beispiel Erlenmeyerkolben. Eine Sichtkontrolle vor jedem Evakuieren ist zwingend, um Beschädigungen wie die so genannten Sternchen, Kratzer oder Abplatzungen zu erkennen. Zu den weiteren geeigneten Massnahmen zum Schutz vor umherfliegenden Glassplittern gehört zum Beispiel die Verwendung von Schutzscheiben, Netzen, sowie Schutzhauben oder das Arbeiten in der Kapelle respektive dem Abzug. Weitere Hinweise gibt es im ► Kapitel 12 Arbeiten mit Vakuum.

> *Heissluftgebläse*

◨ **Abb. 2.26** Piktogramm, welches vor heissen Gegenständen warnt

Heissluftgebläse (Heissluftfön) erreichen Temperaturen bis zu 550 °C. Es ist daher unbedingt darauf zu achten, dass Heissluftgebläse nicht in der Nähe entzündbarer Gegenstände, Flüssigkeiten oder Dämpfe betrieben oder abgelegt werden. Die Geräte verfügen zum Ab- oder Aufstellen oftmals über aufklappbare Bügel, die jedoch keinen sicheren Stand gewährleisten. Bewährt haben sich zur Ablage stattdessen fest montierte Halterungen direkt am Arbeitsplatz, wie zum Beispiel waagrecht angebrachte Stativringe. Kennzeichnung der Gefährdung siehe hierzu ◨ Abb. 2.26.

> **Brennbare Flüssigkeiten dürfen nicht mit einem Heissluftgebläse erwärmt werden.**

Heissluftgebläse eignen sich gut um Apparaturen oder schwer entzündbare Gegenstände zu erwärmen und finden eine breite Anwendung in der Kunststoffbearbeitung. Sollen Glasgegenstände erwärmt werden, darf das Gebläse nicht nur eine Stelle erwärmen, weil es sonst zu Spannungen führt. Entweder muss das Gebläse oder der Glasgegenstand dauernd bewegt werden.

> *Nadeln und Kanülen*

Beim Umgang mit Spritzen und Kanülen kann es zu Stichverletzungen kommen. Hierbei besteht unter anderem die Gefahr der Kontamination respektive der Aufnahme von Gefahrstoffen.

Nadeln sind daher ohne Berührung mit der Hand in geeigneten Nadelcontainern, wie ◨ Abb. 2.27 zeigt, zu entsorgen. Kanülen sollen nicht ohne geeignete Hilfsvorrichtungen in die Schutzhülle zurückgesteckt werden. Kanülen, Nadeln und Septen lassen sich in manchen Fällen auch durch Glasteile (zum Beispiel Tropftrichter) und Schläuche ersetzen.

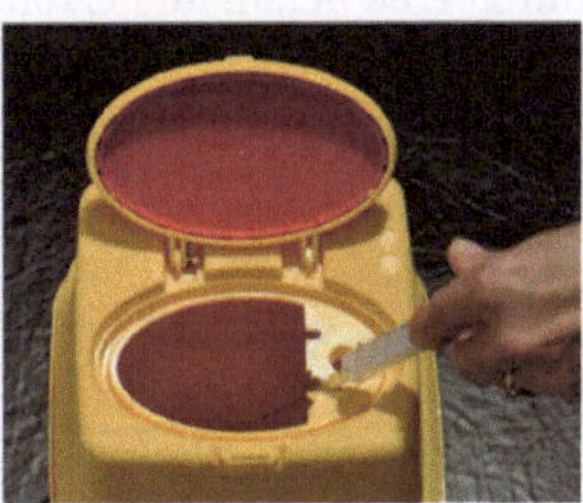

◨ **Abb. 2.27** Eine Kanülenbox zur sicheren Entsorgung von kontaminierten Kanülen. (Mit freundlicher Genehmigung der Berufsgenossenschaft Rohstoffe und Chemische Industrie, Heidelberg, Deutschland)

2.5   Technische Schutzmassnahmen und deren Prüfung

2.5.1   Sicherheitseinrichtungen

> Die Installation von Sicherheitseinrichtungen ist in jedem Labor Pflicht. Der Standort soll allen Mitarbeitenden bekannt und jederzeit unbeschränkt zugänglich sein.

Die Sicherheitseinrichtungen sind deutlich mit den entsprechenden Hinweisschildern, wie sie in ◻ Tab. 2.8 gezeigt werden, zu kennzeichnen:

◻ **Tab. 2.8** Hinweistafeln für die Augendusche und die Notdusche

| Augendusche | Notdusche |

Anforderungen an die Sicherheitseinrichtungen:

- *Körpernotdusche*
  sie sollen alle Körperzonen sofort mit ausreichender Wassermenge überfluten können, dazu ist ein Wasserfluss von 30 L pro Minute notwendig. Körpernotduschen sind regelmässig, mindestens monatlich, auf ihre Funktionsfähigkeit zu prüfen.
- *Augennotdusche*
  fliessendes Wasser mit Trinkwasserqualität und einer Wassermenge von 6 L pro Minute sind erforderlich. Augenspülflaschen mit steriler Spülflüssigkeit sind nur an Orten ohne fliessendes Trinkwasser zulässig. Augenduschen sind regelmässig, mindestens monatlich, auf ihre Funktionsfähigkeit zu prüfen.

2.5.2   Absaugeinrichtungen

Für Arbeiten mit Gefahrstoffen müssen Kapellen respektive Abzüge mit einer ausreichender künstlichen Entlüftung zur Verfügung stehen. Die Abzüge sind durch eine befähigte Person regelmässig einmal jährlich auf ihre Funktionsfähigkeit zu prüfen. Das Prüfintervall kann auf drei Jahre erweitert werden, wenn die Kapelle selbstüberwachend die geforderte Luftmenge überprüft und im Falle von Abweichungen optisch und akustisch alarmiert.

2.6   Zusammenfassung

Die Arbeit im Labor mit Gefahrstoffen und Geräten beinhaltet Risiken, die systematisch erkannt, beurteilt und denen mit definierten Massnahmen begegnet werden müssen. Dazu gibt es gültige Gesetzte, Verordnungen und Richtlinien, die beizuziehen und anzuwenden sind.

Trotz umgesetzten Massnahmen und Einhaltung der Vorschriften birgt die Arbeit Restrisiken, die dem Laborpersonal bekannt sein müssen. Arbeitgeber wie Arbeitnehmer haben hierzu entsprechende Rechte wie auch Pflichten.

Weiterführende Literatur

Bundesgesetz über die Arbeit in Industrie, Gewerbe und Handel Arbeitsgesetz ArG www.admin.ch (aufgerufen am 15.4.2015)

Verordnungen 2 zum Arbeitsgesetz, ArGV2 (Sonderbestimmungen für bestimmte Gruppen von Betrieben oder Arbeitnehmenden) , www.admin.ch (aufgerufen am 15.4.2015)

Verordnungen 3 zum Arbeitsgesetz, ArGV3 (Gesundheitsvorsorge), www.admin.ch (aufgerufen am 15.4.2015)

Bundesgesetz über die Unfallversicherung UVG, www.admin.ch (aufgerufen am 15.4.2015)

Verordnung über die Verhütung von Unfällen und Berufskrankheiten VUV, www.admin.ch (aufgerufen am 15.4.2015)

EKAS-Richtlinie Nr. 6508 (2007) Richtlinie über den Beizug von Arbeitsärzten und anderen Spezialisten der Arbeitssicherheit, www.ekas.ch oder www.suva.ch/waswo (aufgerufen am 15.4.2015)

EKAS-Richtlinie Nr. 1871 (2013) Chemische Laboratorien, www.ekas.ch oder www.suva.ch/waswo (aufgerufen am 15.4.2015)

EKAS-Richtlinie Nr. 1825 (2005) Brennbare Flüssigkeiten – Lagern und Umgang, www.ekas.ch oder www.suva.ch/waswo (aufgerufen am 15.4.2015)

EKAS-Richtlinie Nr. 6501 (1990) Säuren und Laugen, www.ekas.ch oder www.suva.ch/waswo (aufgerufen am 15.4.2015)

Deutsche Gesetzliche Unfallversicherung (2008) Sicherhes arbeiten in Laboratorien – Grundlagen und Handlungshilfen BGI 850-0, 1. Aufl. Jedermann-Verlag, Heidelberg (ISBN 978-3-86825-140-1, http://bgi850-0.vur.jedermann.de/index.jsp (aufgerufen am 15.4.2015))

Berufsgenossenschaft Rohstoffe und chemische Industrie BG RCI (2011) Kompendium Arbeitsschutz, Vorschriften- und Regelwerke, Symboldatenbank. Jedermann-Verlag, Heidelberg (DVD)

Richtlinie 2006/42/EG Maschinenrichtlinie des Europäischen Parlaments und des Rates (2006), http://www.seco.admin.ch/ (aufgerufen am 15.4.2015)

Keggenhoff F (2007) Erste Hilfe – Das offizielle Handbuch. südwest-Verlag, München

Umweltbundesamt Deutschland (2013) Das neue Einstufungs- und Kennzeichnungssystem für Chemikalien nach GHS – Leitfaden zur Anwendung der CLP-Verordnung. www.umweltbundesamt.de. Zugegriffen: 15. Apr. 2015

Suva (2015) Alles was sie über PSA Wissen müssen Nr. 44091, Luzern. www.suva.ch/waswo. Zugegriffen: 15. Apr. 2015

Suva (2015) Grenzwerte am Arbeitsplatz 2015 Nr. 1903, Luzern. www.suva.ch/waswo. Zugegriffen: 15. Apr. 2015

Suva (2014) Explosionsschutz – Grundsätze, Minfestvorschriften, Zonen Nr. 2153, Luzern. www.suva.ch/waswo. Zugegriffen: 15. Apr. 2015

Suva (2012) Ergonomie – Erfolgsfaktor für jedes Unternehmen Nr. 44061, Luzern. www.suva.ch/waswo. Zugegriffen: 15. Apr. 2015

swissTS Explosionsschutz (ATEX) Richtlinie 94/9/EG, http://www.swissts.ch/ (aufgerufen am 15.4.2015)

Schweizer Brandschutz, http://www.schweizer-brandschutz.ch/Brandklassen (aufgerufen am 15.4.2015)

Umgang mit Abfällen und Emissionen

© Springer International Publishing Switzerland 2017
aprentas (Hrsg.), *Laborpraxis Band 1: Einführung, Allgemeine Methoden*, DOI 10.1007/978-3-0348-0966-5_3

Die Arbeit in einem chemischen Labor bedingt die Bereitstellung und Verwendung einer grossen Zahl von materiellen Ressourcen und generiert Abfall und Emissionen. Aufgrund grosser Probleme in der Vergangenheit ist in vielen Ländern die Behandlung von Abfällen und Emissionen gesetzlich stark reguliert. Grosse Firmen und seriöse Institute können es sich aus Imagegründen nicht erlauben, durch unsachgemässen Umgang mit Chemikalien, Abfällen und Produkten aufzufallen. Das vorsätzliche oder heimliche Verursachen von unerwünschten oder gar verbotenen Emissionen schädigt einen Ruf sehr nachhaltig. Ein unverhältnismässiger Ressourcendurchsatz ist zudem betriebswirtschaftlich vernünftig.

3.1 Gesetzliche Grundlagen

In allen europäischen Ländern gibt es eine spezifische Umweltgesetzgebung. Am Beispiel der Schweiz soll dies verdeutlicht werden. Anfang 1985 ist dort ein Umweltschutzgesetz in Kraft getreten. Seither ist es immer wieder angepasst worden. Dieses Gesetz und die Ausführungsverordnungen setzen für die Tätigkeiten in Prozessentwicklung, in der Verfahrenstechnik, in der Produktion, in der Analytik und allgemein im chemischen Labor Massstäbe für die Vorkehrungen zum Schutz von Lebensgemeinschaften und Lebensräumen sowie für die Erhaltung der natürlichen Lebensgrundlagen.

Zur Erfüllung dieser Anforderungen genügt es nicht, Umweltschutzaufgaben an, im Verborgenen arbeitenden, Spezialisten zu delegieren. Die Überlegungen und Vorkehrungen für den Schutz von Lebensgemeinschaften und Lebensräumen sowie für die Erhaltung der natürlichen Lebensgrundlagen müssen an jedem Arbeitsplatz in der täglichen Routine verankert sein. Mitarbeitende, Vorgesetzte und Management müssen Emissionsgrenzen und andere Umweltschutzvorschriften ebenso genau einhalten wie alle anderen relevanten Anforderungen ihres Berufes. Der Schutz von Lebensgemeinschaften und Lebensräumen hat die gleiche Bedeutung in unserer Tätigkeit wie Wirtschaftlichkeit, Produkte- oder Dienstleistungsqualität. Eine nachträgliche Beseitigung oder Verminderung von Emissionen erübrigt sich oft durch eine vorausschauende Planung.

Dies erfordert, dass alle Mitarbeitenden aktuelle und umfassende Kenntnisse über den Schutz der natürlichen Lebensgrundlagen haben müssen.

Zudem ist Abfallentsorgung und der Ressourcendurchsatz eng mit der Thematik der Arbeitssicherheit und der Arbeitshygiene verflochten. Das Kapitel „Sicherheit" gibt weiter Auskunft dazu.

3.1.1 Gesetzgebung bezüglich Giften in der Schweiz

Das erste Giftgesetz von 1969 wurde 2005 aufgehoben und durch das „Bundesgesetz über den Schutz vor gefährlichen Stoffen und Zubereitungen" (Chemikaliengesetz, ChemG) 2005 ersetzt.

Weitere relevante Gesetzestexte

Umweltschutzgesetz USG (1983)
Chemikalien Risikoreduktionsverordnung ChemRRV (2005)
Technische Verordnung über Abfälle TVA (1990)
Gewässerschutzgesetz GSchG (1971) und Gewässerschutzverordnung GSchV (1975)
Luftreinhalte-Verordnung LRV (1985)

Diese unvollständige Liste zeigt, dass in industrialisierten Staaten die Umwelt mit Emissionen belastet wird, und regulatorische Eingriffe zu Gunsten der dort lebenden Menschen ergriffen werden müssen. Oft handelt es sich um Emissionen, die sich nicht an Landesgrenzen halten.

Multinationale Vereinbarungen machen daher allen Firmen eines geographischen Raumes vergleichbare Auflagen. Diese Übereinkommen dienen den einzelnen Nationen als Richtlinien, nach denen die nationalen Gesetze ausgerichtet werden. Als Beispiel dafür dient das Übereinkommen zum Schutz des Rheins gegen chemische Verunreinigung.

3.1.2 Laborinterne Weisungen

Jede Firma, jedes Institut regelt die Tätigkeit ihrer Mitarbeitenden durch Richtlinien, Weisungen und Anordnungen. So nehmen bestehende Gesetze Einfluss auf die tägliche Arbeit im chemischen Labor.

> **Mitarbeitende müssen sich über die an ihrem Arbeitsplatz geltenden Regeln informieren und sind verpflichtet sie einzuhalten.**

Gesetze lassen sich unterschiedlich auslegen. Gesetze können Lücken aufweisen oder bestimmte Sachgebiete lassen sich aufgrund des wissenschaftlichen oder technischen Fortschritts kaum sinnvoll regulieren. Zudem müssen alltäglichen Gegebenheiten und Abläufe in einem chemischen Labor kontinuierlich sowohl an Gesetze, Verordnungen oder Richtlinien, als auch an weiterentwickelte Abläufe, an neue Produkte oder an ein verändertes Geschäftsumfeld angepasst werden. Interne Weisungen dienen somit der Präzisierung der geltenden Gesetze.

Diese weiteren Weisungen können Folgendes beinhalten:
- Unternehmensgrundsätze zum Verhalten gegenüber der Umwelt,
- Grundsätze für den Ressourcendurchsatz und die Abfallbewirtschaftung,
- Erstellen und Durchsetzen von Entsorgungskonzepten,
- Bilden von betriebsinternen Fachstellen,
- Schaffen einer kohärenten Alarmorganisation,
- Einholen von externem und spezialisiertem Knowhow,
- Definieren von Kontroll- und Überwachungsfunktionen,
- Festlegen und Abgrenzen von internen Verantwortlichkeiten,
- Ausbildung von Mitarbeitenden,
- Schriftliche oder mündliche Weisungen an Mitarbeitende.

3.2 Reduzieren, Rezyklieren, Ersetzen

Das Konzept von „Reduce, Refine, Replace" stammt aus der toxikologischen Forschung und passt für das chemische Labor in analoger Weise. Dieses Konzept eignet sich als Richtschnur für die strategische Ebene. Das Konzept „Reduzieren, Rezyklieren und Ersetzen" verfolgt sowohl ökonomische, als auch ökologische Zielsetzungen.

Reduzieren meint hier den kleinsten, möglichen Ressourceneinsatz anzustreben. Beispiele sind:

- Wenn 20 mg Produkt reichen, auch 20 mg Ausbeute anstreben,
- Ressourcenschonende Verdünnungsschritte für Kalibrations- und Messmuster wählen,
- kleine Heizmedienmengen anstreben oder mit Mikrowelle heizen,
- mehrmals mit kleinen Extraktionsmittelmengen extrahieren statt einmal mit einer grossen,
- hohe Wirkungsgrade anstreben,
- kaum verschmutztes Geschirr mit deionisiertem Wasser auswaschen und zum Trocknen aufhängen statt in die Geschirrwasch- und Trockenmaschine geben.

Rezyklieren meint hier Ressourcen vor dem endgültigen Entsorgen, wenn immer das durchführbar ist, so lange als möglich zu verwenden. Beispiele sind:
- häufig gebrauchte Lösemittel sammeln und destillieren,
- Material wie wasserfeuchte Messzylinder mehrfach verwenden,
- Kühlwasser im Kreislauf führen,
- Vakuumpumpen verwenden die, nur wenn es nötig ist, pumpen,
- durch Bereitstellen von Sammelgebinden das Recyclingprogramm der Allgemeinheit benutzen,
- Chemikaliengebinde, in denen Chemikalien geliefert wurden, später als Vorratsflaschen verwenden.

Ersetzen meint hier gefährliche, aufwändige oder Ressourcen verschleissende Methoden mit sinnvolleren zu ersetzen. Beispiele sind:
- Lösemittel wie Ethanol, Aceton oder Ethylacetat, wenn das möglich ist, bevorzugt verwenden,
- statt Diethylether TBME verwenden,
- Kühler ohne Kühlwasseranschluss wie Findenser™ verwenden,
- keine Wasserstrahlpumpen zur Vakuumerzeugung einsetzen,
- das papierlose Labor einführen, statt viele Laufmeter Akten produzieren.

> **In der chemischen Produktion werden sowohl aus ökonomischen, als auch aus ökologischen Gesichtspunkten Abfälle und Emissionen so weit wie möglich vermieden.**

3.3 Grüne Chemie

Die „grüne Chemie" wurde 1991 von Paul T. Anastas und John C. Warner begründet. Als organisch-synthetische Chemiker postulierten sie zwei Forderungen, welche heute in allen chemischen Laboratorien hochaktuell sind:

Erstens: *Verringerte Risiken im Labor*

Zweitens: *Minimierter ökologischer Fussabdruck*

Untergeordnet dazu haben sie zwölf Prinzipien, wie ◨ Tab. 3.1 zeigt, aufgestellt. Sie liefern brauchbare konkrete Handlungsansätze.

◘ **Tab. 3.1** Die zwölf Prinzipien der grünen Chemie. (Nach Anastas und Warner 1991)	
Verringere deine Risiken im Labor	
1.	Verwende sicherere Chemikalien
2.	Plane weniger gefährliche Methoden oder Synthesen
3.	Verwende gefahrlosere Lösemittel und Reaktionsbedingungen
4.	Betreibe aktiv Unfallprävention
Minimiere den ökologischen Fussabdruck	
5.	Minimiere Abfälle oder vermeide sie ganz
6.	Verwende Katalysatoren anstelle von stöchiometrischen Mengen
7.	Reduziere die Verwendung von chemischen Derivaten
8.	Beachte synthetische Effizienz und die Ökonomie der Atome
9.	Verwende Chemikalien, welche sich später zersetzen
10.	Sorge für genügend Analytik um Emissionen zu vermeiden
11.	Verwende Ausgangsmaterialien aus erneuerbaren Quellen
12.	Befolge den Weg der Energieeffizienz

> ❯ **Alle Beschäftigten in einem chemischen Labor müssen zwingend und ihren Aufgaben gemäss zu den gesetzlichen, den betrieblichen und den vernunftgemässen Erfordernissen im Umgang mit Abfällen, Emissionen und Ressourcendurchsatz beitragen. Der beste Erfolg wird in der Regel direkt an der Quelle erzielt.**

3.4 Entsorgen

Eine fachgerechte Entsorgung ist ein alltäglich vorkommender Bestandteil der Arbeit in einem chemischen Labor. Entsorgung bedeutet das Behandeln oder das Entfernen von Abfällen. Abfallstoffe können nicht einfach vernichtet werden, sondern nur in andere Stoffe oder in eine andere Form umgewandelt werden. Diese neu entstehenden Produkte müssen letztendlich dem Boden, dem Wasser oder der Luft zugeführt werden können. ◘ Abb. 3.1 zeigt ein Übersichtsschema über den Umgang mit Abfällen und Emissionen im chemischen Betrieb. Entsorgung kann also nicht als ein einzelnes Teilproblem isoliert betrachtet werden. Es muss immer das Ziel sein, den ganzen Problemkomplex unter Berücksichtigung aller Aspekte zu lösen.

Die Abfallproblematik eines chemischen Labors ist im Gegensatz zu einem privaten Haushalt vielfältiger, weil sie sich auf die Beseitigung von gasigen, flüssigen und festen Abfällen erstrecken. Auch für das Labor gilt es nach den Regeln von „Reduzieren, Rezyklieren, Ersetzen" von Anfang an möglichst wenig und möglichst unbedenkliche Abfälle zu produzieren, und vorausschauend mit allfälligen Abfällen umzugehen.

Ansatzpunkte könnten sein:
- möglichst kleine Versuchsgrössen,
- Vermeidung von „Ladenhütern" durch kleine Lagerbestände und regelmässiges Ausmisten. Dies verhindert das schleichende Entstehen von Sicherheitsrisiken,
- Vermeidung unerwünschter Nebenprodukte,
- Abfälle schon an der Quelle nicht entstehen lassen,
- mehrmaliges Verwenden von Lösemitteln bei Serienversuchen,
- möglichst wenig angebrochene Flaschen im Labor,
- die Methode der Abfallbeseitigung soll Bestandteil einer Arbeitsvorschrift sein,
- Rückgabe von Substanzen an eine „Chemikalienbörse" zur Weiterverwendung.

Das Beispiel der Entsorgungsthematik zeigt gut auf, wie verflochten der Umgang mit Abfällen und Emissionen mit der Arbeitssicherheit und der Arbeitshygiene sind. Viele der oben genannten Massnahmen sind auch aus dieser Sicht sinnvoll.

3.4.1 Grundsätze zur Entsorgung von Chemikalien im Labor

Abfallchemikalien sollen nach Möglichkeit im Labor direkt unschädlich gemacht werden. Wichtig ist, dass Abfallchemikalien nicht willkürlich gemischt werden. Sammelstellen oder Transporteure verlangen eine genaue Deklaration der Abfälle.

Unkorrekt beschriftete Gebinde oder Abfälle sind sicherheitswidrig. Das vorsätzliche und anonyme Deponieren oder Versenden solcher Gebinde ist nicht erlaubt.

Ein Vermischen gefährlicher Abfälle mit anderen Abfällen (beispielsweise Chemikalien im Hauskehricht) ist strafbar.

3.4.2 Lösemittel

Lösemittel (beispielsweise aus chemischen Versuchen, Kristallisationen, Extraktionen etc.) eignen sich gut zur Regenration durch Destillation.

Nicht regenerierbare Lösemittelgemische müssen nach internen Weisungen den Sammelstellen zugeführt und entsorgt werden. Oft werden halogenierte Lösemittel gesondert gesammelt. Lösemittelabfälle werden meistens in Sondermüllöfen verbrannt.

3.4.3 Flüssige Rückstände

Nicht miteinander reagierende organische Flüssigkeiten, beispielsweise aus Extraktionen oder chemischen Reaktionen, sind den Lösemittelabfällen beizumischen. Eine weitere Möglichkeit besteht darin, flüssige Rückstände in Kieselgur aufzunehmen und in einen Plastiksack zu verpacken. Anschliessend sind sie wie Feststoffe zu entsorgen.

3.4.4   Wässrige Lösungen

Geringe Mengen nicht ökotoxischer Säuren oder Laugen können in verdünnter oder neutralisierter Form der Kanalisation zugeführt werden. Farbige Lösungen sind vor dem Kanalisieren zu entfärben.

Lösliche Schwermetallsalze sind wegen ihrer Persistenz eine grobe Gefährdung der Umwelt. Siehe hierzu ◘ Tab. 3.2. Zum Beispiel Kupfer- oder Quecksilbersalze sind durch chemische Umsetzungen auszufällen und sowohl der Filterrückstand als auch die Mutterlauge als Sondermüll zu behandeln.

◘ **Tab. 3.2** Eine Übersicht über die erlaubten Einleitmengen ins Abwasser. (Zusammengefasst aus GSchV Anhang 2)

Schadstoff	Anforderung an die Einleitung in die Kanalisation
Arsen, As	0,1 mg/L As (gesamt)
Blei, Pb	0,5 mg/L Pb (gesamt)
Cadmium, Cd	0,1 mg/L Cd (gesamt)
Chrom, Cr	2,0 mg/L Cr (gesamt), 0,1 mg/L Cr^{IV}
Kobalt, Co	0,5 mg/L Co (gesamt)
Kupfer, Cu	1,0 mg/L Cu (gesamt)
Molybdän, Mo	1,0 mg/L Mo (gesamt)
Nickel, Ni	2,0 mg/L Ni (gesamt)
Zink, Zn	2,0 mg/L Zn (gesamt)
Quecksilber, Hg	0,05 mg/L Hg (im Monatsmittel)
Silber, Ag	5,0 mg/L Ag (gesamt)
Gesamt Kohlenwassserstoff	20,0 mg/L KW
chlorierte KW (FOCl)	0,1 mg/L Cl
halogenierte KW (VOX)	0,1 mg/L X

3.4.5   Feste Chemikalien

Feste Chemikalien werden nach speziellen betriebsinternen Weisungen verpackt, der Sammelstelle zugeführt und oft in einem Sondermüllofen entsorgt. Die entstehende Schlacke kommt dann in eine Sondermülldeponie.

3.4.6 Gasförmige Chemikalien

Da in einem Laborgebäude normalerweise keine zentrale Abluftreinigungsanlage zur Verfügung steht, sind gasförmige Chemikalien oder Abgase aus Versuchsansätzen grundsätzlich am Entstehungsort zu absorbieren oder chemisch zu vernichten. Ungiftige Gase können direkt in die Kapellenabluft abgeleitet werden. Ein Beispiel ist N_2.

Ein Spezialfall ist Wasserstoff: Auf einmal auftretende Mengen grösser als 0,1 mol müssen aufgefangen, genügend verdünnt und in die Kapellenabluft geleitet oder kontrolliert verbrannt werden. Kleinere Mengen als 0,1 mol können direkt in den Abluftstrom einer ausreichend funktionierenden Kapelle geleitet werden. Dort wird diese Menge sofort unter die Volumenkonzentration für entzündbare Gemische verdünnt.

Die Laborvorgesetzten sind dafür verantwortlich, dass die Mitarbeitenden diese Situation kennen und die richtigen Massnahmen zur Verhinderung einer Emission in die Atmosphäre und zur Vermeidung von Unfällen ergreifen. Die Mitarbeitenden hingegen müssen alles tun, die Vorgaben sachgerecht umzusetzen.

3.4.7 Altöl

Altöl wird in speziellen Fässern gesammelt und regeneriert oder verbrannt.

3.4.8 Nicht kontaminiertes Glas, Metall, Papier, Karton, Kunststoffe

Glasabfälle werden nach Farben sortiert und zur Wiederverwertung in speziellen Behältern gesammelt.

Metallabfälle werden gesammelt, sortiert (Eisen, Stahl, Kupfer, Blei, Aluminium, Nickel, …) und wiederverwertet.

Papier, Karton und Kunststoffe werden getrennt zur Wiederverwertung gesammelt. Kunststoffe werden teilweise nach Sorten (PET, PE, PP, PS, …) getrennt gesammelt, sortiert und rezykliert.

3.4.9 Diverse Stoffe oder Stoffgruppen

Für eine Reihe weiterer Stoffe oder Stoffgruppen mit besonderen Gefahren sind besondere interne Weisungen zu beachten.

Beispiele:

- Fluoreszenzröhren,
- Batterien,
- Radioaktive Präparate,
- Edelmetallkatalysatoren, Nickelkatalysatoren,
- Dünnschichtchromatographie-Platten,
- Spritzen/Kanülen.

3.4.10 Hausmüllähnliche Abfälle

Hausmüllähnliche Abfälle sind in brandsicheren Abfallkesseln zu sammeln und in den Kehricht-Container zu geben. Es dürfen auf diese Weise keine Stoffe, welche mit Chemikalien stark kontaminiert sind, entsorgt werden. Zugegeben werden dürfen:

- verschmutztes, chemisch nicht kontaminiertes Papier,
- nicht kontaminierte Einweghandschuhe,
- Verpackungsmaterial,
- Kehricht aus Labor- und Gebäudereinigung,
- Holz, Dichtungen, Gummischläuche.

3.5 Spezielle Chemikalien entsorgen

> Mitarbeitende, welche im Rahmen ihrer beruflichen Aufgaben Abfälle verursachen, sind von A bis Z verantwortlich für die sachgerechte Handhabung, eine klare Deklaration der Stoffe und den korrekten Vollzug der Entsorgungsanweisungen.

Gefährliche Abfälle sind, wenn immer möglich, am Entstehungsort zu entsorgen. Ist das Sicherheitsrisiko oder der Aufwand zu gross, sind diese Chemikalien unter Zuzug von spezialisierten Stellen zu entsorgen. Die Abfallentsorgung eines chemischen Labors soll so erfolgen, dass weder Personen noch die Umwelt gefährdet werden.

Bei jeder chemischen Vernichtung von Abfallchemikalien müssen die Reaktionsbedingungen bekannt sein, damit eine genaue Dosierung und eine klare Endpunktbestimmung erfolgen können. Fehlen die Kenntnisse, so müssen die zu entsorgenden Stoffe unter genauer Bezeichnung des Inhalts vorübergehend geordnet gelagert werden und kompetente Spezialisten zugezogen werden. Siehe hierzu ◘ Abb. 3.1.

Eine Vernichtung soll unter grösster Sorgfalt erfolgen. Dabei sind folgende Punkte zu beachten

- Wahl einer anerkannten Methode,
- Wahl von richtigen Apparaturen und Schutzeinrichtungen,
- Vernichtungsmittel im Überschuss anwenden,
- richtige Reihenfolge einhalten,
- langsame Dosierung von Reagenzien,
- korrektes Rühren, Kühlen bzw. Heizen,
- Inertgasschutz anwenden,
- Ende der Reaktion überprüfen.

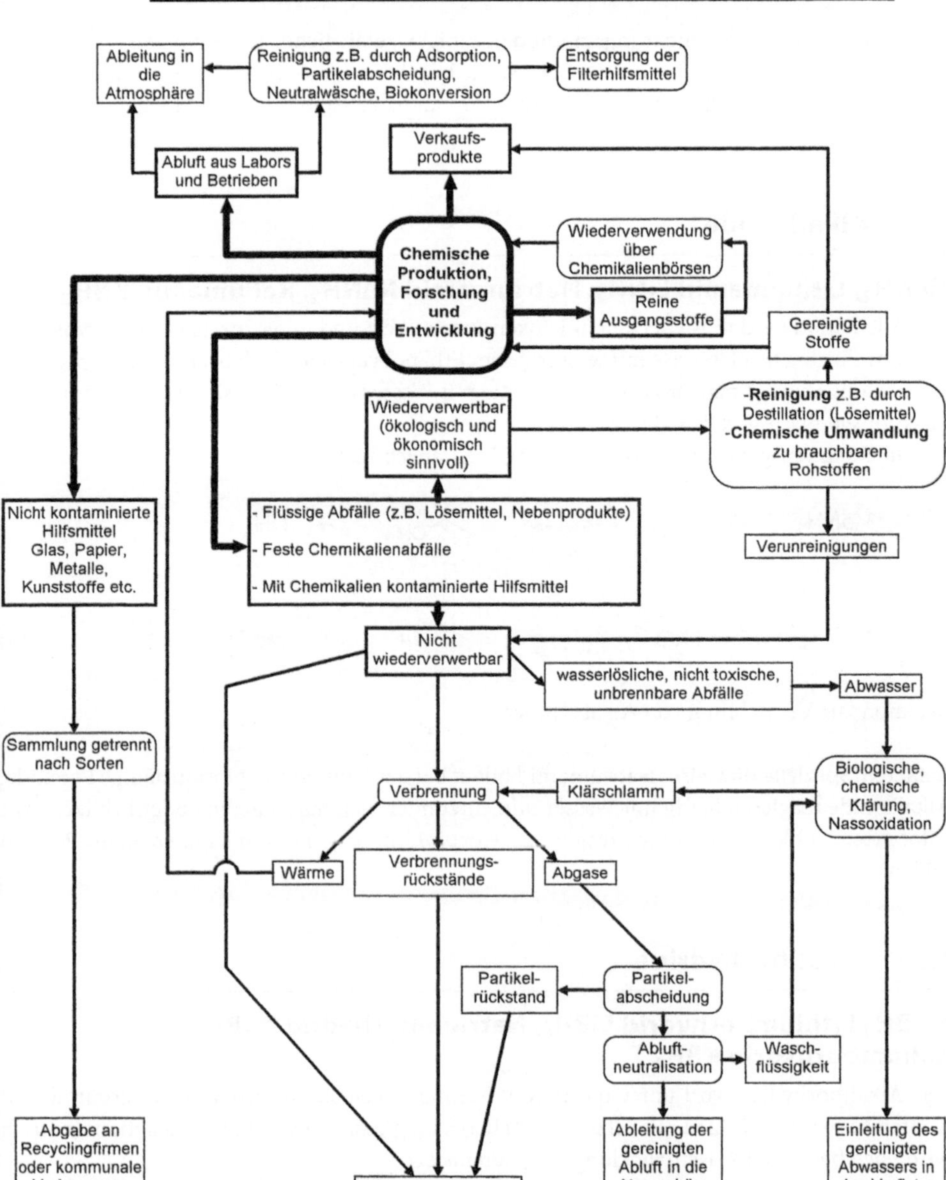

☐ **Abb. 3.1** Ein Übersichtsschema über den Umgang mit Abfällen und Emissionen im chemischen Betrieb

3.6 Übersicht über ausgewählte Stoffklassen

Die folgende Reihe „Vernichtungsmethoden einiger gefährlicher Chemikaliengruppen" ist alphabetisch aufgeführt. Grundsätzlich ist zu beachten, dass die nachstehenden Methoden nur für die Vernichtung von kleineren, im Labormassstab üblichen Mengen Gültigkeit haben.

3.6.1 Alkaliamide

MeNH$_2$, Lithiumamid LiNH$_2$, Natriumamid NaNH$_2$, Kaliumamid KNH$_2$

Das Alkaliamid wird in wasserfreiem Dioxan suspendiert und unter Inertgas bis zur vollständigen Auflösung tropfenweise mit wasserfreiem Ethanol versetzt. Nach beendeter Ammoniakentwicklung versetzt man das Ganze vorsichtig mit Wasser und neutralisiert mit Salzsäure. Das Reaktionsgemisch wird kanalisiert.

Die Reaktionsgleichung dazu ist in der Gl. 3.1 abgebildet.

$$MeNH_2 \;+\; \diagup\!\!\diagdown_{OH} \;\longrightarrow\; \diagup\!\!\diagdown_{OMe} \;+\; NH_3$$

$$\diagup\!\!\diagdown_{OMe} \;+\; H_2O \;\longrightarrow\; \diagup\!\!\diagdown_{OH} \;+\; MeOH \tag{3.1}$$

Reaktion zur Vernichtung von Alkaliamiden

Gefahren, Spezielle Hinweise Natriumamid bildet bei der Lagerung explosionsfähige Peroxide. Alkaliamide reagieren heftig mit Wasser und entzünden sich durch Reiben oder Erhitzen. Mit chlorierten Kohlenwasserstoffen reagieren sie explosionsartig. Dioxan kann ebenfalls Peroxid bilden.

3.6.2 Alkaliborhydride

MeBH$_4$ Lithiumborhydrid LiBH$_4$, Natriumborhydrid NaBH$_4$, Kaliumborhydrid KBH$_4$

Das Alkaliborhydrid wird unter Inertgas in Methanol gelöst, mit viel Wasser verdünnt und tropfenweise unter Kühlen mit Salzsäure $w(HCl) = 0{,}1\,g/g$ sauer gestellt. Das Reaktionsgemisch wird nach beendeter Gasentwicklung (H_2) kanalisiert.

Die Reaktionsgleichung dazu ist in der Gl. 3.2 abgebildet.

$$2\,MeBH_4 \;+\; 2\,HCl \;\longrightarrow\; (BH_3)_2 \;+\; 2\,MeCl \;+\; 2\,H_2$$

$$(BH_3)_2 \;+\; 6\,H_2O \;\longrightarrow\; 2\,H_3BO_3 \;+\; 6\,H_2 \tag{3.2}$$

Reaktion zur Vernichtung von Alkaliborhydriden

Gefahren, Spezielle Hinweise Alkaliborhydride zersetzen sich in saurer Lösung sehr schnell unter Bildung grosser Mengen von Wasserstoff. Bei unzureichender Entlüftung oder Wärmeabfuhr kann es zu Explosionen oder Bränden kommen.
(Diboran, $(BH_3)_2$: farbloses Gas, sehr giftig, widerlicher Geruch, in grosser Verdünnung süsslich).

3.6.3 Alkalihydride, MeH

Lithiumhydrid LiH, Natriumhydrid NaH, Kaliumhydrid KH

Alkalihydride in Dioxan absolut suspendieren und durch Zugabe von Ethanol abs. unter Inertgas lösen. Nach beendeter Gasentwicklung Dioxan abdampfen, Rückstand in Wasser lösen und kanalisieren.

Die Reaktionsgleichung dazu ist in der Gl. 3.3 abgebildet.

$$\text{MeH} + \diagup_{\text{OH}} \longrightarrow \diagup_{\text{OMe}} + 2\,H_2$$

$$\diagup_{\text{OMe}} + H_2O \longrightarrow \diagup_{\text{OH}} + \text{MeOH} \tag{3.3}$$

Reaktion zur Vernichtung von Metallhydriden

Gefahren, Spezielle Hinweise Alkalihydride reagieren mit Wasser unter Bildung von leicht entzündlichem Wasserstoff (Knallgas). In fein verteilter Form sind Alkalihydride selbstentzündlich.

3.6.4 Lithiumaluminiumhydrid Li(Al)H$_4$

Das Lithiumaluminiumhydrid wird unter Inertgas in wasserfreiem Tetrahydrofuran (THF) aufgeschlämmt und unter gutem Rühren und Kühlen tropfenweise mit Essigsäureethylester versetzt. Nach beendeter Reaktion, was durch das Ende der Gasentwicklung angezeigt wird, vorsichtig mit Wasser und Natronlauge hydrolisieren, das THF abdampfen und die anorganische Anteile kanalisieren.

Die Reaktionsgleichung dazu ist in der Gl. 3.4 abgebildet.

$$\text{LiAlH}_4 + 2\ \text{(Essigsäureethylester)} \longrightarrow \text{LiAl}(\text{O}\diagup)_4$$

$$\text{LiAl}(\text{O}\diagup)_4 + 4H_2O \longrightarrow \text{LiOH} + \text{Al(OH)}_3 + 4\ \diagup_{\text{OH}} \tag{3.4}$$

Reaktion zur Vernichtung von Lithiumaluminiumhydrid

3.6.5 Kalium und Natrium

Vernichtung von Kalium

Das blanke Kaliummetall wird, in kleine Stücke geschnitten, unter Petrolether (Siedegrenzenbenzin) leicht gerührt und unter Stickstoffatmosphäre tropfenweise mit Ethanol versetzt. Die Temperatur soll dabei −5 bis +5 °C betragen. Als Kühlflüssigkeit dient ein inertes Lösemittel. Nach einer vollständiger Auflösung des Metalls und Beendigung der Wasserstoffentwicklung wird der Hauptteil an Lösemittel abdestilliert. Der Rückstand wird nun mit Wasser versetzt und kanalisiert.

Vernichtung von Natrium

Das in kleine Stücke geschnittene Natriummetall wird portionenweise in wasserfreiem Ethanol oder Isopropanol unter Inertgas und Rühren bei maximal 30 °C gelöst. Nach vollständiger Lösung und nach Beendigung der Wasserstoffentwicklung wird der Hauptteil an Lösemittel abgedampft, der Rückstand mit Wasser verdünnt und kanalisiert.

Die Reaktionsgleichung dazu ist in der Gl. 3.5 abgebildet.

$$2\,Me \;+\; 2\,R\text{-}OH \;\longrightarrow\; 2\,R\text{-}OMe \;+\; H_2$$

$$R\text{-}OMe \;+\; H_2O \;\longrightarrow\; MeOH \;+\; R\text{-}OH \tag{3.5}$$

Reaktion zur Vernichtung von Alkalimetallen

3.6.6 Alkylsulfate

Dimethylsulfat $(CH_3)_2SO_4$, Diethylsulfat $(C_2H_5)_2SO_4$

Alkylsulfate werden bei 50 bis 60 °C vorsichtig zu Natronlauge $w(NaOH) = 0{,}1\,g/g$ zugetropft. Nach Neutralisation mit Salzsäure wird das Reaktionsgemisch kanalisiert.

Die Reaktionsgleichung dazu ist in der Gl. 3.6 abgebildet.

$$(CH_3)_2SO_4 \;+\; 2\,NaOH \;\longrightarrow\; Na_2SO_4 \;+\; 2\,CH_3OH \tag{3.6}$$

Reaktion zur Vernichtung von Alkylsulfat

Gefahren, Spezielle Hinweise Sehr giftig beim Einatmen, Hautgifte. Alkylsulfate sind karzinogen.

3.6.7 Amine aliphatisch und aromatisch

Die Amine werden in einem Lösemittel (sinnvollerweise Lösemittelabfälle) gelöst und der Verbrennung zugeführt.

Gefahren, Spezielle Hinweise Viele aromatische Amine sind karzinogen.

3.6.8 Carbonsäuren

Carbonsäuren werden kanalisiert oder mit Lösemittelabfällen gemischt der Verbrennung zugeführt.

Gefahren, Spezielle Hinweise Einige Carbonsäuren können schwere Verätzungen verursachen.

3.6.9 Carbonsäurechloride

RCOCI

Carbonsäurechloride werden vorsichtig unter gutem Rühren bei 40 bis 50 °C in Natronlauge $w(\text{NaOH}) = 0{,}1$ g/g eingetragenund nach vollständiger Umsetzung der Verbrennung zuführen. Die Reaktionsgleichung dazu ist in der Gl. 3.7 abgebildet.

$$\text{RCOCI} \ + \ 2\,\text{NaOH} \longrightarrow \text{ROONa} \ + \ \text{NaCl} \ + \ \text{H}_2\text{O} \tag{3.7}$$

Reaktion zur Vernichtung von Carbonsäurechloriden

Gefahren, Spezielle Hinweise Einige Carbonsäurechloride können schwere Verätzungen verursachen. Gutes Rühren und das Einhalten der Reaktionstemperatur ist wichtig, weil sonst eine Akkumulation von Säurechloriden in der Vernichtungsflüssigkeit möglich ist. Die Reaktion findet nur an der Phasengrenze statt. Säurechloride müssen langsam und kontrolliert zugetropft werden. Eine zu kalte Reaktionstemperatur kann dazu führen, dass sich unreagiertes Säurechlorid absetzt. Deshalb sollte die Reaktion in manchen Fällen bei 50 °C stattfinden.

3.6.10 Cyanide

MeCN

Cyanide werden mit Wasserstoffperoxid $w(\text{H}_2\text{O}_2) = 0{,}050$ g/g in alkalischem Medium oxidiert und mit Wasser hydrolisiert. Der Überschuss an Wasserstoffperoxid kann mittels Kaliumiodidstärkepapier festgestellt werden. Das Reaktionsgemisch wird durch die Berlinerblau-Reaktion auf noch vorhandenes Cyanid geprüft. Ist kein Cyanid mehr nachweisbar, wird das Gemisch kanalisiert. Die Reaktionsgleichung dazu ist in der Gl. 3.8 abgebildet.

$$\text{MeCN} \ + \ \text{H}_2\text{O}_2 \longrightarrow \text{MeCNO} \ + \ \text{H}_2\text{O}$$

$$\text{MeCNO} \ + \ 2\,\text{H}_2\text{O} \longrightarrow \text{CO}_2 \ + \ \text{NH}_3 \ + \ \text{MeOH}$$

Berlinerblau - Reaktion

$$6\,\text{CN}^- \ + \ \text{Fe}^{2+} \longrightarrow \left[\text{Fe(CN)}_6\right]^{4+} \ + \ 4\,\text{Fe}^{3+} \longrightarrow \text{Fe}_4\left[\text{Fe(CN)}_6\right]_3 \tag{3.8}$$

Reaktion zur Vernichtung von Cyaniden

Gefahren, Spezielle Hinweise Cyanide sind sehr giftig beim Einatmen, Verschlucken und Berühren mit der Haut. Sie entwickeln mit Säure hochgiftige Blausäure.

3.6.11 Fluorverbindungen

Fluorwasserstoff HF, Metallfluorid MeF, Cyanurfluorid $C_3N_3F_3$

Fluorwasserstoffsäure und *wasserlösliche* Fluoride werden mit Calciumhydroxid im stark alkalischen Medium zu unlöslichem Calciumfluorid umgesetzt. Die Reaktion soll in einer Polyethylenapparatur (zum Beilspiel in einer PE-Flasche) vorgenommen werden, da Glasapparaturen sofort angeätzt werden. Die Fällung wird abgenutscht und wie Chemikalienabfälle entsorgt.

Die Reaktionsgleichung dazu ist in der Gl. 3.9 abgebildet.

$$2\,HF \;+\; Ca(OH)_2 \;\longrightarrow\; CaF_2 \;+\; 2\,H_2O \tag{3.9}$$

Reaktion zur Vernichtung von Fluoriden

Gefahren, Spezielle Hinweise Fluorwasserstoffsäure verursacht schwere Verätzungen und ist sehr giftig beim Einatmen, beim Verschlucken und bei der Berührung mit der Haut. Handhabung unter strengsten Sicherheitsvorkehrungen.

3.6.12 Halogene

Chlor Cl_2, Brom Br_2, Iod I_2

Halogen unter Rühren und Kühlen mit verdünnter Lauge (maximal $w(OH^-) = 0,1\,g/g$) zerstören. Anschliessend wird die Hypohalogenitlösung mit Natriumthiosulfat reduziert.

Die Reaktionsgleichung dazu ist in der Gl. 3.10 abgebildet.

$$X_2 \;+\; 2\,MeOH \;\longrightarrow\; MeOX \;+\; MeX \;+\; H_2O$$

$$MeOX \;+\; 2\,Na_2S_2O_3 \;+\; H_2O \;\longrightarrow\; MeX \;+\; Na_2S_4O_6 \;+\; 2\,H_2O \tag{3.10}$$

Reaktion zur Vernichtung von Halogenen

Gefahren, Spezielle Hinweise Bei Chlor und Brom besteht beim Einatmen die Gefahr eines Lungenödems.

3.6.13 Halogenverbindungen organische

Feste Halogenverbindungen werden direkt, flüssige mit Lösemittelabfällen gemischt, der Verbrennung zugeführt.

3.6.14 Metallkatalysatoren

Nickel-Katalysator

Ni-Katalysator (Raney-Nickel), wenn möglich an Hydrierlabor, sonst mit Essigsäure ca. w(Essigsäure) = 0,1 g/g desaktivieren und dem Sondermüll zuführen.

Palladium-, Platin-Katalysator

Pd- und Pt-Katalysatoren werden gesammelt und durch den Hersteller regeneriert.

Gefahren, Spezielle Hinweise Fein verteiltes Palladium oder Nickel ist an der Luft selbstentzündlich. Komplexe Platinsalze sind giftig.

3.6.15 Metallorganische Verbindungen

RLi, RNa, RK

Organische Metallverbindungen werden unter Inertgas in Ethanol eingetragen und unter Verdünnung mit viel Wasser kanalisiert.

Die Reaktionsgleichung dazu ist in der Gl. 3.11 abgebildet.

$$\text{RMe} + \text{\wedge}_{\text{OH}} \longrightarrow \text{MeOH} + \text{\wedge}_{\text{R}} \qquad (3.11)$$

Reaktion zur Vernichtung von metallorganischen Verbindungen

Gefahren, Spezielle Hinweise Organische Metallverbindungen sind äusserst reaktionsfähig. Sie sind mit grosser Vorsicht zu handhaben. Die Verbindungen sind an der Luft meistens selbstentzündlich und reagieren heftig mit Wasser unter Bildung der entsprechenden Kohlenwasserstoffe. RMgX reagiert mit Wasser.

3.6.16 Peroxide

Wasserstoffperoxid H$_2$O$_2$, Persäure R–C(O)OOH

Peroxide und Persäuren werden in saurer Lösung reduziert und anschliessend kanalisiert. Als Reduktionsmittel dient beispielsweise Natriumhydrogensulfit, Eisen-II-salze oder schweflige Säure.

Die Reaktionsgleichung dazu ist in der Gl. 3.12 abgebildet.

$$H_2O_2 + H_2SO_3 \longrightarrow H_2O + H_2SO_4$$

$$R\text{-}C(O)\text{-}O\text{-}OH + \text{NaHSO}_3 \longrightarrow R\text{-}C(O)\text{-}OH + \text{NaHSO}_4 \qquad (3.12)$$

Reaktionen zur Vernichtung von Peroxiden

Gefahren, Spezielle Hinweise Peroxide sind im trockenen Zustand hochexplosive Verbindungen. Hochprozentiges Wasserstoffperoxid kann sich bei Anwesenheit von oxidierbaren Substanzen explosionsartig zersetzen. Schweflige Säure entwickelt in Gegenwart von HCl oder H$_2$SO$_4$ giftiges SO$_2$.

3.6.17 Peroxidhaltige Lösemittel

(beispielsweise Dioxan, Diethylether, Tetrahydrofuran)

Peroxide in Lösemitteln können entfernt werden durch:

- Filtrieren durch eine mit Alox (basisch) gefüllte Säule,
- Ausschütteln mit gesättigter Eisen-II-sulfat-Lösung,
- Ausschütteln mit Natronlauge $w(NaOH) \approx 0{,}1\,g/g$.

Gefahren, Spezielle Hinweise Verschiedene Lösemittel, wie Diethylether, Dioxan, Tetrahydrofuran u. a. können durch Einwirkung von Licht und Luft Peroxide bilden. Beim Abdampfen oder Destillieren eines auf diese Weise verunreinigten Lösemittels sammelt sich das höhersiedende Peroxid im Rückstand an. Die unter dem Einfluss von Wärme daraus entstehenden Polymere sind hochexplosiv und bilden eine erhebliche Gefahrenquelle.

Es existieren umfangreiche Sicherheitsschriften, welche über Nachweis- und weitere Vernichtungsmethoden Auskunft geben.

3.6.18 anorganische Säuren

Schwefelsäure konzentriert H_2SO_4, Oleum SO_3/H_2SO_4, Perchlorsäure $HClO_4$, Chlorsulfonsäure $ClSO_3H$

Die Säuren werden unter starkem Rühren vorsichtig in vorgelegtes Eis oder Eiswasser getropft anschliessend mit viel Wasser verdünnt und kanalisiert.

Gefahren, Spezielle Hinweise Diese Säuren können starke Verätzungen hervorrufen. Mit Wasser erfolgt heftige exotherme Reaktion.

3.6.19 gasförmiges Säureanhydrid, Schwefeldioxid

Schwefeldioxid SO_2

Schwefeldioxid wird in Natronlauge $w(NaOH) = 0{,}1\,g/g$ eingeleitetund unter Verdünnung kanalisiert.

Die Reaktionsgleichung dazu ist in der Gl. 3.13 abgebildet.

$$SO_2 \;+\; 2\,NaOH \longrightarrow Na_2SO_3 \;+\; H_2O \tag{3.13}$$

Reaktion zur Vernichtung von Schwefeldioxid

Gefahren, Spezielle Hinweise Schwefeldioxid ist ein ätzendes, toxisches Gas.

3.6.20 Essigsäureanhydrid

$(CH_3CO)_2O$

Essigsäureanhydrid wird unter kräftigem Rühren bei 40 bis 50 °C in Wasser eingetropft. Die verdünnte Lösung wird kanalisiert.

Die Reaktionsgleichung dazu ist in der Gl. 3.14 abgebildet.

$$(CH_3CO)_2O \ + \ H_2O \ \longrightarrow \ 2\,CH_3COOH \tag{3.14}$$

Reaktion zur Vernichtung von Essigsäureanhydrid

Gefahren, Spezielle Hinweise Essigsäureanhydrid ist ätzend. Eine geringere Reaktionstemperatur würde die Gefahr der Akkumulation von nicht reagiertem Essigsäureanhydrid erhöhen.

3.6.21 Säurechloride

Sulfurylchlorid SO_2Cl_2, Thionylchlorid $SOCl_2$, Cyanurchlorid $C_3N_3Cl_3$

Unter Rühren zu viel Wasser oder Natronlauge $w(NaOH) = 0,1\,g/g$ sehr vorsichtig zutropfen. Reaktionstemperatur 40 bis 50 °C einhalten. Die Lösung wird kanalisiert.

Gefahren, Spezielle Hinweise Säurechloride sind stark ätzende Verbindungen und bilden mit Wasser Chlorwasserstoffgas. Thionylchlorid entwickelt in Wasser zudem noch Schwefeldioxid.

3.6.22 Phosgen

$COCl_2$

Phosgen kann direkt in verdünnter Natronlauge absorbiert und anschliessend kanalisiert werden. Die Reaktionsgleichung dazu ist in der Gl. 3.15 abgebildet.

$$COCl_2 \ + \ 2\,NaOH \ \longrightarrow \ 2\,NaCl \ + \ CO_2 \ + \ H_2O \tag{3.15}$$

Reaktion zur Vernichtung von Phosgen

Gefahren, Spezielle Hinweise Phosgen ist ein äusserst giftiges Gas.

3.6.23 Schwefelverbindungen

Thiophenole Ar-SH, Thioalkohole R-SH, Schwefelwasserstoff H_2S

Thiophenole, Thioalkohole oder Schwefelwasserstoff werden vorsichtig mit Natronlauge und Javelle-Lauge im Überschuss oxidiert. Überschuss an Hypochlorit kann mit Kaliumiodidstärkepapier nachgewiesen werden. Das Reaktionsgemisch wird anschliessend kanalisiert. Die Reaktionsgleichung dazu ist in der Gl. 3.16 abgebildet.

$$2\,R\text{-}SH \ + \ NaOCl \ \longrightarrow \ R\text{-}SS\text{-}R \ + \ NaCl \ + \ H_2O$$

$$2\,H_2S \ + \ NaOCl \ + \ 2\,NaOH \ \longrightarrow \ Na\text{-}SS\text{-}Na \ + \ NaCl \ + \ 3\,H_2O \tag{3.16}$$

Reaktion zur Vernichtung von Thioverbindungen und Schwefelwasserstoff

Gefahren, Spezielle Hinweise Schwefelwasserstoff ist ein leicht entzündliches und stark giftiges Gas. Thioverbindungen sind sehr geruchsbelästigend.

3.6.24 Schwermetalle, Schwermetallverbindungen

Quecksilber Hg, Quecksilber-Salze

Verschüttetes Quecksilber so gut wie möglich aufnehmen, sammeln und zurück an den Hersteller. Kleine Rückstände kann man unter Bildung eines Amalgams mit Mercurosorb aufnehmen.

Quecksilbersalzlösungen werden mit Salpetersäure auf ca. pH 1 angesäuert und mit Natriumsulfid in das unlösliche Quecksilbersulfid überführt. Der Niederschlag wird abfiltriert und einer Sondermülldeponie zugeführt.

Gefahren, Spezielle Hinweise Die Aufnahme von Quecksilber mit Zinkpulver etc. ist ungeeignet.

Chrom-VI-salze CrVI

Die Chrom-VI-salzlösung wird bei pH 2–3 mit Natriumhydrogensulfit während 2 h zur Chrom-lll-Salzlösung reduziert. Anschliessend stellt man mit Natronlauge auf pH 8,5. Das entstehende Chromhydroxid wird abfiltriert und der Sondermülldeponie zugeführt.

Gefahren, Spezielle Hinweise Giftig sind alle sechswertigen Chromverbindungen. Metallisches Chrom und die dreiwertigen Chromverbindungen gelten als weitgehend ungiftig.

Cadmium-ll-salze Cdll, Kupfer-ll-salze Cull, Blei-ll-salze Pbll, Zink-ll-salze Znll

Metallionen werden durch Zugabe von Calciumoxid oder einer starken Lauge als Hydroxide ausgefällt und der Sondermülldeponie zugeführt.

Die Reaktionsgleichung dazu ist in der Gl. 3.17 abgebildet.

$$Me^{2+} \quad + \quad 2\,OH^{-} \quad \longrightarrow \quad Me(OH)_{2} \tag{3.17}$$

Reaktion zur Fällung von Schwermetallen

Gefahren, Spezielle Hinweise Schwermetallsalze sind stark toxisch und lagern sich leicht in der Umwelt ab.

3.7 Zusammenfassung

Organisation des Laborbetriebs bezüglich des Umweltschutzes, gesetzliche Grundlagen und firmeninterne Weisungen bezüglich Emissionen, Anregungen für Recyclingmassnahmen, allgemeine Anweisungen zur Entsorgung von Abfällen und Anleitungen für die Vernichtung von ausgewählten gefährlichen Chemikalien direkt am Arbeitsplatz sind der Inhalt dieses Kapitels.

Weiterführende Literatur

Doble M, Kruthiventi AK (2007) Green Chemistry & Engineering. Elsevier Inc., Burlington MA
Mertz T (2006) Schnellkurs Ökologie. Dumont-Verlag, Köln

Links zu den Regulatoren in den deutschsprachigen Ländern:

Für Deutschland: http://www.bmub.bund.de/ oder http://www.uba.de/ (aufgerufen am 21.4.2015)
Für Österreich: http://www.bmlfuw.gv.at/ oder http://www.umweltbundesamt.at/ (aufgerufen am 21.4.2015)
Allgemein in der Schweiz: http://www.bafu.admin.ch/ (aufgerufen am 21.4.2015)
Links zu den spezifischen Gesetzestexten in der Schweiz: http://www.admin.ch/opc/de/classified-compilation/19830267/index.html#a2 und http://www.admin.ch/opc/de/classified-compilation/19995887/index.html (aufgerufen am 21.4.2015)
Allgemeiner Link zu vielen Begriffen und Definitionen: http://de.wiktionary.org/wiki/Umweltschutz (aufgerufen am 21.4.2015)

Werkstoffe im Labor

© Springer International Publishing Switzerland 2017
aprentas (Hrsg.), *Laborpraxis Band 1: Einführung, Allgemeine Methoden*, DOI 10.1007/978-3-0348-0966-5_4

Die Verwendung von richtigen Werkstoffen und die korrekte Behandlung von Geräten und Einrichtungen in Bezug auf ihre Materialeigenschaften ist ein wichtiger Bestandteil der täglichen Arbeit in einem chemischen Labor. Geringere Instandhaltungskosten und höhere Verfügbarkeit der Geräte lassen sich durch Wissen über verwendete Materialien und das daraus abgeleitete Knowhow bezüglich Einsatz, Pflege und Wartung erreichen.

Auch wenn Glas nach wie vor ein wichtiger Werkstoff im chemischen Labor ist, wird er immer mehr von Geräten aus Kunststoffen abgelöst. Beispiele dafür sind Pipetten, Messzylinder, Reaktionsröhrchen, Küvetten und so weiter.

4.1 Metallische Werkstoffe

Metalle haben meist gute Zug-, Druck-, Biege- und Schlagfestigkeit. Die meisten sind beständig gegen hohe Temperaturen und Temperaturwechsel und sind gute Leiter für Wärme und Elektrizität.

Die physikalischen und chemischen Eigenschaften eines Metalls können durch Zusammenschmelzen mit anderen Metallen gezielt verändert werden (Metallurgie). In der chemischen Technik werden deshalb meist keine reinen Metalle sondern Legierungen verwendet.

4.1.1 Eisenmetalle

In ◘ Tab. 4.1 sind einige Beispiele von typischen Eisenlegierungen zu finden.

◘ **Tab. 4.1** einige typische Eisenlegierungen

Name	Zusätze	Eigenschaften	Verwendung
Gusseisen	(mehr als 1,7 % Kohlenstoff)	Magnetisch, brüchig (nicht schmiedbar); säureunbeständig, rostend	Klammern, Muffen, Stativplatten
Stahl	(0,5 bis 1,7 % Kohlenstoff)	Magnetisch, schmied- und härtbar; säureunbeständig, rostend	Drähte, Bleche
18/8 Stahl (V2A-Stahl)	Chrom 18 % Nickel 8 %	Nicht (oder nur gering) magnetisch; säurebeständig (Ausnahme: Salzsäure), nicht rostend, verschleissfest	Stativstangen, Spatel, Chemotechnische Apparate
18/11/2 Stahl (V4A-Stahl)	Chrom 18 % Nickel 11 % Molybdän 2 %	Nicht magnetisch; säurebeständig (Ausnahme: Salzsäure), nicht rostend, verschleissfest	Chemotechnische Apparate, Kolonnenfüllkörper

4.1.2 Nichteisenmetalle

In ◘ Tab. 4.2 sind einige Beispiele von typischen Metallen zu finden.

◘ **Tab. 4.2** einige typische Metalle

Name	Eigenschaften	Verwendung
Aluminium	Leichtmetall, weich, dehnbar. Unbeständig gegen Säuren, Halogene, Laugen, Salzlösungen; beständig gegen oxidierende Stoffe (es bildet sich eine schützende Oxidschicht)	Gerätegehäuse, Folien, Pfannen, Löffel
Nickel	Korrosionsbeständiges, zähes Metall. Beständig gegen Alkalien; unbeständig gegen die meisten Säuren Nickel ist ein bekanntes Allergen	Legierungsbestandteil. Spatel, Laborgeräte
Platin	Weiches Edelmetall. Beständig gegen viele Säuren; wird von Chlor oder Königswasser (Mischung aus Salz- und Salpetersäure) gelöst; in der Hitze wird es von vielen Elementen und Verbindungen angegriffen	Temperaturfühler, Elektroden, Tiegel

4.2 Nichtmetallische Werkstoffe

4.2.1 Glas, physikalische Eigenschaften

Glas kann als erstarrte Schmelze (*amorpher Feststoff*) verschiedener Metalloxide betrachtet werden. Siliziumdioxid bildet den Hauptbestandteil des Glases. Die jeweiligen Eigenschaften werden durch entsprechende Zusätze bestimmt.

Glas ist durchsichtig, hart, begrenzt elastisch, spröde und schlagempfindlich. Es leitet Wärme und Elektrizität schlecht, ist jedoch ein guter Lichtleiter (beispielsweise in Glasfaserkabeln). Quarzglas (aus reinem Siliziumdioxid) ist im Gegensatz zu allen anderen Glasarten durchlässig für ultraviolette Strahlung. Infrarotstrahlung durchdringt alle Glasarten nur bedingt.

Apparateglas, das Glas, welches in chemischen Labors am häufigsten verwendet wird, kann für Temperaturen von bis zu 400 °C eingesetzt werden. Ab einer Temperatur von ungefähr 800 °C beginnt es weich zu werden und kann verformt werden. Sollen Glasteile aus Apparateglas miteinander verschmolzen werden, müssen Temperaturen von 1200 bis 1300 °C erreicht werden.

Bedingt durch die schlechte Wärmeleitfähigkeit entstehen bei raschen Temperaturwechseln Spannungen im Glas, welche ein Zerspringen bewirken können. Normalglas (auch Fensterglas) dehnt sich im Gegensatz zum Apparateglas beim Erwärmen stark aus und ist deshalb gegen Temperaturwechsel schlechter beständig.

4.2.2 Glas, chemische Eigenschaften

Glas ist gegen die meisten Chemikalien gut beständig. Es gibt unzählige Glassorten. Einige davon, welche für das chemische Labor wichtig sind, sind in der ◘ Tab. 4.3 zu finden.

Verschiedene anorganische Basen (beispielsweise heisse KOH-Lösung) und Säuren (beispielsweise heisse Phosphorsäure) können Glas mit der Zeit angreifen. Eine getrübte Oberfläche ist die Folge davon. Fluorwasserstoffsäure löst Glas auf.

◘ Tab. 4.3 Übersicht über wichtige Glassorten

Glasart	Eigenschaften	Verwendung
Normalglas	Temperaturwechselempfindlich, schmelzbar bei 1000 °C	Fensterglas, Flaschen etc.
Apparateglas	Relativ gut temperaturwechselbeständig, schmelzbar bei ca. 1200 °C; gut chemikalienbeständig	Laborgeräte
Quarzglas	Sehr gut temperaturwechselbeständig, verschmelz- und verarbeitbar bei ca. 1700 °C; gut chemikalienbeständig; durchlässig für ultraviolettes Licht	Tiegel, Küvetten, Spezialapparaturen
Optisches Glas	Besonders hohe Lichtbrechung, grosse Dichte	Linsen und Prismen für optische Messgeräte

4.2.3 Keramik

In ◘ Tab. 4.4 sind die Zusammensetzungen von Grob- und Feinkeramik aufgeführt.

◘ Tab. 4.4 Eine Auswahl von Keramik im Labor

Keramikart	Eigenschaften	Verwendung
Grobkeramik (zum Beispiel Klinker, Tonplatten)	Besteht aus Ton, Feldspat und Quarz Sehr gut temperatur- und chemikalienbeständig	Boden- und Tischbeläge (Klinker), Spülbecken
Feinkeramik (zum Beispiel Porzellan)	Besteht aus Kaolin, Feldspat und Quarz Sehr gut temperaturbeständig; temperaturwechselempfindlich, hart, schlagempfindlich; gut chemikalienbeständig, nicht beständig gegen Fluorwasserstoffsäure und starke Alkalien	Reibschalen, Nutschen, Tiegel, Rührer

4.2.4 Naturfasern

In ◘ Tab. 4.5 ist ein Beispiel einer Naturfaser aufgeführt.

◘ Tab. 4.5 Beispiel einer Naturfaser

Name	Eigenschaften	Verwendung
Baumwolle	Brennbar, hygroskopisch; beständig gegen Laugen, unbeständig gegen Säuren	Laborkleidung, Filter, Watte

4.2.5 Elastomere

In ◘ Tab. 4.6 ist Anhand eines Beispiels die Verwendung von Elastomeren aufgeführt.

◘ **Tab. 4.6** Beispiele für die Verwendung von Naturgummi

Name	Eigenschaften	Verwendung
Gummi	Vulkanisierter Naturkautschuk, Isolator Beständig gegen Laugen, unbeständig gegen konzentrierte Säuren, Halogene und Lösemittel	Stopfen, Dichtungen, Schläuche

4.3 Kunststoffe

Wo immer dies möglich ist, lösen Kunststoffe Glas, Keramik oder Metall als Werkstoff im chemischen Labor ab, weil sie sich oft mit geringerem Aufwand herstellen lassen. Zudem kann die Dekontamination und Reinigung von Glasgeschirr höhere Kosten verursachen und einen grösseren ökologischen Fussabdruck hinterlassen als die einmalige Verwendung eines entsprechenden Kunststofferzeugnisses.

4.3.1 Thermoplaste

Thermoplaste sind Kunststoffe, die beim Erwärmen weich werden und dann verformbar sind. Siehe hierzu ◘ Tab. 4.7. Diese Eigenschaft ermöglicht es, diesem Material durch Erwärmen, Verformen und Abkühlen neue Form zu verleihen.

◘ **Tab. 4.7** Eine Übersicht über thermoplastische Kunststoffe

Name	Eigenschaften	Verwendung
Polyethylen PE	Paraffinähnlich, brennbar, Isolator Gut chemikalienbeständig; unbeständig gegen chlorierte und aromatische Lösemittel, oxidierende Säuren	Spritzflaschen, Handschuhe, Säcke, Behälter
Polypropylen PP	Ähnlich PE; höher temperaturbeständig	Schlauchverbindungen, Trichter, Tischbeläge, Leitungen
Polyvinylchlorid PVC	Schlecht brennbar, Isolator. Gut chemikalienbeständig; nicht beständig gegen chlorierte Lösemittel, Ketone und Ester	Hart-PVC: Rohre, Platten Weich-PVC: Isolationen, Folien, Schläuche
Polystyrol PS	Brennbar, Isolator. Gut beständig gegen Säuren und Laugen; unbeständig gegen viele organische Lösemittel	Messbecher, Dosen, Schalen, Gehäuse, Isolationen, Küvetten
Polymethacrylat (Plexiglas) PMMA	Glasklar, brennbar, normalerweise undurchlässig für UV-Strahlen (Spezielles PMMA weist eine gewisse Durchlässigkeit auf) Schlecht beständig gegen viele organische Lösemittel	Scheiben, Schutzschilder, Zeichenschablonen

◘ Tab. 4.7 (*Fortsetzung*) Eine Übersicht über thermoplastische Kunststoffe

Name	Eigenschaften	Verwendung
Polyamid PA	Brennbar, kann sich stark elektrostatisch aufladen. Beständig gegen verdünnte Laugen und viele Lösemittel; unbeständig gegen Säuren und konzentrierte Laugen	Filter, Netze, Schrauben
Polyester PES	Brennbar, kann sich stark elektrostatisch aufladen. Beständig gegen kalte Säuren und Lösemittel; unbeständig gegen heisse Säuren und Alkalien	Filter, Netze, Laborkleidung
Polytetrafluorethylen (Teflon) PTFE	Weich, besitzt gute Gleitfähigkeit (selbstschmierend), Isolator. Hitzebeständig bis 300 °C, nicht brennbar. Wird nur von Alkalischmelzen und Fluor angegriffen	Magnetrührstäbe, Hahnreiber, Schliffmanschetten, Dichtungen, Apparaturen

4.3.2 Duroplaste

Die Ausgangsmaterialien von Duroplasten können in Formen gepresst, gegossen oder in 3D-Druckern aufgebaut werden. Der Härtevorgang wird durch den Zusatz von Härtern, Katalysatoren, durch Erwärmen oder durch Bestrahlen (mit Licht oder mit UV Strahlung) ausgelöst oder beschleunigt. Die Produkte, wie sie in ◘ Tab. 4.8 aufgeführt sind, sind nach dem vollständigen Aushärten nicht mehr durch Erwärmen verformbar.

◘ Tab. 4.8 Beispiele für Duroplaste

Name	Eigenschaften	Verwendung
Phenol-Formaldehydharz (Bakelit) PF	Hart, spröd, Isolator, bis 300 °C verwendbar, brennbar. Beständig gegen Lösemittel; unbeständig gegen konzentrierte Säuren und Laugen	Schraubdeckel, Elektrotechnische Artikel
Epoxidharz (Araldit) EP	Gut wärmebeständig, mechanisch bearbeitbar, Isolator. Beständig gegen verdünnte Säuren und die meisten anorganischen Stoffe; unbeständig gegen Halogene und viele organische Chemikalien	Giess- und Laminierharz, Klebstoff, Lack
Polyurethane PUR	Vielfältige Eigenschaften möglich, Je nach Vernetzung als Thermoplast, Duroplast oder Elastomer vorliegend	Dichtungen, Hart- und Weichschaum, Schwämme, Fasern, Lack, Klebstoff Giessharz

4.3.3 Elastoplaste

Durch chemische Synthesen können Verbindungen, wie ◘ Tab. 4.9 zeigt, hergestellt werden, welche ähnliche Eigenschaften wie Naturgummi aufweisen. Dieser künstliche Gummi ist im Allgemeinen beständiger gegenüber Wärme und Chemikalien als Naturgummi. Allerdings ist er weniger elastisch.

Tab. 4.9 Ein Beispiel für einen Elastoplasten		
Name	**Eigenschaften**	**Verwendung**
Silicongummi	Besteht aus vulkanisierten Polysiloxanen. Gut wärme- und chemikalienbeständig	Isolations- und Dichtungsmaterial, Schläuche

4.4   Zusammenfassung

Ausgewählte, im chemischen Labor verwendete, metallische und nichtmetallische Werkstoffe, natürliche und synthetische organische Werkstoffe sowie der Umgang damit sind Inhalt dieses Kapitels. Ein Augenmerk wurde auf die Beständigkeit gegenüber häufig verwendeten Chemikalien gelegt. In Tabellen zusammengefasst findet sich das Basiswissen.

Weiterführende Literatur

Bargel H-J, Schulze G (2008) Werkstoffkunde. Springer, Berlin und Heidelberg
Weissbach W (2010) Werkstoffkunde, Strukturen, Eigenschaften, Prüfen. Vieweg und Teubner, Weinheim, S 555
Widmer J (2006) Werkstoffe und Arbeitsverfahren. Cornelsen Schweizer Schulbuchverlag, Aarau

Protokollführung, Wort- und Zeichenerklärungen

© Springer International Publishing Switzerland 2017

aprentas (Hrsg.), *Laborpraxis Band 1: Einführung, Allgemeine Methoden*, DOI 10.1007/978-3-0348-0966-5_5

Die in einem chemischen Labor geleistete Forschungs-, Entwicklungs- oder Kontrollarbeit muss immer schriftlich, detailliert, präzise und übersichtlich dokumentiert vorliegen. Erst dies ermöglicht es die Arbeit der im Labor beschäftigten Fachpersonen reproduzierbar festzuhalten. Andernfalls fehlt der Beleg für die Ausführung und die ganze Arbeit war umsonst.

> **Beispiele von Einträgen in ein Protokoll:**
- Menge und Qualität von eingesetzten Reaktionspartnern einer Synthese,
- Parameter (Einstellungen) und Messwerte einer analytischen Bestimmung,
- Verwendete Geräte, Einrichtungen, Verfahren, Literatur etc.,
- chronologisch aufgeführte Tätigkeiten und Beobachtungen.

Ein Gedankenexperiment: Eine Fachperson macht in einem chemischen Labor an einem Tag fünfzig verschiedene Messungen. Das dürfte realistisch sein. Wenn sie an fünf Tagen arbeitet, macht sie in der Woche zweihundertfünfzig Messungen. Später wird, aus irgendeinem Grund, die Frage wichtig wird, wie hoch die Temperatur in einer Reaktionsmasse am Dienstag vor drei Wochen um halb zehn Uhr war. Niemand kann das allein aus der Erinnerung präzise sagen und schon gar nicht belegen. Deshalb muss ein zuverlässiges Protokoll oder Laborjournal her.

Es gibt mehrere brauchbare Philosophien wie ein Protokoll auszusehen hat. Jede Firma, jedes Institut hat neben allgemein gültigen Regeln eigene Vorschriften, welche unbedingt einzuhalten sind.

Protokolle haben Beweischarakter. Vorgesetzte oder Auftraggeber verlassen sich auf die Angaben in einem Protokoll. Kann im Protokoll einer Fachperson im Labor Ungereimtheiten, Schummelei oder gar Betrug nachgewiesen werden, ist deren berufliche Vertrauenswürdigkeit ruiniert. Im Falle eines Betruges zögern viele Vorgesetzte nicht, Fehlbaren durch eine fristlose Entlassung die Labortüre zu weisen und sehen diese Person vor einem Gericht wieder.

Das Dokumentieren erfordert eine saubere, genaue und übersichtliche Protokollführung. Dies fängt beim einfachen Protokoll an bis hin zum ausgereiften Verfahren, welches zur Weitergabe an andere Stellen dokumentiert wurde. Voraussetzung dazu ist die korrekte, in vielen naturwissenschaftlichen Laboratorien verständliche, Verwendung von Einheiten, Begriffen und Abkürzungen. Der Einbezug des SI-Systems, der IUPAC-Regeln und von GLP- oder ISO-Normen helfen dabei sehr.

Weichen Fachpersonen aus irgendeinem Grund von einer gegebenen Arbeitsvorschrift oder von einem vereinbarten Arbeitsvorgehen ab, müssen sie dies in ihrem Protokoll vermerken.

Damit keine Fehlinterpretationen vorkommen, müssen allfällige Fehler wie zum Beispiel Schreibfehler korrigiert werden. Korrekturen müssen explizit als solche vermerkt sein.

Die im Labor beschäftigten Fachpersonen protokollieren aktuell, chronologisch und retrospektiv (nie zum Voraus).

5.1 Grundsätzlicher Aufbau eines Protokolls

Je nach Art der ausgeführten Arbeit (Synthese, Reinigung, Analyse etc.) enthält ein Protokoll einzelne oder auch alle der nachfolgenden Punkte:
- Beschriftung, Kopf von Protokollseiten mit Datum,
- Problemstellung (beispielsweise mit einem Reaktionsschema),
- Literaturhinweise (beispielsweise Buchtitel, Band Nr., Seitenzahl, Link),

- physikalische Konstanten (Edukte, Produkte, Analyte, Reagenzien, Lösemittel etc.),
- Ansatz, Berechnungen,
- Bilanz, Ausbeute, Analysenresultate etc.,
- Schlussfolgerungen,
- Sicherheit, Ökologie,
- Apparaturen, Geräte, Anordnungen, Parameter etc.,
- allfällige Vorproben,
- Chronologischer Versuchsverlauf; Tätigkeiten, Beobachtungen, Kontrollen etc.,
- Reinigung und Reinheitskontrolle,
- Entsorgung,
- Visum der ausführenden Person,
- Anhang, Rohdaten.

Die Ausführlichkeit, mit welcher ein Protokoll erstellt werden muss, ist abhängig von seiner Weiterverwendung.

Dient ein Protokoll als Arbeitsgrundlage für die Ausarbeitung eines Betriebsverfahrens, müssen ausführlichere Beobachtungen über den Versuchsverlauf und apparative Details erfasst sein, als wenn eine Routinearbeit durchgeführt wurde.

Routinearbeiten erlauben ein kürzeres Protokoll. Neben dem Resultat genügen Angaben zu angewandten Methoden, zu allfälligen Änderungen und der Bezug auf analoge Laborarbeiten. In jedem Fall sind Abweichungen von einer Vorschrift und die getroffenen Massnahmen zur Behebung dieser Abweichungen klar hervorzuheben.

In der Regel sind das Arbeitsziel und die gefundenen Resultate übersichtlich zusammengefasst am Anfang des Protokolls dargestellt.

5.1.1 Beschriftung einer Protokollseite

Speziell bei der Arbeit mit losen Blättern muss jede Protokollseite eindeutig in ein ganzes Protokoll passen. Dazu enthält sie einige der folgenden allgemeinen Angaben:
- Name und Visum der ausführenden Fachperson,
- Namen von allfälligen helfenden oder vorgesetzten Personen, wenn das sinnvoll ist,
- das während des Verfassens aktuelle Datum,
- Produkt, Analyse oder Projekt,
- Produkte-, Analysen-, Projektnummer,
- eindeutige Seitennummerierung, Zum Beispiel *Seite 1 von 12, Seite 2 von 12* etc.

5.1.2 Beschreibung der Problemstellung

Wie in ◘ Abb. 5.1 gezeigt, genügt je nach Versuch die Darstellung eines Reaktionsverlaufs durch ein einfaches Reaktionsschema.

Beispiel:

$$BaCl_2 \quad + \quad H_2SO_4 \quad \longrightarrow \quad BaSO_4 \quad + \quad 2\ HCl$$

◘ **Abb. 5.1** Eine Reaktionsgleichung

Oft reicht eine kurze Beschreibung des Arbeitsziels aus.

Beispiel: Das vorliegende Rohprodukt aus Versuch Nr. DVD04 ist mit einer Destillation unter vermindertem Druck zu reinigen. Das gereinigte Produkt soll nach GC eine Reinheit von grösser als 99 Flächen% aufweisen.

Beispiel: Der Gehalt des gereinigten Produktes aus Versuch Nr. DVD04 ist mit internem Standard am GC mit einer Dreifachbestimmung zu ermitteln und soll einen Massenanteil von grösser als 99 % haben.

5.1.3 Literaturhinweise

Um grössere Zusammenhänge aufzuzeigen, müssen Bezüge zu früher protokollierten Arbeiten, zu internen Vorschriften und insbesondere zu Literaturstellen in einem Protokoll unbedingt erwähnt werden. Ebenso müssen Nachschlagewerke erwähnt werden, aus denen Angaben welcher Art auch immer gewonnen wurden. Es ist unerheblich ob diese Werke auf Papier gedruckt oder elektronisch vorliegen.

5.1.4 Physikalische Konstanten

Notiert werden aus Nachschlagewerken oder Protokollen bekannte Eigenschaften von Edukten, Produkten, Analyten und Reagenzien, sofern ein sinnvoller Bezug zur Arbeit gegeben ist. Zum Beispiel:

- Schmelzpunkt,
- Siedepunkt,
- Löslichkeit.

5.1.5 Ansatz

Ein Ansatz einer Synthese beinhaltet

- Reaktionsgleichung,
- Molverhältnisse, Äquivalenzen,
- Reinheit und Menge oder Volumen der konkret eingesetzten Edukte.

Ein Ansatz wird vorteilhaft in Tabellenform dargestellt.

5.1.6 Bilanz und Ausbeute

Die gefundenen Resultate werden mit den erwarteten Werten, beispielsweise aus der Problemstellung, verglichen. In eine Bilanz gehören:

- die theoretische Ausbeute,
- erwarteter Wert, beispielsweise aus der Literatur oder aus früheren oder analogen Versuchen,
- gefundener Wert, Roh- und Reinausbeute respektive Wirkungsgrad einer Synthese,
- Aspekt einer gewonnenen Substanz,

- physikalische Konstanten (zum Beispiel Schmelzpunkt oder Siedepunkt),
- Quantitative und qualitative Analysen (zum Beispiel DC, GC, NMR, Titration) einer gewonnen Substanz.

Eine Bilanz wird vorteilhaft in Tabellenform dargestellt.

5.1.7 Schlussfolgerungen

Der Vergleich von erwarteten Resultaten mit den tatsächlich ermittelten Werten gehört in die Schlussfolgerung. Weiter sind in einem Protokoll Verbesserungsvorschläge (beispielsweise Verfahrensänderungen), Interpretationen von Resultaten, Dispositionshinweise etc. enthalten. Ausserdem müssen neue Erkenntnisse bezüglich der Gefährlichkeit von Chemikalien oder von Reaktionen im Protokoll vermerkt sein.

Für *Synthesen* sind quantitative und qualitative Bewertungen wichtig.

Für *quantitative Analysen* sind Bewertungen des ermittelten Wertes und der Messpräzision wichtig.

Für *qualitative Analysen* sind Begründungen, wieso der gefundene Wert richtig sein muss, wichtig.

5.1.8 Sicherheit, Umweltschutz

Ein Protokoll muss Hinweise zu Eigenschaften bezüglich Arbeitshygiene oder Ökologie von Reaktionen, von verwendeten oder entstehenden Chemikalien (Edukte, Produkte, Reagenzien und Hilfsstoffe) enthalten. Das gleiche gilt für Massnahmen wie Regenerieren, Inaktivieren oder Vernichten welche die Entsorgung betreffen.

5.1.9 Apparaturen, Geräte, Anordnungen, Parameter

Ein Protokoll enthält eine Beschreibung von detailliert beschriebenen oder übersichtlich gezeichneten (Von Hand, mit Schablonen, mit Zeichnungsprogrammen) Apparaturen.

- Art und Grösse (Volumen) der verwendeten Apparaturen (zum Beispiel 50 mL Dreihalsrundkolben).
- Bezeichnung der verwendeten Geräte (zum Beispiel GC *Hersteller*, *Typ*,).
- Eine reproduzierbare Beschreibung von Versuchsanordnungen, Zusammenhängen.
- Eingestellte oder verwendete Parameter.
- Eventuell Herkunft von Hilfsmaterial und Bestellhinweise.

5.1.10 Vorproben

Resultate von allfälligen Vorproben, welche einen Einfluss auf die weitere Laborarbeit haben, müssen zusammen mit einer Beschreibung des Vorgehens protokolliert sein.

5.1.11 Chronologischer Versuchsverlauf; Tätigkeiten, Beobachtungen

In einem Protokoll sind sämtliche Tätigkeiten, Messungen, Kontrollen und Beobachtungen, die zum Reproduzieren einer Arbeit nötig sind, chronologisch beschrieben. Abweichungen von einer Vorschrift, Fehler oder Auffälligkeiten sind zu vermerken.

5.1.12 Reinigung und Reinheitskontrolle

Eine Reinigung der Rohprodukte durch physikalische Methoden muss separat nach den bisher beschriebenen Punkten protokolliert werden. Der Erfolg einer Reinigung ist mit einer geeigneten qualitativen und eventuell mit einer quantitativen Analyse zu belegen und in einer Bilanz aufzuführen.

5.1.13 Entsorgung

Alle Chemikalien, die nach einer Reaktion anfallen, sollen nach der Reinigung (Destillation, Umkristallisation etc.) möglichst wiederverwendet werden. Ist dies nicht möglich, werden sie durch chemische Umsetzung in eine ungefährliche Form gebracht oder einer gezielten, zweckmässigen Entsorgung zugeführt. Die getroffenen Massnahmen sind zu vermerken.

5.1.14 Anhang, Rohdaten

In einem Anhang können weiterführende Informationen gesichert werden, ohne dass ein Protokoll allzu unübersichtlich wird.

Rohdaten sind Werte, welche als unbearbeitete Ergebnisse eines Messinstruments aufgezeichnet und dokumentiert wurden. Beispiele sind: Wägeausdrucke, unbearbeitete Chromatogramme, etc.

5.2 GLP-ISO 9001- und Akkreditierungs-Grundsätze für Protokolle

Beim Export und Import von Chemikalien, Arzneimitteln und Pflanzenschutzmitteln sind chemische und biologische Prüfdaten (Analysen) in Bezug auf die Unbedenklichkeit für Gesundheit und Umwelt von entscheidender Bedeutung. Eine international vergleichbare Qualität von Analysen und Arbeitsverfahren ist deshalb Voraussetzung für die gegenseitige Anerkennung durch die Behörden verschiedener Länder. Dadurch lassen sich unnötige Doppelprüfungen – zum Beispiel bei Tierversuchen – vermeiden. Zudem werden Prüfkosten und Arbeitszeit eingespart.

5.2.1   Qualitätssicherungssysteme

Allgemein angewandt und weltweit akzeptiert werden zur Zeit drei Qualitätssicherungssysteme, welche aus unterschiedlichen Ansätzen entwickelt wurden:

- GLP = good laboratory practice,
- ISO 9000 Serie = EN 29000 Normenserie,
- Akkreditierung nach ISO Guide 25.

Diese Qualitätssicherungssysteme beinhalten detaillierte Vorschriften zur Protokollführung, zur Dokumentation, zur Ablage von Protokollen oder Rohdaten.

5.2.2   GLP

Dieses Sicherungssystem ist aus dem Gebiet der Lebensmittelüberwachung und aus der toxikologischen Überwachung unter anderem von pharmazeutischen Wirkstoffen entstanden. GLP hat zum Ziel, durch geeignete Dokumentation das Nachvollziehen von Arbeiten zu garantieren. Dadurch wird eine gesetzlich vorgeschriebene Gerichtsverwertbarkeit erreicht.

Das Gebiet der Pharmaproduktion mit allen vor- und nachgelagerten Arbeiten erfordert die Anwendung der Richtlinien der GMP (good manufacturing practice).

5.2.3   ISO 9000 Serie

Die ISO 9000 Serie diente ursprünglich zur Überprüfung und Steigerung der Qualität von industriell hergestellten Produkten. Kein Gesetz zwingt Produktions- und Dienstleistungsbetriebe diese Norm zu erfüllen. Viele Kunden möchten aber auf die mindestens gleichbleibende Qualität der Produkte vertrauen können und erhalten mit ISO 9000 eine anerkannte Garantie dafür.

5.2.4   Akkreditierung

Mit einer Akkreditierung bestätigt eine unparteiische dritte Stelle die Kompetenz bezüglich der Einhaltung der ISO Richtlinien durch ein Laboratoriums oder einen Betrieb. Diese Stelle überprüft beispielsweise die Qualifikation des Personals, die Dokumentierung und die Eignung der verwendeten Infrastruktur. Die Präzision, Kalibrierung und Validierung von Methoden sind besondere Schwerpunkte. Gerätekontrollen, Prüfzyklen, Datenablage oder die Einhaltung von gesetzlichen Vorgaben können ebenfalls Gegenstand einer Akkreditierung sein.

5.2.5 Vergleich von GLP, Akkreditierung und Zertifizierung

◘ Tab. 5.1 Vergleich von GLP, Akkreditierung und Zertifizierung nach Roman Klinker

	Gute Laborpraxis	Akkreditierung	Zertifizierung
Regelwerk	Chemikaliengesetz (1990)	EN 45001 (1989) Europäische Norm	ISO 9001,2,3(1987) Internationale Normen
Anwendungsbereich	vorgeschrieben für Daten zur Sicherheit von Mensch und Umwelt bei Produktzulassungen	freiwillige Massnahme für Prüflaboratorien aller Art	freiwillige Massnahme für alle Produktions- und Dienstleistungsbereiche
Typisches Beispiel	Toxikologisches oder analytisches Labor in forschendem Chemieunternehmen oder Auftragslabor	Umweltanalytisches Auftragslabor	Analytisches Labor eines Herstellers als Teil der Gesamtfirma
Ziele	Nachvollziehbarkeit durch Dokumentation, Gerichtsverwertbarkeit, Vermeidung von Mehrfachuntersuchungen	Abbau von Handelshemmnissen, Vergleichbarkeit der Ergebnisse, Vermeidung von Mehrfachuntersuchungen	Abbau von Handelshemmnissen, Vertrauen in die Produkte herstellen, Vermeidung von Mehrfachuntersuchungen
Besondere Schwerpunkte	Organisatorische Regelungen und Formalismen, Archivierung, Unabhängigkeit der Qualitätssicherungs-Einheit	Genauigkeit der Ergebnisse, Gerätekontrolle, Kalibrierung und Validierung der Methoden	interne und externe Schnittstellen, Kunde-Lieferanten Verhältnis, Produkt-„Design", Korrekturmassnahmen
Interne Gründe für die Einführung	Zulassung von Produkten ermöglichen, Wettbewerb (Auftragslabors)	Wettbewerb, Qualitätsverbesserung, Produkthaftung	Wettbewerb, Qualitätsverbesserung, Produkthaftung, Management-Instrument
Beteiligte Gruppen	Hersteller-Zulassungsbehörde	Prüflabor-Auftraggeber	Lieferant-Kunde
Begutachtende Stellen	jeweilige Landesbehörde (Inspektoren)	Akkreditierungsstellen beispielsweise DACH, DAP, GAZ (Gutachter)	Zertifizierungsstellen beispielsweise DQS (Auditoren)
Wofür gilt die Zulassung	Prüfeinrichtung (Labor) + Prüfkategorien	Prüflabor + Prüfarten oder Prüfverfahren	Qualitätssicherungs-System (QS) eines Unternehmens oder Unternehmensbereichs
Ursprung des Systems	USA, Toxikologie	EU, wichtig für Binnenmarkt	International, wichtig für Binnenmarkt
Charakter des Systems	Dokumentationssystem und QS-System	Kompetenznachweis und QS-System	QS-System

◘ Tab. 5.1 (*Fortsetzung*) Vergleich von GLP, Akkreditierung und Zertifizierung nach Roman Klinker

	Gute Laborpraxis	Akkreditierung	Zertifizierung
Motto	Was nicht dokumentiert wurde, ist nicht getan worden!	Würde ich diesem Labor einen Auftrag erteilen?	Kann ich diesem Lieferanten bezgl. Qualität vertrauen?
Wichtige Begriffe	Prüfeinrichtung SOP Rohdaten Prüfplan Prüfsystem	Kalibrierung Validierung Technische Kompetenz Prüfbericht Unparteilichkeit	QS-Handbuch Audit Design Prozessfähigkeit Prüfmittelüberwachung

5.3   Sicherung der im Labor erarbeiteten Erkenntnisse

5.3.1   Laborjournal als gebundenes Buch

Dieses Ablagesystem ist althergebracht. Viele Erkenntnisse in der Naturwissenschaft wurden auf diese Weise festgehalten. Es ist ziemlich umständlich und nicht sehr bequem in der Handhabung, hat aber einige Vorteile. Um eine nach naturwissenschaftlichen Kriterien lückenlose, eindeutig nachvollziehbare und vor einem Gericht verwertbare Dokumentation von Arbeiten im Labor zu gewährleisten, ist ein Laborjournal von Nutzen. Es ist ein gebundenes Buch mit fortlaufend nummerierten Seiten und dokumentiert meistens die Arbeit einer Person. Es gibt folgende, allgemeine Regeln:

> **Sachlich, reproduzierbar und vollständig protokollieren.**

- Alle Eintragungen müssen handschriftlich und leserlich mit dokumentenechten Schreibern wie Füllfeder oder Kugelschreiber gemacht werden. Bleistifte oder nicht-permanente Tinten sind verboten.
- Zahlen, Formeln, Daten und Fakten sind eindeutiger als noch so präzise Beschreibungen.
- Redundanzen (mehrfache Nennung derselben Information) sind zu vermeiden.
- Zeitnah dokumentieren; Daten, Formeln, Zeichnungen, Informationen, Beobachtungen und Tätigkeiten müssen umgehend und chronologisch im Laborjournal eingetragen werden.
- Das Ende eines Arbeitstages eindeutig markieren. Zum Beispiel mit einer dicken, horizontalen Linie.
- Der erste Eintrag an einem neuen Arbeitstag ist das Datum.
- Verben in der Gegenwartsform schreiben.
- Ideen, Konzepte, Literaturhinweise etc. zum bearbeiteten Projekt festhalten.
- Nur dann Schlussfolgerungen ziehen, wenn sie durch effektive Daten belegt sind. Querreferenzen darauf sind zu nennen.
- Lose Blätter sind nie Bestandteil eines Laborjournals.
- Datenblätter, Protokolle, Spektren, Diagramme, Fotografien, Computer-Printouts usw., welche den Inhalt unterstützen, müssen in das Laborjournal auf dem fortlaufenden freiem Platz fest eingeklebt sowie über den Rand datiert und visiert werden.

- Ist das Einkleben nicht möglich, muss im Laborjournal unter Angabe des Inhalts präzise auf diese Beilagen Bezug genommen werden.
- Das Verwenden von Korrekturflüssigkeiten (Beispielsweise Tipp-Ex), das Übermalen oder das Überkleben von vorhandenem Inhalt ist verboten.
- Allfällige Beilagen müssen datiert, unterzeichnet, mit einer Querreferenz auf die entsprechende Seite des Laborjournals versehen und an einem sicheren Ort – am besten zusammen mit dem Laborjournal – aufbewahrt werden.
- Aus dem Laborjournal dürfen nie Seiten entfernt werden.
- Jede Seite muss, sobald sie fertig beschrieben ist, unterzeichnet und datiert werden.
- Fehler müssen hervorgehoben und erklärt werden.
- Korrekturen oder später eingefügte Zusätze müssen visiert und datiert sein und so eingefügt sein, dass der ursprüngliche Text noch sichtbar ist.
- Jede Seite soll vollständig gefüllt werden.
- Allfällig leerer Raum auf einer Seite muss beispielsweise mit einem Z-förmigen Strich gesperrt sein.
- Elektronisch gespeicherte Rohdaten und Informationen können Laborjournale unterstützen, aber bezüglich Rechtsverbindlichkeit nicht ersetzen.
- Allfällig angefertigte Papierkopien aus einem Laborjournal müssen datiert, unterzeichnet, mit einer Querreferenz zur entsprechenden Seite des Laborjournals versehen und dürfen nur an sicheren Orten aufbewahrt werden.
- Allfällig angefertigte elektronische Kopien (auch Fotos) aus einem Laborjournal müssen mit einer Querreferenz zur entsprechenden Seite des Laborjournals versehen sein und sehr sicher (nie auf Smartphones, Clouds, leicht zugänglichen Servern etc.) aufbewahrt werden, weil sie möglicherweise gehackt werden können.
- Verständliche, allgemeingültige Terminologie (SI, IUPAC etc.) verwenden. Jargon vermeiden.
- Abkürzungen, Codes, Markennamen, Trivialnamen oder Code-Nummern sollten vermieden werden. Sofern solche Begriffe trotzdem verwendet werden, müssen sie mindestens einmal pro Laborjournal genau definiert werden.
- Jede Seite muss von einem Zeugen unterschrieben und datiert werden, und zwar so bald wie möglich, nachdem die Seite vollgeschrieben ist. Der Zeuge muss verstehen, was protokolliert wurde, darf aber selbst nicht am Projekt beteiligt sein.
- Nachdem der Zeuge unterschrieben hat, darf nichts mehr geändert oder hinzugefügt werden.
- Das Laborjournal ist ein vertrauliches Dokument.
- Die Laborjournale sind Eigentum der Firma oder des Instituts und sind nach den geltenden Anforderungen und internen Regelungen über längere Zeit ab letzter Eintragung gesichert aufzubewahren.

Nur die Originallaborjournale haben eindeutigen Beweischarakter und sind deshalb sehr sorgfältig, gegebenenfalls in einem Tresor aufzubewahren.

Wenn die Umstände es erlauben, zum Beispiel wenn das Laborjournal keine Grundlage für Patente bildet oder nicht als GMP-Beleg dient, können vereinfachte Regeln angewendet werden. In der Regel definiert die Laborleitung oder das Management was aktuell gilt.

5.3.2   Protokollablagen in Ordnern

Analog zu einem Laborjournal können Protokolle auch in einem Ordner abgelegt werden. Da mit diesem Ablagesystem Manipulationen einfacher möglich sind als mit einem Laborjournal, ist die Beweiskraft vor Gericht eingeschränkt. Aufgrund seines praktischen Nutzens ist es weit verbreitet und wird häufig in Kombination mit elektronischem Protokollieren angewendet.

Sinngemäss gelten dieselben Regeln wie für das Führen eines Laborjournals. Ergänzend gelten folgende Regeln:

- Alle Blätter eines Protokolls, auch ausgedruckte elektronisch vorhandene Daten, müssen zusammengeheftet oder in einem Register eingeordnet sein.
- Alle Blätter eines Protokolls, auch ausgedruckte elektronisch vorhandene Daten, müssen fortlaufend nummeriert und erst am Schluss mit der Gesamtzahl der Seiten versehen werden. Beispielsweise „Seite 3 von 25".
- Alle Blätter müssen datiert und visiert sein.
- Leerer Platz, beispielsweise in vorgedruckten Blättern, ist durch Striche unbrauchbar zu machen.

Auch Protokollablagen in Ordnern definieren die Laborleitung respektive das Management die geltenden Regeln.

5.3.3   Elektronisches Protokollieren

Analog zu einem Laborjournal können Protokolle auch in einem IT System abgelegt werden. Solche Systeme kommen eher in grossen Firmen oder Instituten zur Anwendung, weil sie ein professionelles IT-Management dahinter erfordern. Dieses IT-Management muss sicherstellen, dass keine Manipulationen an den gespeicherten Daten vorgenommen werden können und dass nur die Berechtigten Zugriff darauf haben.

Das papierlose Labor ist eine Realität. So werden beispielsweise Einwaagen elektronisch als Rohdaten erfasst, direkt in die entsprechende Stelle des Protokolls eingefügt ohne dass das Laborpersonal etwas daran ändern könnte und für Berechnungen gebraucht. Es gibt Formeleditoren, Satzbausteine, technische Zeichenprogramme etc. welche ein sehr effizientes Arbeiten erlauben. Handschriftliches ist da gar nicht nötig.

Auch für elektronisches Protokollieren definieren die Laborleitung respektive das Management die geltenden Regeln.

5.4 Häufig angewandte Terminologie

5.4.1 Reinheitsbezeichnungen

▣ Tab. 5.2 Übliche Bezeichnungen von Qualitäten von Labor- und Industriechemikalien

	Spezifischer Masseanteil	Bemerkungen
p. a.	>99%	pro analysi (Substanz mit Analysenzertifikat)
puriss.	>99%	Aspekt: gemäss Literaturangabe, keine Fremdfarbe
purum	>97%	Aspekt: schwache Fremdfarbe gegenüber der Literaturangabe möglich
pract.	>90%, meist >95%	Aspekt: stärkere Abweichungen gegenüber der Literaturangabe möglich
techn.	schwankend (vergl. Herstellerangabe)	Aspekt: klare Abweichungen von der Literaturangabe möglich
Ph. Helv. VII		Pharmacopoea Helvetica, 7. Ausgabe Reinheitsdefinitionen für Arzneimittel und Ausgangsmaterialien für Pharmapräparate
DAB		Deutsches Arzneibuch Reinheitsdefinitionen für Arzneimittel und Ausgangsmaterialien für Pharmapräparate

5.4.2 Qualitätsbezeichnungen von Laborchemikalien

▣ Tab. 5.3 Weitere Qualitätsmerkmale und Hinweise auf Reinigungsverfahren von Labor- und Industriechemikalien

Krist./cryst.	kristallisiert (möglicherweise mit Kristallwasser)
subl.	sublimiert
dest.	destilliert
reg./wg.	regeneriert/wiedergewonnen
sicc.	siccum (trocken, ohne Kristallwasser)
abs.	absolut (wasserfrei)

5.4.3 Konzentrationsangaben

Die folgenden Grössen und Einheiten in der ◘ Tab. 5.4 beziehen sich auf DIN 1310 und DIN 32625.

◘ **Tab. 5.4** Übliche Gehaltsgrössen

Bezeichnung	Formelzeichen	Einheit	Beispiel	Bemerkungen
Stoffmenge	*n*	mol	$n(H_2SO_4) = 2$ mol $n(H_3O^+) = 5$ mol	
Äquivalent/ Äquivalent Stoffmenge	*n* (eq)	mol	$n(1/2\ H_2SO_4) = 0{,}1$ mol $n(1/5\ KMnO_4) = 0{,}1$ mol	Der Stoffmengenangabe wird das Äquivalentteilchen (X/z*) zugrunde gelegt, z* bedeutet Äquivalentzahl (in der Praxis: auftretende Wertigkeit).
Molare Masse	*M*	g/mol	$M(H_2SO_4) = 98$ g/mol $M(1/2\ H_2SO_4) = 49$ g/mol	Die Molare Masse ist die auf die Stoffmenge bezogene Masse, d. h., der Quotient aus der Masse m und deren Stoffmenge.
Massenanteil	*w*	kg/kg, g/g, g/kg, mg/g, mg/kg %, ‰, ppm, ppb oder ohne Einheit	$w(NaOH) = 0{,}4$ g/g $w(H_2SO_4) = 0{,}1$ g/g oder $w(H_2SO_4) = 10\,\%$	Quotient aus der Masse m eines Stoffes und der Masse m der Mischung. bei Angabe in %: x g Substanz in 100 g Mischung.
Massenkonzentration	*β* (beta)	kg/m^3, g/L, mg/mL, mg/L, g/cm^3, µg/mL	$\beta(H_2SO_4) = 600$ g/L $\beta(NaCl) = 100$ g/L	Quotient aus der Masse m eines Stoffes und dem Volumen V der Mischung bei Angabe in %: χ g Substanz in 100 mL Lösung.
Volumenanteil	*φ* (Phi)	m^3/m^3, L/L, L/m^3, cm^3/L, mL/L %, ‰ ppm, ppb oder ohne Einheit	$\varphi(O_2) = 0{,}2$ L/L oder $\varphi(O_2) = 21\,\%$	Quotient aus dem Volumen V eines Stoffes und der Summe der Volumina aller Komponenten *vor dem Mischen* in der Mischphase. Anwendung hauptsächlich bei Gasgemischen.
Volumenkonzentration	*σ* (sigma)	m^3/m^3, L/L_1 mL/L, L/m^3, L/hL oder ohne Einheit	$\sigma(CH_3OH) = 0{,}4$ *L/L* oder $\sigma(CH_3OH) = 40\,\%$	Quotient aus dem Volumen V eines Stoffes und dem Volumen V der Mischung. Angabe in %: x mL Substanz in 100 mL Lösung respektive Gasgemisch.
Stoffmengenanteil	*X* (Chi)	mol/mol, mmol/mol, mol/kmol %, ‰ ppm, ppb oder ohne Einheit	Stoffmengenanteil Methanol-Ethanolgemisch $X(CH_3OH) = 0{,}2$ mol/mol	Quotient aus der Stoffmenge n eines Stoffes A und der Summe der Stoffmengen aller Komponenten in der Mischphase.

☐ Tab. 5.4 (*Fortsetzung*) Übliche Gehaltsgrössen

Bezeichnung	Formelzeichen	Einheit	Beispiel	Bemerkungen
Stoffmengenkonzentration	c	mol/m^3, mol/L, mol/dm^3, $mmol/L$, $\mu mol/mL$, $kmol/m^3$	$c(NaOH) = 0{,}5\,mol/L$ $c(H_2SO_4) = 1\,mol/L$	Quotient aus der Stoffmenge n eines Stoffes und dem Volumen V der Mischung, d. h. x mol Substanz pro 1 L Lösung.
Äquivalenzkonzentration	c (eq)	mol/m^3, mol/L, mol/dm^3, $mmol/L$, $\mu mol/mL$, $kmol/m^3$	$c(1/2\ H_2SO_4) = 0{,}1\,mol/L$ $c(1/5\ KMnO_4) = 1\,mol/L$	Quotient aus der Äquivalent-Stoffmenge n (X/z*) eines Stoffes und dem Volumen V der Mischung.
Titer	t	Ohne Einheit		Korrekturfaktor für Masslösungen.

5.4.4 Vorsätze für Teile oder Vielfache im Dezimalsystem

Die Vorsätze für dezimale Teile oder Vielfache von Masseinheiten in ☐ Tab. 5.5 vereinfachen die Schreibweise grosser oder extrem kleiner Messwerte.

☐ Tab. 5.5 Vorsätze aus dem Dezimalsystem, welche die Handhabung sehr grosser oder sehr kleiner Zahlen erleichtern

Vorsatz	Vorsatzzeichen	Faktor	Vorsatz	Vorsatzzeichen	Faktor
Exa	E	10^{18}	Dezi	d	10^{-1}
Peta	P	10^{15}	Zenti	c	10^{-2}
Tera	T	10^{12}	Milli	m	10^{-3}
Giga	G	10^{9}	Mikro	μ	10^{-6}
Mega	M	10^{6}	Nano	n	10^{-9}
Kilo	k	10^{3}	Pico	p	10^{-12}
Hekto	h	10^{2}	Femto	f	10^{-15}
Deka	da	10^{1}	Atto	a	10^{-18}

Die Vorzeichen sind ohne Zwischenraum vor die entsprechende SI-Einheit zu setzen, beispielsweise 2,34 km, $1{,}46 \cdot 10^6$ cm, 0,345 mm, 345 µm oder 254 nm.

5.4.5   SI-System (Système International d'Unites)

Physikalische Gesetze beruhen auf mathematischen Beziehungen zwischen verschiedenen Grössen, die in definierten Einheiten messbar sind. Um eine einfache Darstellung von Formeln zu ermöglichen, wird jede Grösse durch ein Symbol und jede Einheit durch ein Zeichen dargestellt.

Beispiel: Die Grösse Arbeit hat das Symbol W und die Einheit Joule (J).

Die Grösse Leistung hat das Symbol P und die Einheit Watt (W).

Beim Erstellen oder Interpretieren einer Formel ist daher eine exakte Unterscheidung zwischen Symbol einer Grösse und dem Zeichen einer Einheit nötig.

5.4.6   SI-Basiseinheiten

Sämtliche Mass-Einheiten lassen sich aus den sieben Basiseinheiten in ◘ Tab. 5.6 ableiten.

◘ **Tab. 5.6** Übersicht über die SI Basiseinheiten

Basisgrösse	Symbol	Basiseinheit	Zeichen
Länge	l	Meter	m
Masse	m	Kilogramm	kg
Zeit	t	Sekunde	s
Elektrische Stromstärke	I	Ampere	A
Temperatur	T	Kelvin	K
Stoffmenge	n	Mol	mol
Lichtstärke	Iv	Candela	cd

5.4.7   SI-Einheiten und davon abgeleitete Grössen

Je nach Messwert werden den aufgeführten Grundeinheiten entsprechende SI-Vorsätze, wie sie in ◘ Tab. 5.7 aufgeführt sind, angefügt.

◘ **Tab. 5.7** SI-Basiseinheiten und davon abgeleitete Grössen

Grösse	Symbol	SI-Einheit	Zeichen	Bemerkungen/Beziehung zu Einheiten
Länge	l	**Meter**	m	**Basiseinheit**
Fläche	A	Quadratmeter	m^2	$1\,m^2 = 1\,m \cdot 1\,m$
Volumen	V	Kubikmeter	m^3	$1\,m^3 = 1\,m \cdot 1\,m \cdot 1\,m$
		Liter	L	$1\,L = 1\,dm^3 = 1 \cdot 10^{-3}\,m^3$
Zeit	t	**Sekunde**	s	**Basiseinheit**
		Minute	min	$1\,min = 60\,s$

◨ **Tab. 5.7** (*Fortsetzung*) SI-Basiseinheiten und davon abgeleitete Grössen

Grösse	Symbol	SI-Einheit	Zeichen	Bemerkungen/Beziehung zu Einheiten
		Stunde	h	$1\,h = 60\,min = 3600\,s$
		Tag	d	$1\,d = 24\,h = 86'400\,s$
Masse	m	**Kilogramm**	**kg**	**Basiseinheit**
Dichte	ρ	Kilogramm pro Kubikmeter	kg/m^3	in der Praxis: g/mL oder g/cm^3
Kraft	F	Newton	N	$1\,N = 1\,(kg \cdot m)/s^2$
Druck	P	Pascal	Pa	$1\,Pa = 1\,\frac{N}{m^2} = 1\,\frac{kg \cdot m}{s^2 \cdot m^2}$
		Bar	bar	$1\,bar = 1 \cdot 10^5\,Pa$
Arbeit, Energie	W	Joule	J	$1\,J = 1\,Nm = 1\,Ws = 1\,\frac{kg \cdot m^2}{s^2}$
Wärmemenge	Q	Wattsekunde	Ws	$1\,Ws = 1\,Nm$
		Kilowattstunde	kWh	$kWh = 3{,}6 \cdot 10^6\,Ws = 3{,}6 \cdot 10^6\,J$
Leistung	P	Watt	W	$1\,W = 1\,\frac{J}{s} = \frac{Nm}{s} = 1\,\frac{kg \cdot m^3}{s^3}$
Stromstärke	I	**Ampere**	**A**	**Basiseinheit**
Elektrische Spannung	U	Volt	V	$1\,V = 1\,\frac{W}{A} = 1\,\frac{kg \cdot m^2}{A \cdot s^3}$
Elektrischer Widerstand	R	Ohm	Ω	$1\,\Omega = 1\,\frac{V}{A} = 1\,\frac{1}{s} = 1\,\frac{kg \cdot m^2}{A^2 \cdot s^3}$
Elektrischer Leitwert	G	Siemens	S	$1\,S = 1\,\frac{1}{\Omega} = 1\,\frac{A}{V} = 1\,\frac{s^3 \cdot A^2}{kg \cdot m^2}$
Elektrizitätsmenge Ladung	Q	Coulomb	C	$1\,C = 1\,A \cdot s$
Frequenz	f	Hertz	Hz	
	υ			$1\,Hz = \frac{1}{s} = 1\,s^{-1}$
Spezifische Wärmekapazität	c	Joule/kg·Kelvin	J/kg·K	
Temperatur	T	**Kelvin**	**K**	**Basiseinheit**
	ϑ	Grad Celsius	°C	$0\,K = -273\,°C$ $100\,K = -173\,°C$

Häufig verwendet werden zudem folgende Grössen:

ND= Normaldruck (1013 mbar)

NB= Normalbedingungen (0 °C und 1013 mbar)

5.4.8   Häufig verwendete Zeichen

Mathematische Anordnungszeichen

= Gleich
≠ Ungleich
> grösser als
< kleiner als
≥ grösser oder gleich
≤ kleiner oder gleich
Σ Summe
∞ unendlich
~ ähnlich, proportional
 annähernd, nahezu gleich
≈ ungefähr gleich

Zahlwörter

mono = 1
di = 2
tri = 3
tetra = 4
penta = 5
hexa = 6
hepta = 7
okta = 8
nona = 9
deka = 10

Griechisches Alphabet

◻ Tab. 5.8 Die Buchstaben des griechischen Alphabets werden oft in der Physik, Mathematik und Technik verwendet

Gross	Klein		Gross	Klein		Gross	Klein	
A	α	Alpha	I	ι	Jota	P	ρ	Rho
B	β	Beta	K	κ	Kappa	Σ	σ	Sigma
Γ	γ	Gamma	Λ	λ	Lambda	T	τ	Tau
Δ	δ	Delta	M	μ	My	Y	υ	Ypsilon
E	ε	Epsilon	N	ν	Ny	Φ	φ	Phi
Z	ζ	Zeta	Ξ	ξ	Ksi	X	χ	Chi
H	η	Eta	O	ο	Omikron	Ψ	ψ	Psi
Θ	ϑ	Theta	Π	π	Pi	Ω	ω	Omega

5.4.9 Pfeile bei chemischen Reaktionen

In der Chemie werden chemische Reaktionen mit Pfeilen wie in ◘ Abb. 5.2 dargestellt. In der Regel stehen die Edukte (Ausgangsstoffe, Reaktanden) auf der linken Seite und die Produkte (hergestellte Stoffe) vom Reaktionspfeil aus gesehen.

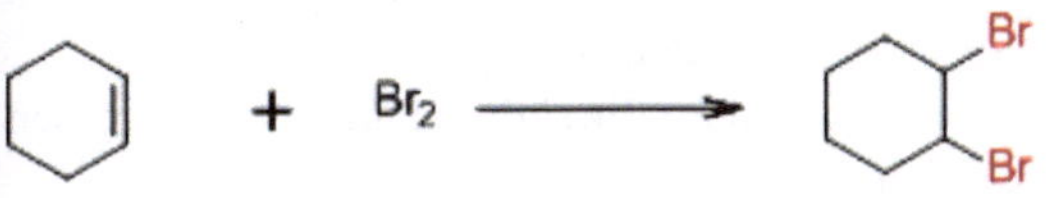

◘ **Abb. 5.2** Eine einfache, vollständig und quantitativ in Richtung Produkt verlaufende Reaktion

Vollständig und quantitative in Richtung des Produkts verlaufende Reaktionen sind in der organischen Chemie ziemlich selten. Häufig stellt sich ein Reaktionsgleichgewicht ein. Dies wird mit einem Doppelpfeil wie in der ◘ Abb. 5.3 symbolisiert.

◘ **Abb. 5.3** So dargestellt, befindet sich die Reaktion im Gleichgewicht

Wenn das Reaktionsgleichgewicht auf der Produktseite liegt, wird der Pfeil der Rückreaktion, wie es in der ◘ Abb. 5.4 gezeigt wird, kleiner dargestellt.

◘ **Abb. 5.4** Das Reaktionsgleichgewicht befindet sich hier auf der rechten Seite dargestellt

In der Praxis zeigt nur ein Pfeil in Richtung der Produkte, auch wenn die Tatsache des Gleichgewichts bekannt ist. Zur Ergänzung werden auf dem Reaktionspfeil wie in ◘ Abb. 5.5 die Reaktionsparameter (Reaktionsbedingungen) und allfällige Katalysatoren notiert. Unter dem Pfeil kann das verwendete Lösemittel stehen.

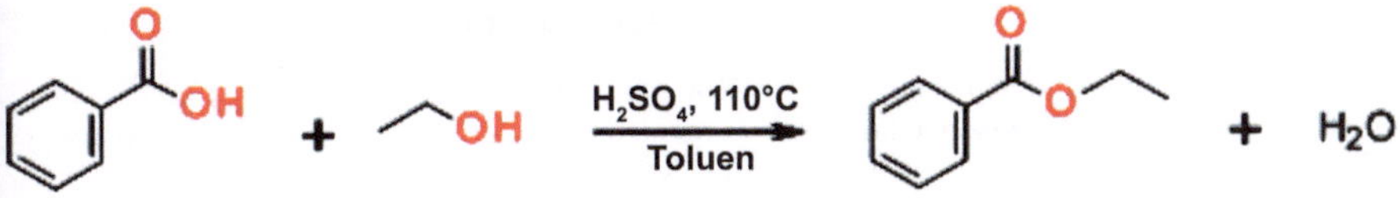

◘ **Abb. 5.5** Eine Reaktionsgleichung mit angegebenen Reaktionsparametern und Lösemittel

5.5   Fachliteratur

Eine theoretische oder experimentelle Laborarbeit stützt sich immer auf Erfahrungen und Erkenntnisse, die bei früheren Versuchen gewonnen wurden. Dieses ganze Wissen ist in der chemischen Literatur niedergelegt. Bis heute wurden beispielsweise über 5 Millionen organische Verbindungen beschrieben. In dieser Übersicht soll nur auf die am häufigsten benutzten Nachschlag- und Referate-Werke und auf gesetzliche Grundlagen hingewiesen werden.

Lehrbücher (beispielsweise Chemie, Labortechnik und Physik) können infolge des grossen Angebotes an dieser Stelle nicht aufgeführt werden.

Einzelbände sind häufig direkt im Labor stationiert, während mehrbändige Werke oft nur in Bibliotheken einsehbar sind oder am Bildschirm abgerufen werden können. Bei grösseren Werken erscheinen in bestimmten Zeitabständen Ergänzungs- und Erweiterungsbände.

Grosse Werke, wie sie in ◨ Tab. 5.9 dargestellt sind, lassen sich gebührenpflichtig online einsehen. Vorteilhaft ist, dass immer die aktuellste Version sichtbar ist und Suchfunktionen gute Orientierungshilfe leisten.

◨ **Tab. 5.9** Eine Auswahl von Publikationen, welche für das Labor wichtig sind

Angaben über	Literatur
anorganische Chemie	*Gmelin*
Bezugsquellen, Formeln, Anwendung, Wirkung etc.	*Römpps-Chemielexikon* (A. Neumüller, Franckh Verlag)
gesetzliche Grundlagen und Vereinbarungen	Grundsätze der guten Laborpraxis (Good Laboratory Practice, *GLP*) Pharmacopoea Helvetica VII (*Ph. Helv. VII*) Deutsches Arzneibuch (*DAB*) Giftlisten mit Angabe von MAK-Werten
Methoden der organischen Chemie	*Houben-Weyl*
organische Chemie	*Beilstein* *Chemical Abstracts* *Organic Synthesis*
Stoffdaten	*Chemiker Kalender* (Springer Verlag) *Handbook* of Chemistry and Physics (R. C Weast, CRC-Press) Taschenbuch für Chemiker und Physiker (D'Ans, Lax, Springer Verlag) Chemikalienkataloge (Merck, Aldrich etc.)
theoretische Erläuterungen und Praxisvorschriften für die entsprechenden Arbeitsgebiete	Anorganikum Organikum Analytikum
verbindliche Vorschriften über Medikamente Herstellung, Prüfmethoden, Aufbewahrung etc.	Pharmacopoea Helvetica VII
Zusammenfassung von Originalpublikationen	Chemical Abstracts (*CA*)

5.6 Zusammenfassung

Möglichkeiten, wie in einem chemischen Labor ein Protokoll geführt werden kann, zusammen mit Worterklärungen und Zeichenerklärungen sind der Inhalt dieses Kapitels. Ergänzt wird es mit einer Übersicht über GMP Regeln zum Thema.

Bewerten von Mess- und Analysenergebnissen

© Springer International Publishing Switzerland 2017
aprentas (Hrsg.), *Laborpraxis Band 1: Einführung, Allgemeine Methoden*, DOI 10.1007/978-3-0348-0966-5_6

6.1   Einleitung

Viele Bereiche im täglichen Leben werden von physikalisch-chemischen Mess- und Analysenergebnissen berührt.

Beispiele:

- Lebensmittelindustrie,
- Pharmazie,
- Produktion von Chemikalien,
- Umweltschutz,
- Qualitätskontrolle.

Analytische Messergebnisse in einem chemischen Labor können gesetzlichen Auflagen unterliegen. Die Erstellung erfolgt mit unterschiedlicher Zielsetzung und teilweise mit erheblichem Aufwand.

Jedes Mess- oder Analysenergebnis weist aus verschiedenen Gründen Ungenauigkeiten auf. Es ist wichtig zu beurteilen, ob das Ergebnis bis zu einer bestimmten Fehlertoleranzgrenze akzeptiert werden kann. Ausserdem müssen die ermittelten Mess- oder Analysenergebnisse auf Richtigkeit und Präzision überprüft werden, um mögliche Fehler zu erkennen und künftig vermeiden zu können.

Um die Aussagekraft eines Resultats zu stärken, wird in der Regel eine Mehrfachbestimmung durchgeführt, daraus ergeben sich die Möglichkeiten der Statistik.

Im heutigen Laboralltag ist die Handhabung von Mess- und Analysenergebnissen in SOP's (Standard Operation Procedure, oft Bestandteil von GLP und GMP) oder in Arbeitsvorschriften geregelt. Fehlertoleranzen werden bei der Ausarbeitung neuer Analysenverfahren und Messmethoden immer ermittelt und bei den Resultaten berücksichtigt. Die Bestimmung von Erfassungsgrenzen, Robustheit, Reproduzierbarkeit und Validität (Gültigkeit) liefern weitere Hinweise für die Güte eines Analysenverfahrens.

6.2   Begriffe

Um Messdaten zu beurteilen, bedarf es der Definition mehrerer Fachbegriffe.

6.2.1   Genauigkeit

Die Genauigkeit ist eine qualitative Bezeichnung für eine Abweichung des Analysenresultats vom wahren Wert (Bezugswert; Der wahre Wert wäre der hypothetisch absolut korrekte Wert. Er kann nie wirklich bekannt sein, sondern wird mit grosser Wahrscheinlichkeit in einem Bereich vermutet). Die Genauigkeit umfasst sowohl Richtigkeit als auch Präzision und charakterisiert die Zuverlässigkeit von Messungen. Die Genauigkeit hängt ferner mit der Signifikanz zusammen.

6.2.2   Richtigkeit

Die Richtigkeit ist eine qualitative Bezeichnung für eine systematische Abweichung des Messwertes des Analysenresultats vom wahren Wert (Bezugswert).

Meist ist ein solcher systematischer Messfehler, welcher immer um den gleichen absoluten oder relativen Wert abweicht, auf eine fehlerhafte Messanordnung zurückzuführen.

6.2.3 Präzision

Mit Präzision wird die zufällige Abweichung (Streuung) von Messwerten bezeichnet. Je geringer die Abweichungen der einzelnen Messergebnisse um den Mittelwert ist, desto besser ist die Präzision und somit die Reproduzierbarkeit.

Die Berechnungsgrösse für die Präzision ist die Schätzung der Standardabweichung ausgehend von Stichproben respektive die relative Standardabweichung (*standard deviation* in English). ◻ Abb. 6.1 zeigt, dass die Genauigkeit aus Richtigkeit und Präzision zusammengesetzt ist.

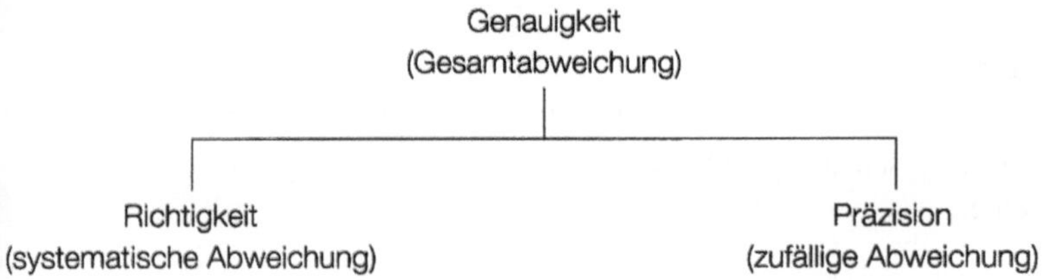

◻ **Abb. 6.1** Zusammenhang zwischen Richtigkeit, Präzision und Genauigkeit

6.2.4 Toleranz

Angabe des Messfehlers eines Messgerätes. Innerhalb dieses angegebenen Toleranzbereiches ist das Messgerät nachweislich präzis.

Beispiel:

Messpipette 25,0 mL → Toleranz ± 0,20 mL → Abweichung ± 0,8 %

Vollpipette 10,00 mL → Toleranz ± 0,03 mL → Abweichung ± 0,12 %

6.2.5 Signifikanz

Messwerte sind grundsätzlich mit einer eingeschränkten Genauigkeit behaftet, die durch das Messgerät und das Messverfahren bestimmt wird. Die Genauigkeit eines Messwertes wird durch die Anzahl der sogenannten signifikanten Ziffern ausgedrückt. Dazu zählen alle Ziffern mit Ausnahme von führenden Nullen.

Dabei wird angenommen, dass die zweitletzte angegebene Ziffer sicher richtig (genau), die letzte Ziffer aber gerundet beziehungsweise geschätzt (ungenau) ist.

Ergebnisse von Berechnungen sind nur so genau anzugeben, wie die Genauigkeit der Messwerte es erlaubt.

Zusammengefasst gelten folgende Regeln:

Bei Additionen und Subtraktionen von Messwerten muss das Ergebnis auf so viele Nachkommastellen gerundet werden, wie der Messwert mit der geringsten Zahl an Nachkommastellen besitzt.

Bei allen anderen Rechenoperationen ist die Genauigkeit des Ergebnisses der Signifikanz des ungenausten Messwertes anzupassen. Das Ergebnis kann keine höhere Signifikanz aufweisen als der ungenauste Messwert.

Zwischenergebnisse dürfen nicht gerundet werden.

Im Laboralltag bestimmt die Wahl und somit die Präzision des Messgerätes die Signifikanz. Es gilt die Faustregel, dass jede zusätzliche signifikante Stelle mit einem exponentiell erhöhten Aufwand erkauft werden muss.

Für die beiden aufgeführten Pipetten bedeutet dies:

Messpipette 25,0 mL = 3 signifikante Stellen

Vollpipette 25,00 mL = 4 signifikante Stellen

6.3   Fehlerarten

Für Fehler, welche bei Analysen auftreten können, ist folgende Aufteilung sinnvoll:
- systematische Fehler,
- zufällige Fehler,
- grobe Fehler.

6.3.1   Systematische Fehler

Bei gleichen Bedingungen einer Messmethode treten systematische Fehler immer als einseitige Abweichung auf. Die Abweichung kann absolut (immer um den gleichen Wert) oder relativ (immer um den gleichen Prozentwert) sein. Weil ein systematisch falsches Resultat eine sehr gute Präzision aufweisen kann, kann es leicht unerkannt bleiben. Darum müssen Messanordnungen periodisch mit einer Messung, von welcher das Resultat bekannt ist, überprüft und eingestellt (kalibriert) werden. Beispielsweise wenn mit einer Kalibrationsmasse eine Waage überprüft wird.

Beispiele:
- falsche Einstellung an Messgeräten,
- verschobene Skala an einem Thermometer,
- ungeeigneter Indikator bei Titrationen,
- falsche Vorgaben (Gehaltsangaben, Titer etc.).

6.3.2   Zufällige Fehler

Zufällige Fehler streuen um einen Mittelwert. Sie entstehen zum Beispiel durch:
- Fehler in der Mechanik (Spiel),
- Temperaturschwankungen,
- Grundrauschen (Schwankungen der Basislinie) in der Chromatographie,
- Abweichungen einer Pipette innerhalb der Toleranz.

6.3.3 Grobe Fehler

Grobe Fehler entstehen in der Regel durch falsche Arbeitstechniken oder ungeeignete Messanordnungen. Beispiele dafür:

- Missachtung der Messvorschrift,
- falsches Ablesen der Resultate,
- unsorgfältiges Handhaben von Geräten,
- grundlegende Fehlüberlegungen.

6.4 Zusammenhang der Fehlerarten

Der Vergleich mit Treffern auf einer Zielscheibe soll den Zusammenhang verdeutlichen. Die Treffer im inneren Kreis, wie das ◘ Abb. 6.2 zweigt, liegen innerhalb einer zulässigen Abweichung. Der Mittelpunkt entspricht dem theoretisch angenommenen wahren Wert.

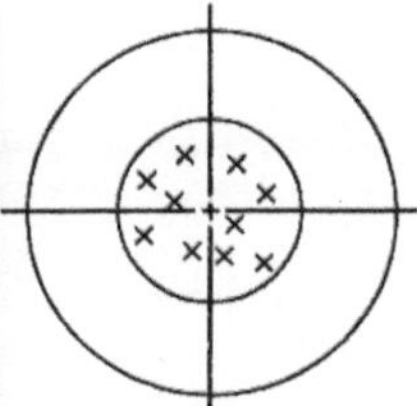

◘ **Abb. 6.2** Sehr gute Richtigkeit und hohe Präzision

Die Richtigkeit und die Präzision liegen innerhalb der zulässigen Fehlertoleranz, was das Ziel jeder analytischen Arbeit ist.

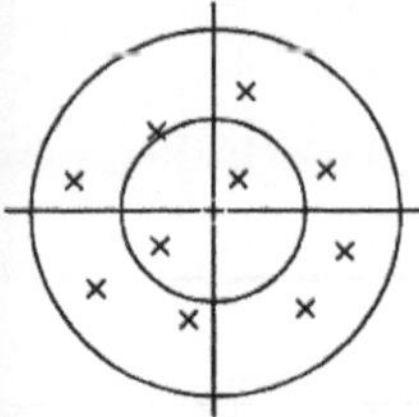

◘ **Abb. 6.3** Sehr gute Richtigkeit und tiefe Präzision

In ◘ Abb. 6.3 ist die Richtigkeit des Mittelwerts gut, aber die Präzision ist aufgrund von grossen zufälligen Fehlern schlecht.

Beispiele aus der Praxis für dieses Bild:

- schlechte Präzision oder zu grosse Toleranz eines Messgerätes,
- unsorgfältige oder unsachgemässe Bedienung eines Messgerätes,
- falsche Wahl von GC-Integrationsparameter.

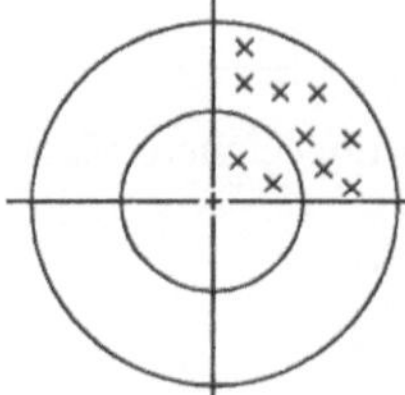

Abb. 6.4 Schlechte Richtigkeit und gute Präzision

Obwohl die Präzision in ■ Abb. 6.4 gut ist, liegt die Richtigkeit des Mittelwerts, bedingt durch systematische Fehler, ausserhalb der zulässigen Fehlertoleranz.

Beispiele aus der Praxis für dieses Bild:

- Messgerät falsch kalibriert,
- Verdünnung fehlerhaft ausgeführt,
- Berechnungsfehler (falsche molekulare Masse bei einer Titration eingesetzt),
- Skala an einem Messgerät verschoben.

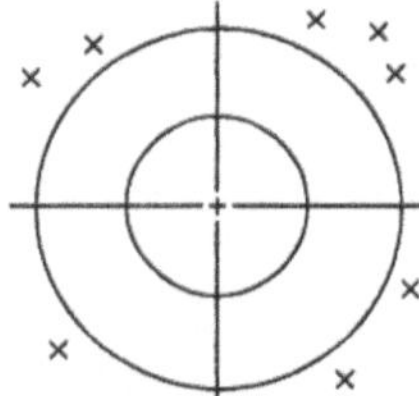

Abb. 6.5 Die gefundenen Werte haben den Charakter von Zufallszahlen

Abb. 6.5 zeigt grobe Fehler mit bestenfalls zufälligen Treffern. Weder Präzision noch Richtigkeit entsprechen den im chemischen Labor zulässigen Anforderungen.

6.5   Statistische Messgrössen

6.5.1   Die Grundgesamtheit (N)

Die Menge aller statistischen Einheiten, die bei einer Betrachtung untersucht werden kann, wird als Grundgesamteinheit bezeichnet. Für die quantitative Analyse des Wirkstoffgehalts einer Tablette x bedeutet dies: Alle Tabletten x, die produziert wurden, entsprechen der Grundgesamteinheit N.

In der Praxis ist aus naheliegenden Gründen eine Analyse der Grundgesamtheit nicht möglich. Gut ausgewählte Stichproben liefern genügend aussagekräftige Schätzungen der Standardabweichung.

6.5.2 Die Stichprobe (n)

Eine Stichprobe ist eine Teilmenge einer Grundgesamteinheit. Stichproben sollten repräsentativ sein. Sie müssen beispielsweise zufällig entnommen werden.

In der Praxis entspricht die Anzahl der entnommen Proben (genannt Muster) respektive die Anzahl der Messwerte der Stichprobe n.

Ein Beispiel aus der Praxis:

Ein Titrationsmuster wird dreimal eingewogen; $n = 3$

Eine Mischung wird bei einem Gerätetest sechsmal eingespritzt; $n = 6$

> Zur Berechnung von statistischen Grössen existiert je eine mathematische Berechnungsformel für die Grundgesamteinheit und für die Stichprobe. Für die Statistik im Labor ist ausschliesslich die Formel zur Berechnung der Standartabweichung einer Stichprobe von Belang.

6.5.3 Die Verteilung von Messwerten

Die Schätzung der Standardabweichung einer Grundgesamtheit geschieht aufgrund von Stichproben. Werden von einer Probe mehr als 10, in idealer Weise mindenstens 100, Messungen durchgeführt, dann sind die grafisch dargestellten Messresultate in einer Glockenkurve, wie das ◘ Abb. 6.6 zeigt, verteilt. Diese Glockenkurve heisst auch Gauss'sche Glockenkurve. In der Statistik wird eine Verteilung der Messwerte mit $n < 100$ als Normalverteilung bezeichnet.

Die Normverteilung ist wichtig bei der Berechnung von Ausreissern aus einer Messreihe. Auch wenn Messwerte noch so weit abweichen, müssen sie protokolliert und berücksichtigt werden. Das gilt nur dann nicht, wenn es sich um einen Ausreisser nach mathematischen Gesichtspunkten oder nachweislich um einen, auf fehlerhafte Arbeitsweise zurückzuführenden, Fehler handelt.

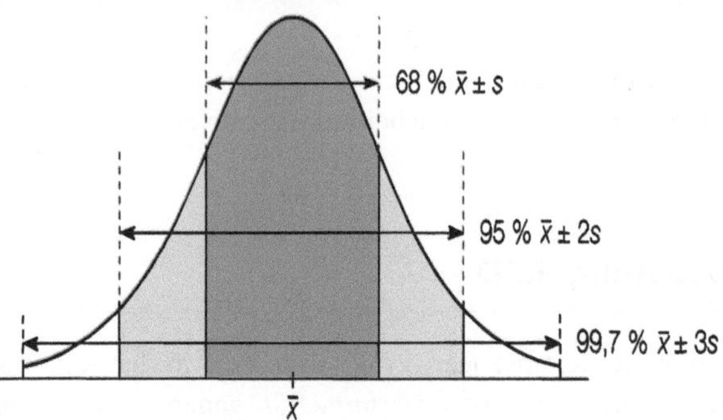

◘ Abb. 6.6 Beispiel einer Glockenkurve

Interpretation der Kurve:

Es liegen 68 % der gemesseneren Werte im Bereich des Mittelwertes ± 1-mal die Standardabweichung, es liegen 95 % der Messwerte im Bereich des Mittelwertes ± 2-mal die Standardabweichung.

6.5.4   Mittelwert, ($\overline{x}$) arithmetisches Mittel

Der Mittelwert ist die Summe aller Einzelwerte dividiert durch die Anzahl Messwerte und heisst in der Praxis auch Durchschnitt.

$$\text{Grössengleichung:} \quad \overline{x} = \frac{\sum x_i}{n}$$

6.5.5   Standardabweichung (s)

Im Folgenden sprechen wir nur noch von der Standardabweichung (s), wenn wir die Schätzung der Standardabweichung einer Grundgesamtheit aufgrund von Stichproben meinen.

Die Streuung der Daten in einer Datenreihe ist für den Analytiker von grösstem Interesse.

Die am häufigsten berechnete Streuungskenngrösse in Verteilungen ist die Standardabweichung (s) und untersucht die Streuung der Einzelwerte um den Mittelwert. Dabei wird mit Differenzen gearbeitet. Da positive und negative Differenzen zum Mittelwert vorliegen wird das Vorzeichen durch quadrieren eliminiert.

Die Summe aller quadrierten Differenzen wird durch die Anzahl Messungen minus 1 ($n-1$) gerechnet. Die Quadratwurzel der so errechneten Zahl liefert das gewünschte Ergebnis.

Oft ist es sinnvoll, Beziehungen unter mehreren Messresultaten zu erarbeiten. Die Aussagekraft dieser Zusammenhänge charakterisiert die Zuverlässigkeit von Messungen.

In Bezug auf solche Beziehungen ist die Präzision ein Kriterium der Genauigkeit und hängt von der Streuung der Messdaten ab.

Als Mass für die Streuung der Einzelwerte (x_i) um einen Mittelwert ($\overline{x}$) wird die Standardabweichung (s) verwendet. Ferner hat die Anzahl der Messungen (n) eine grosse Bedeutung.

$$\text{Grössengleichung:} \quad s = \sqrt{\frac{\sum (x_i - \overline{x})^2}{n - 1}}$$

Anhand dieser Standardabweichung (s) und diverser Tabellenwerte können Ausreissertests durchgeführt werden. Sie zeigen mit einer definierten Wahrscheinlichkeit, ob ein Messresultat ein Ausreisser darstellt oder nicht.

6.5.6   Relative Standardabweichung, RSD

Wird die Standardabweichung auf den Mittelwert bezogen, erhält man eine in der Analytik wichtige und aussagekräftige Grösse die *relative Standardabweichung RSD* genannt, in Prozent ausgedrückt (RSD %).

$$\text{Grössengleichung:} \quad s_{\text{rel}} = \frac{s}{\overline{x}} \cdot 100\,\%$$

relative standard deviation, RSD in English

Bei den meisten analytischen Arbeiten werden in der Praxis die relativen Standardabweichungen angegeben. Bei einer Methodenvalidierung nach SOP sind die Bestimmung des RSD und der Vergleich mit der Vorgabe ein wesentlicher Teil.

Beispiele aus der Praxis:

- Vergleich des RSD bei Gerätetests zu unterschiedlichen Zeitpunkten um den Zustand eines Systems oder einer Messkette zu beurteilen.
- Erlaubte RSD bei analytischen Bestimmungen (Massanalytik, Gehaltsbestimmungen GC, HPLC).

6.5.7 Lineare Regression

In der Spektroskopie oder in der HPLC werden oft Messpunkte mit unterschiedlicher Konzentration miteinander verglichen, dabei sollte sich das System linear verhalten. In der Spektroskopie gilt das Lambert-Beersche Gesetz. In der Praxis wird dies als externer Standard mit einer Mehrpunkt Kalibration bezeichnet.

Wie linear sich die einzelnen Messpunkte wirklich zueinander verhalten, kann mit der linearen Regression ermittelt werden.

Ziel der linearen Regression ist es, eine *Ausgleichsgerade* zu finden, welche die Abhängigkeit der Extinktion respektive der Peakfläche optimal, was am wenigsten fehlerhaft bedeutet, beschreiben kann. Als Basis für die lineare Regression dienen die erhaltenen Messwerte (y) in Abhängigkeit der Konzentration (x) der Vergleichslösungen.

Es wird eine Gerade berechnet, bei der die Summe aller Abweichungsquadrate der Messwerte in y-Richtung von der Ausgleichsgerade den niedrigsten Wert einnimmt. Die Abweichungen in y-Richtung werden *Reste* oder *Residuen* genannt.

Eine Ausgleichsgerade bedeutet also nicht eine fehlerfreie Gerade. Sie soll aber die gemessenen Werte möglichst optimal einbinden.

$$\text{Grössengleichung:} \quad y = f(x) = a \cdot x + b$$

x = unabhängige Grösse, Konzentration, zum Beispiel in mg/L,
y = abhängige Grösse, Messwert, zum Beispiel Peakfläche, Extinktion,
a = Steigung der Geraden (bezeichnet auch als m oder mit einer anderen Variablen),
b = Ordinatenabschnitt (Schnittpunkt der Geraden durch die y-Achse).

Sind die beiden Parameter a und b der Geradengleichung bekannt, kann von jedem beliebigen Signalwert (y_i) die dazugehörende Konzentration (x_i) berechnet werden. Somit kann der Gehalt von verschiedenen Proben in der Analytik berechnet werden. Dies entspricht der externen Standardmethode (ESTD).

Die Steigung a einer Gerade wie in ◘ Tab. 6.1, ist ein Mass für die Empfindlichkeit des Verfahrens. Je grösser die Steigung der Geraden ist, umso höher ist die Empfindlichkeit des Verfahrens.

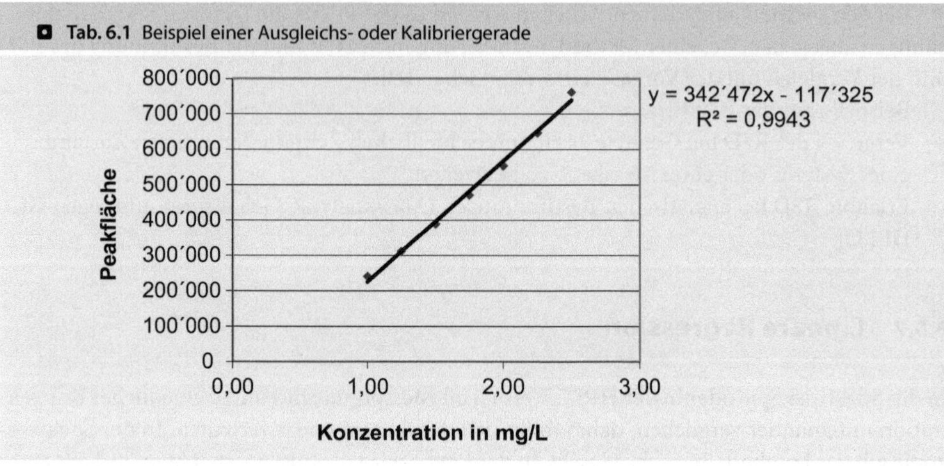

◘ Tab. 6.1 Beispiel einer Ausgleichs- oder Kalibriergerade

6.5.8 Korrelationskoeffizient (r) und Bestimmtheitsmass (r^2)

Die Linearität ist eine wichtige Kenngrösse zur Beurteilung einer Methode. In der Analytik ist es wichtig zu wissen, ob sich die berechnete Gerade wirklich linear verhält und wie sehr die gemessenen Punkte abweichen.

In der Statistik wird diese mit Hilfe der beiden Grössen Korrelationskoeffizient r und Bestimmtheitsmass r^2 ermittelt.

Der Korrelationskoeffizient vergleicht die Streuung der Punkte von der Regressionsgeraden mit der Gesamtstreuung des Verfahrens. Er ist eine Indexzahl, die angibt, ob und wie ein Variablenpaar x und y miteinander verknüpft sind (wie stark sie korrelieren).

> Die Werte des Korrelationskoeffizienten liegen immer zwischen −1 und +1.

Liegen alle Messwertpunkte exakt auf der berechneten Regressionsgeraden, wird der Korrelationskoeffizient entweder den Wert −1 (bei einer negativen Steigung) oder in der Praxis fast immer +1(bei einer positiven Steigung) annehmen.

Ist der Korrelationskoeffizient in der Nähe von Null, ist uneingeschränkt kein funktioneller Zusammenhang zwischen den Wertepaaren x und y erkennbar.

r = Korrelationskoeffizient,

$$r = \frac{\sum [(x_i - \overline{x}) \cdot (y_i - \overline{y})]}{\sqrt{\sum (x_i - \overline{x})^2 \cdot \sum (y_i - \overline{y})^2}}$$

x_i = Konzentrationswert,
y_i = Signalwert,
$\overline{x}$ = Mittelwert der Konzentration,
$\overline{y}$ = Mittelwert der Signalwerte.

In der Analytik wird meistens nicht mit dem Korrelationskoeffizienten (r) sondern mit dem Bestimmtheitsmass (r^2) gearbeitet. Es wird als Linearität bezeichnet (*correlation* in English).

> Das Bestimmtheitsmass (r^2) ist das Quadrat des Korrelationskoeffizienten.

r^2 ist immer positiv und durch das quadrieren ist der Wert aussagekräftiger als der Wert von r
Beispiel: Wenn $r = 0{,}90$ ist, dann beträgt $r^2 = 0{,}81$

6.6 Praktische Anwendungsbeispiele von Messgrössen

6.6.1 Wiederholbarkeit

(system suitability test, SST in English)

Um die Stabilität eines analytischen Systems zu prüfen, wird die relative Standardabweichung als Messgrösse eingesetzt.
Beispiel:
Als Gerätetest für ein Chromatographiesystem werden sechs bis zehn Mal hintereinander Einspritzungen aus dem gleichen Vial (Probefläschchen) gemacht. Dabei muss ein definierter RSD unterschritten werden, wenn das Gerät richtig arbeitet.

6.6.2 Wiederfindung

(recovery in English)

In der quantitativen Analytik ist es wichtig abzuklären, ob mit einer Methode die Menge an Substanz ermittelt wird, die auch in der Probe enthalten ist. Je nach Probenaufarbeitung ist dieser Schritt sehr wichtig. In der Praxis wird daher oft ein Muster so zusammengesetzt, dass dessen Substanzmenge bekannt ist. Dieses Muster heisst Kontrollmuster.

Das Kontrollmuster wird analysiert und der bestimmte Gehalt mit dem bekannten Gehalt verglichen, dieser Schritt nennt sich Wiederfindung.
Beispiel:
Ein Kontrollmuster enthält 85,05 % Substanz. Das Analysenmuster ergibt einen Gehalt von 85,85 %.

Die Wiederfindung beträgt 100,9 %. Was bedeutet, dass mit dem gewählten Analysenverfahren ein geringfügig zu hoher Gehalt ermittelt wird.

Bei der Methodenvalidierung ist die Wiederfindung zu bestimmen und die Grenzwerte müssen angegeben sein.

6.7 Zusammenfassung

Laborarbeit bedeutet viele Messungen jeden Tag. Es ist wichtig, dass die Arbeit eine hohe Genauigkeit aufweist. Noch wichtiger ist es, die Grenzen der Genauigkeit zu kennen. Dieses Kapitel definiert ausgewählte Grundlagen wie Richtigkeit oder Präzision. Es gibt ferner einen kurzen Überblick über die, in der Praxis häufig anzutreffenden, statistischen Verfahren wie Standardabweichung oder lineare Regression ohne die mathematische Theorie zu vertiefen.

Weiterführende Literatur

Gottwald W (2000) Statistik für Anwendungen
Ott M (1999) Analytische Chemie

Apparaturenbau für organische Synthesen

© Springer International Publishing Switzerland 2017
aprentas (Hrsg.), *Laborpraxis Band 1: Einführung, Allgemeine Methoden*, DOI 10.1007/978-3-0348-0966-5_7

7.1   Grundlagen

7.1.1   Überlegungen und Vorbereitungen zum Aufbau einer Apparatur

Vor dem Aufbau einer Syntheseapparatur sind neben anderem folgende Überlegungen zu machen:

- Muss geheizt, gekühlt, gerührt werden? Wenn ja, in welchem Ausmass?
- Wie gross sind das Anfangs-, beziehungsweise das Endvolumen?
- Entsteht während der Reaktion ein Gas oder muss ein Gas eingeleitet werden?
- Ist während der Reaktion eine Substanz in gasförmiger, flüssiger oder fester Form zuzugeben? Wenn ja, wie rasch?
- Wird bei Umgebungsdruck oder unter erhöhtem beziehungsweise vermindertem Druck gearbeitet?
- Darf Luftfeuchtigkeit oder Sauerstoff in die Apparatur gelangen?
- Entsteht ein leichtflüchtiges, ein viskoses oder ein festes Produkt?
- Ist während dem Verlauf des Versuches ein Umbau der Apparatur notwendig?

Im Weiteren sollen sämtliche in Erfahrung zu bringenden chemischen, physikalischen, toxikologischen und sicherheitsrelevanten Eigenschaften der einzusetzenden Substanzen und der entstehenden Produkte bekannt sein. Unter anderem hängt die Wahl der Werkstoffe, aus denen die Geräte bestehen sollen, davon ab.

7.1.2   Aufbau einer Apparatur

Beim Aufbau einer Apparatur, wie in ◘ Abb. 7.1 gezeigt, werden meist mehrere Glasteile miteinander verbunden. Diese Verbindungsteile müssen gasdicht sein, sich leicht auswechseln lassen und ihre Beständigkeit gegenüber den verwendeten Chemikalien muss gewährleistet sein.

> **Bevor mit dem Aufbau begonnen wird, sind alle Glasteile auf Beschädigungen und auf Sauberkeit zu kontrollieren. Die nachfolgenden Punkte sind zu beachten:**

- Der Abstand von der Tischoberfläche zur Apparatur ist so zu wählen, dass Kühl- beziehungsweise Heizbäder rasch ausgewechselt werden können.
- Zuerst den Rührmotor montieren. Dann die Apparatur von unten nach oben aufbauen.
- Eine flexible Rührkupplung erleichtert den Aufbau der Apparatur. Zudem besteht im Falle einer Unwucht weniger Gefahr eines Rührstabbruchs.
- Abstand zwischen Apparatur und Stativstangen möglichst klein halten (Stabilität).
- Doppelmuffen nur an den senkrechten Stativstangen befestigen.
- Klemmen, mit denen Glasteile festgehalten werden, nur so stark anziehen, dass die Glasteile darin noch drehbar sind.
- Den Glaskörper von Schraubverbindungen mit Dichtungen (zum Beispiel GL 14) auf Glasabsplitterungen überprüfen.
- Vor Inbetriebnahme der Apparatur alle benötigten Funktionen überprüfen.

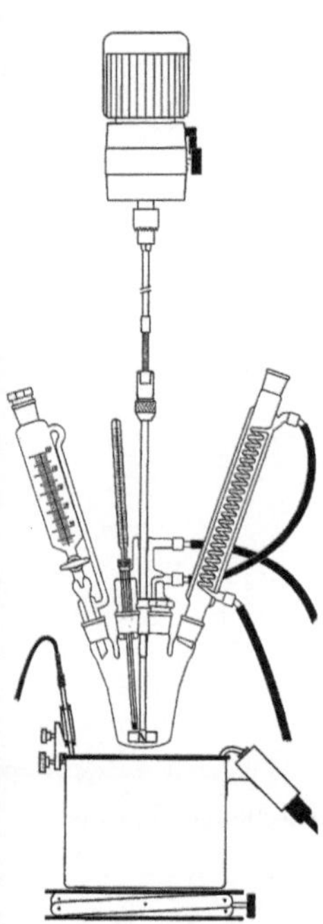

Abb. 7.1 Eine komplette Sulfierkolbenapparatur mit Ölbad

7.2 Schliffverbindungen

7.2.1 Normschliffe

Glasverbindungen, die nach ISO- beziehungsweise DIN-Normen geschliffen sind, werden Schliffe genannt. Dies ermöglicht ein Austauschen innerhalb ihrer Art und Grösse.

ISO = International Organization for Standardization (Internationale Normierungsorganisation).

DIN = Deutsches Institut für Normierung.

Für spezielle Zwecke werden Schliffe aus anderen Materialien wie Metall, Quarz oder Kunststoff eingesetzt.

Nachfolgend einige Beispiele gebräuchlicher Schliffarten. Die in der Schweiz verwendeten Bezeichnungen weichen dabei teilweise von den DIN-Bezeichnungen ab.

Schliffarten
Verwendung für starre Verbindungen, wie in ■ Abb. 7.2 und 7.3 gezeigt.

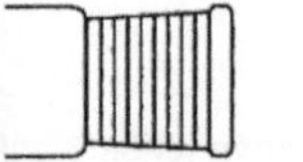

Abb. 7.2 Normschliff Hülse Bezeichnung zum Beispiel NSH 29/32

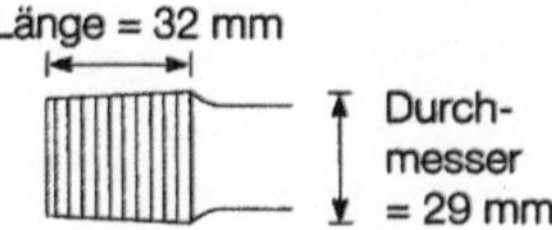

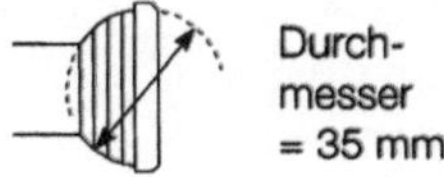

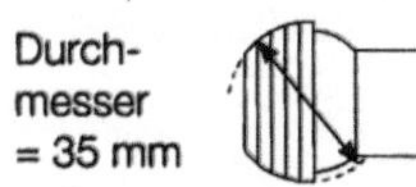

□ **Abb. 7.3** Normschliff Kern Bezeichnung zum Beispiel NSK 29/32

Verwendung für bewegliche Verbindungen, wie in □ Abb. 7.4 und 7.5 gezeigt.

□ **Abb. 7.4** Kugelschliff Pfanne Bezeichnung zum Beispiel KSP 35

□ **Abb. 7.5** Kugelschliff Kugel Bezeichnung zum Beispiel KSK 35. Verwendung für bewegliche Verbindungen

Abb. 7.6 zeigt eine starre Verbindung, welche für grosse Rohrdurchmesser geeignet ist.

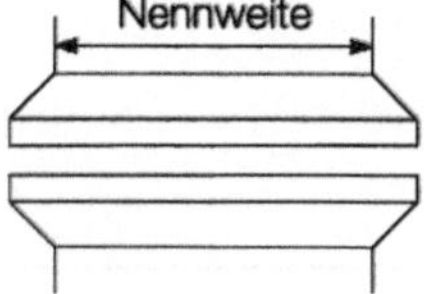

□ **Abb. 7.6** Planschliff – die Nennweite entspricht dem Innendurchmesser.
Bezeichnung zum Beispiel NW 70. Starre Verbindung, geeignet für grosse Rohrdurchmesser

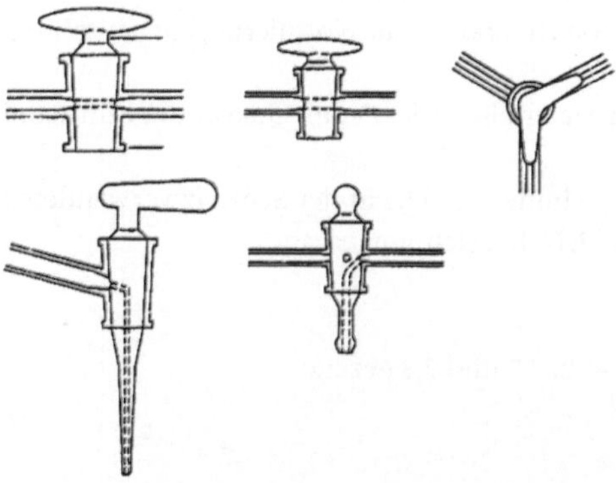

□ **Abb. 7.7** Schliffhähne Verschiedene Grössen, Normierungen, Bohrungen. Aus Glas, glasverstärktem Teflon, Stahl

Abb. 7.8 zeigt Hähne aus Glas, glasverstärktem Teflon und Stahl.

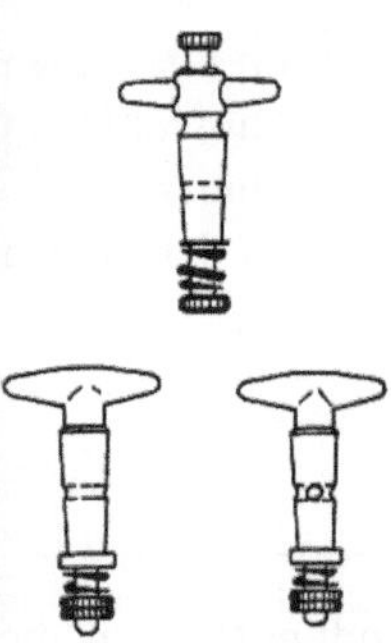

Abb. 7.8 Hahnküken mit Drucksicherung

Verschiedene Umstände verlangen das Sichern der Schliffverbindung: zum Beispiel bei Reaktionen, bei welchen Gas entsteht oder für Apparaturen, die evakuiert und anschliessend belüftet werden.

Zum Sichern von Schliffverbindungen stehen verschiedene Schliffklammern zur Verfügung. Nachfolgend sind in **Abb. 7.9** und 7.10 einige der gebräuchlichsten Ausführungen zu sehen.

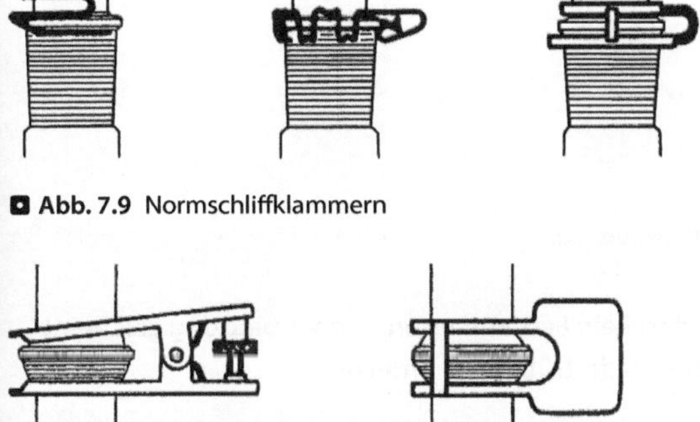

Abb. 7.9 Normschliffklammern

Abb. 7.10 Kugelschliffklammern

Es gibt Kunststoff- oder Metallklammern. Kunststoffklammern werden durch längere Hitzeeinwirkung spröde. Metallklammern können korrodieren.

Geschliffene Glasteile können mit oder ohne Schlifffett eingesetzt werden. Meistens werden sie ohne Schlifffett verwendet.

Gefettet werden muss bei:
- rotierenden Teilen,
- gasdichten Apparaturen,
- vakuumdichten Apparaturen,
- Arbeiten mit Salzlösungen oder Laugen.

Schliffverbindungen ohne Schlifffett haben den Vorteil, dass eine Verunreinigung der Substanz durch herausgelöstes Fett nicht möglich ist. Sie können jedoch nicht gedreht oder rotiert werden und sie sind nicht gasdicht.

Beim Arbeiten mit Salzlösungen oder Basen können Manschetten aus Teflon über einen Kegelschliff gestülpt werden, oder man verwendet Stopfen aus Kunststoff (PE). Beim fettfreien Arbeiten mit starken Basen und Lösemitteln werden Teflonhähne und -stopfen eingesetzt.

Gefettete Schliffverbindungen sind gasdicht und die Gefahr des Festsitzens der beiden Schliffteile durch den Einfluss der Chemikalien ist vermindert.

7.2.2 Schliffdichtungsmittel

Die im Handel erhältlichen Polyschlifffette haben einen sehr grossen Anwendungsbereich, die Verwendung weiterer Schliffdichtungsmittel entfällt daher. In Ausnahmefällen werden Spezialfette oder das vom Hersteller mitgelieferte oder empfohlene Fett verwendet.

Beim Arbeiten mit aggressiven Säuren (zum Beispiel Chlorsulfonsäure, Oleum), die organische Fette angreifen, wird als Dichtungsmittel konzentrierte Schwefelsäure verwendet.

Abb. 7.11 zeigt richtiges Fetten.

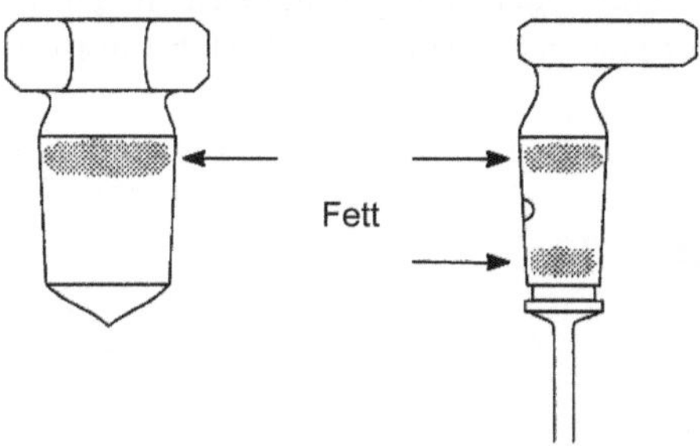

■ **Abb. 7.11** Stellen, an denen Schlifffett angebracht werden soll

❯ **Werden die Schliffe ineinander gedreht, darf kein Fett austreten. Die Verbindung erscheint dann durchsichtig. Erscheint der gefettete Schliff trüb, ist er undicht.**

Wird die Schliffoberfläche durch Chemikalien angegriffen, oder bilden sich zwischen den geschliffenen Glasteilen Kristalle, kommt es zu einem Festsitzen des Schliffes. In einem solchen Fall wird der Schliff zu trennen versucht durch:
- Vorsichtiges Klopfen mit einem Hammer aus Holz oder Kunststoff.
- Diffusion von Lösemittel oder Kriechöl zwischen die geschliffenen Glasteile.

Rasches Erhitzen der Schliffhülse mit heissem Wasser oder mit einem Heissluftgebläse. Dabei ist zu beachten, dass der Schliff gleichmässig von allen Seiten gewärmt wird.

Schlifffette müssen vor dem Reinigen in einem Spülbecken oder einer Geschirrwaschmaschine mit Haushaltpapier abgewischt werden. Sonst überziehen sich alle gewaschenen Geschirrteile mit einem feinen Fettfilm. Zudem können in Fettrückständen lipophile Chemikalien adsorbiert sein.

7.2.3 Schraubverbindungen

Bei Schraubverbindungen, wie das ■ Abb. 7.12 zeigt, sind die Enden der Glasrohre als genormtes Gewinde gearbeitet.

Dabei kommen zwei verschiedene Gewinde zur Anwendung:

DIN-Norm GL und RD, jeweils ergänzt mit einer Zahl, die den Innendurchmesser in mm angibt. Die Gewinde sind nicht miteinander kompatibel.

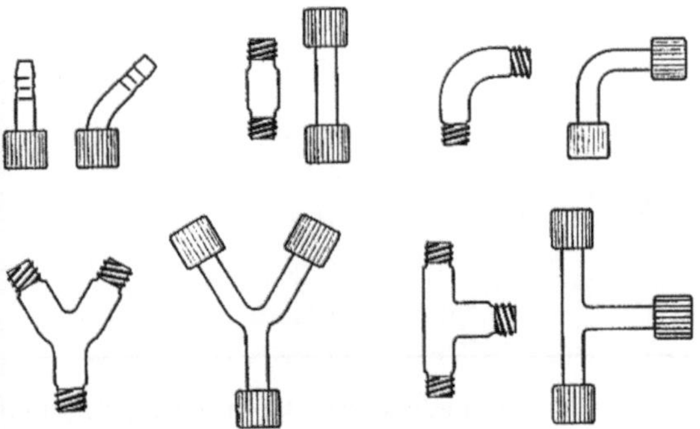

Bei der Verwendung ist auf die Chemikalienbeständigkeit, auf Glasflächen ohne Glasabsplitterung und auf das Vorhandensein einer passenden Dichtung zu achten

Eine Schlauchtülle wird zusammen mit einer flachen Gummidichtung auf den ebenen Glaskörper gedrückt und ist so dicht für Feinvakuum, Gase oder Wasser.

Ein einzusetzendes Thermometer oder Glasrohr wird mit einer Überwurfmutter aus Kunststoff und einer Quetschdichtung aus Teflon festgehalten. Das innere Glasrohr kann, wie □ Abb. 7.13 zeigt, verschoben werden.

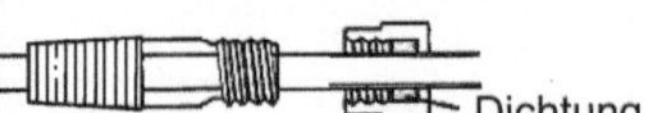

□ Abb. 7.13 Verbindung von einem Schliff zu einem Glasrohr

7.2.4 Schlauchverbindungen

Wie □ Abb. 7.14 zeigt, können Glasrohre über eine so genannte Olive, welche entweder direkt am Glas angeschweisst ist oder über eine geschraubte Kunststoffverbindung an einen Schlauch angeschlossen werden.

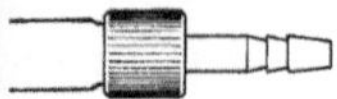

□ Abb. 7.14 Verbindung von einem Glasrohr zu einem Schlauch

Wie □ Abb. 7.15 zeigt, können Glasrohre mit annähernd gleichem Aussendurchmesser mittels eines kurzen Schlauchstücks direkt verbunden werden. Die beiden Enden der Glasrohre müssen dabei abgeschliffen oder rundgeschmolzen sein.

□ Abb. 7.15 Bei Verwendung solcher Verbindungen ist auf die Chemikalienbeständigkeit der Verbindungsstücke zu achten

◼ Abb. 7.16 zeigt Verbindungsstücke aus Kunststoff.

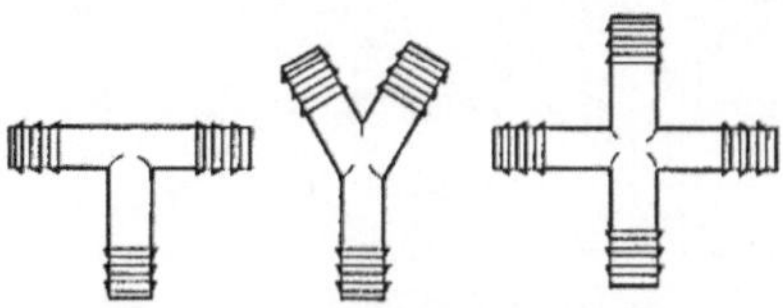

◼ **Abb. 7.16** Schlauchverbindungsstücke aus Kunststoff

7.3 Versuchsapparaturen

Nachfolgend ist eine Auswahl an Apparaturen für verschiedene Zwecke in der organischen Synthese beschrieben. Je nach Umständen wie Volumen, Gasentwicklung, Viskosität, Luftempfindlichkeit, Rückfluss und so weiter ist ganz besonders der Arbeitssicherheit und dem Umweltschutz Beachtung zu schenken. Jede Apparatur muss mit Klammern, Klemmen oder Kettenklammern (Becherglas) und einem Auffanggefäss oder einem Sicherheitsbecken gesichert sein.

7.3.1 Erlenmeyerkolbenapparatur

Diese in ◼ Abb. 7.17 gezeigte, einfache Apparatur wird verwendet zum Herstellen von wässrigen Lösungen, bei Titrationen, beim Ausrühren von wässrigen Lösungen nach der Umkristallisation und so weiter

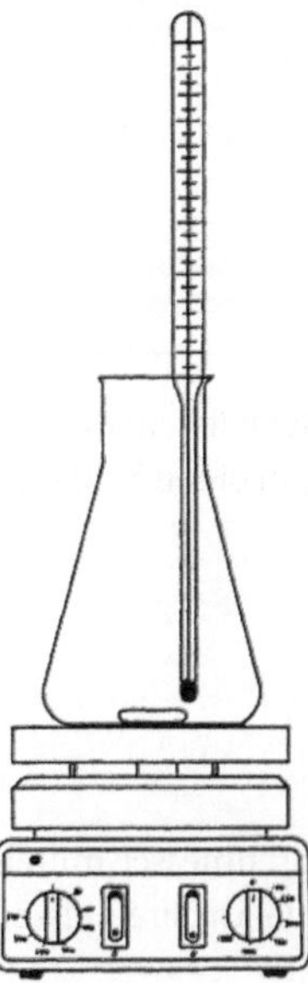

◼ **Abb. 7.17** Eine Erlenmeyerkolbenapparatur mit Thermometer auf einem Magnetrührer

> **Aus dem offenen Erlenmeyerkolben können Aerosole, Dämpfe und Gase entweichen und die Substanzen im Kolben können mit der Luft, oder mit deren Bestandteilen, reagieren.**

Ein Erlenmeyerkolben ist zudem geeignet für das rasche Herstellen von Lösungen durch Schwenken von Hand.

7.3.2   Becherglasapparatur

Diese Apparatur, wie sie ◘ Abb. 7.18 zeigt, wird verwendet zum Herstellen von wässrigen Lösungen, zum Aufgiessen von Reaktionsgemischen auf eine Eis-Wasser Mischung, zum Umfällen, zum Ausrühren von wässrigen Suspensionen und so weiter

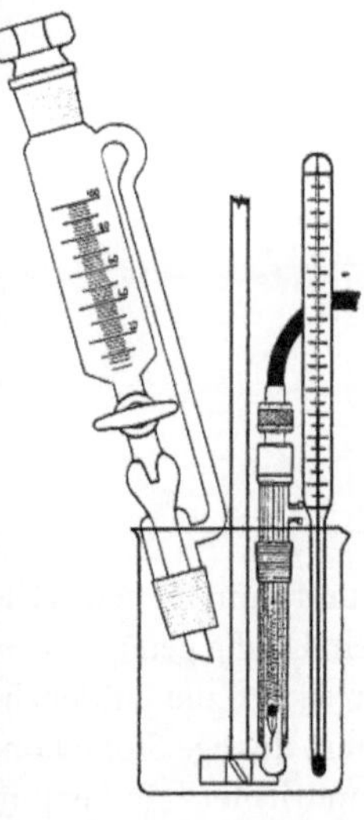

◘ **Abb. 7.18** Eine Becherglasapparatur mit Flügelrührer, Thermometer, pH-Elektrode und Tropftrichter

> **Aus dem offenen Becherglas können Aerosole, Dämpfe und Gase entweichen und die Substanzen im Becherglas können mit der Luft, oder mit deren Bestandteilen, reagieren.**

7.3.3   Rundkolbenapparatur

◘ Abb. 7.19 zeigt eine Rundkolben-Apparatur, die zum Herstellen von Lösungen unter Rückfluss, für Umkristallisationen und zum Durchführen von Reaktionen, bei denen es genügt, mit einem Magnetrührstäbchen zu rühren, geeignet ist. Durch das Aufsetzen eines Trocknungsrohres auf den Kühler kann die Luftfeuchtigkeit ausgeschlossen werden. Dämpfe können im Kühler kondensieren. Flüssige Stoffe können durch den Kühler hindurch nachdosiert werden.

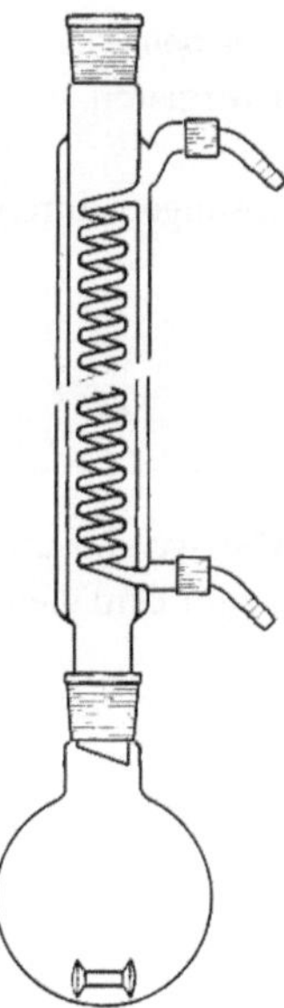

■ **Abb. 7.19** Eine Rundkolbenapparatur, geeignet für das Kochen am Rückfluss

7.3.4 **Dreihalsrundkolbenapparatur**

Diese in ■ Abb. 7.20 gezeigte, vielseitige Apparatur ist rasch aufgebaut und kann für sehr viele Reaktionen vom 10 mL bis zum 500 mL Massstab gut verwendet werden. Häufig genügen drei Öffnungen für einen Versuch. Durch Aufsetzen eines Trocknungsrohres kann die Luftfeuchtigkeit ausgeschlossen werden. Dämpfe können im Kühler kondensieren, flüssige Stoffe können nachdosiert werden. Bei Kleinstapparaturen kann anstelle des Tropftrichters ein Septum verwendet werden. Durch ein Septum können mit Spritze und Kanüle sehr kleine Volumina dosiert werden. Ausserdem kann eine Inertgas-Zuleitung mithilfe einer Kanüle durch dasselbe Septum erfolgen.

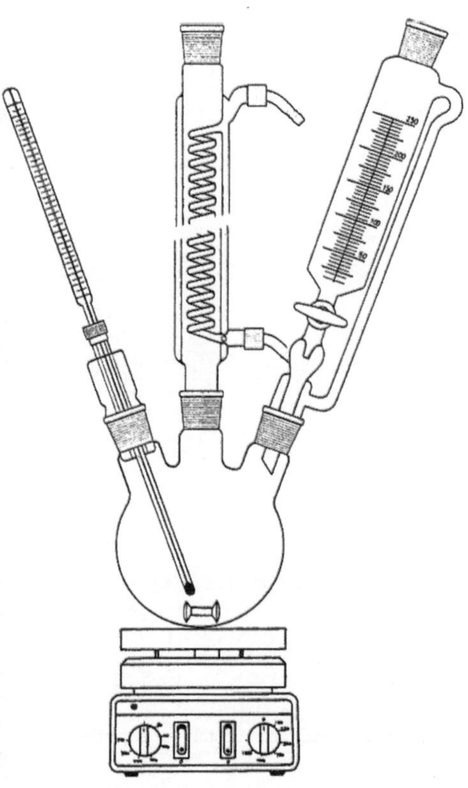

Abb. 7.20 Eine komplette Dreihalsrundkolbenapparatur vom 10 mL bis zum 500 mL Massstab gut einsetzbar

> Mit einem Magnetrührwerk kann nur eine beschränkte Rührwirkung erreicht werden. Die Apparatur ist für grössere Mengen ab einem Liter, für viskose Flüssigkeiten und für dickflüssige Suspensionen nur noch bedingt geeignet.

7.3.5 Sulfierkolbenapparatur

Diese in **Abb. 7.21** gezeigte Universalapparatur kann für die verschiedensten Reaktionstypen eingesetzt werden. Sie kann, je nach Aufbauten, vielfältigen Ansprüchen genügen. Durch Aufsetzen eines Trocknungsrohres kann die Luftfeuchtigkeit ausgeschlossen werden. Dämpfe können im Kühler kondensieren und bei der Reaktion entstehende Gase können abgeleitet werden. Durch die verschiedenen Öffnungen können unterschiedliche Komponenten zugegeben werden, ohne die Apparatur öffnen zu müssen. Reaktionen können gut unter inerten Bedingungen durchgeführt werden.

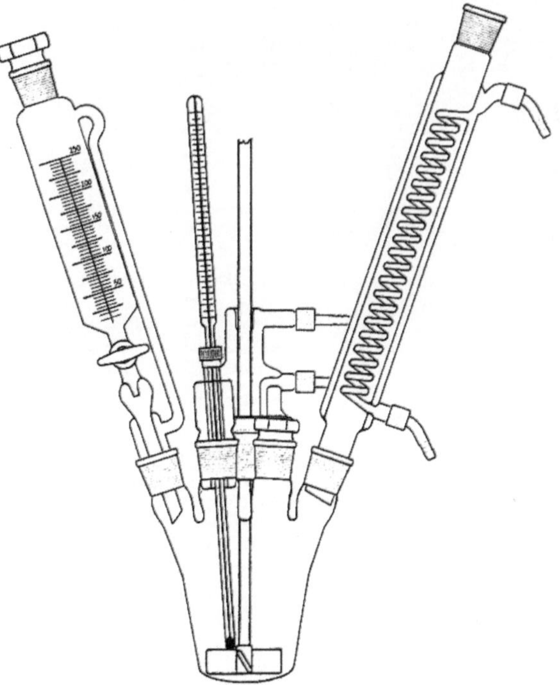

◼ Abb. 7.21 Eine komplette Sulfierkolbenapparatur vom 50 mL bis zum 2500 mL Massstab gut einsetzbar

> **Durch die intensive Durchmischung mit Hilfe eines Rührmotors eignet sich diese Apparatur auch zum Rühren von Suspensionen und von grösseren Volumina.**

7.3.6   Planschliffapparatur

Eine Planschliffapparatur, wie sie ◼ Abb. 7.22 zeigt, ist ähnlich vielfältig einsetzbar wie eine Sulfierkolbenapparatur. Bei Reihenversuchen in der chemisch-technischen Synthese und in der Reaktionsentwicklung kann die gleiche Apparatur, ohne dass sie abgebaut werden müsste, gereinigt und wieder verwendet werden. Mit dem doppelwandigen heiz- und kühlbaren Reaktionsgefäss kann über einen Thermostat die Manteltemperatur sehr genau gesteuert werden. Mit einer Temperaturerfassung am Ein- und am Auslass können kalorimetrische Messungen vorgenommen werden.

Durch Aufsetzen eines Trocknungsrohres auf den Kühler kann die Luftfeuchtigkeit ausgeschlossen werden. Dämpfe können im Kühler kondensieren, bei der Reaktion entstehende Gase können abgeleitet werden.

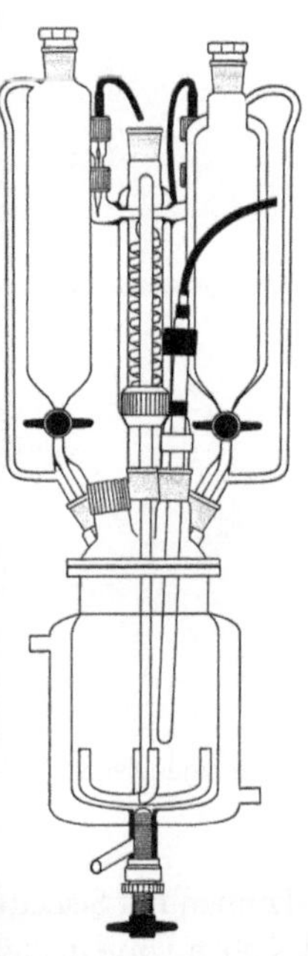

◘ Abb. 7.22 Eine komplette Planschliffapparatur mit Doppelmantel und Bodenauslass vom 500 mL bis zum 10'000 mL Massstab gut einsetzbar

Durch die verschiedenen Öffnungen können unterschiedliche Komponenten zugegeben werden, ohne die Apparatur öffnen zu müssen. Reaktionen können unter inerten Bedingungen durchgeführt werden. Der Ankerrührer erlaubt eine sehr gute Durchmischung der Reaktionsmasse. Reaktionsgemische können durch den Bodenauslass zur Weiterverarbeitung gefahrlos, auch unter inerten Bedingungen, abgelassen werden.

Die Zugabe, die Temperaturregelung, die Kontrolle des pH-Wertes, die Rührgeschwindigkeit und so weiter können automatisiert betrieben werden. Es gibt im Handel ganze Syntheseroboter zu kaufen.

7.3.7 Parallelsynthese

Ein Parallelsynthesensystem, wie es es ◘ Abb. 7.23 zeigt, kann beispielsweise aus sechs Dreihalsrundkolben von 5–250 mL im Karussell bestehen. Mehrere Kolben können gleichzeitig und mit denselben Parametern betrieben werden. Das System kann schnell bis zu 180 °C beheizt, bis −78 °C gekühlt, unter Inertgasen betrieben werden, am Rückfluss gekocht und auf kleinem Platz betrieben werden. Es sind mehrere Optionen, wie zum Beispiel PTFE Ankerrührer, welche von oben mit einem konventionellen Rührmotor parallel angetrieben werden, erhältlich. Am häufigsten werden solche Systeme von einem Magnetrührmotor mit Heizplatte angetrieben.

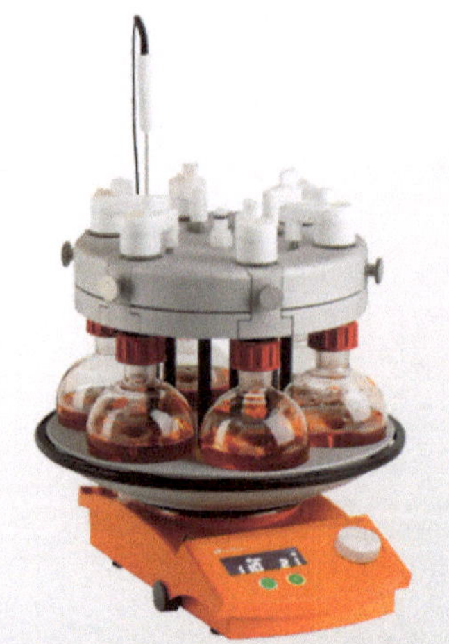

■ **Abb. 7.23** Eine Apparatur für die Parallelsynthese mit sechs Kolben. (Mit freundlicher Genehmigung von Radleys, Safron Walden, Essex, UK)

Andere Parallelsynthesensysteme, ■ Abb. 7.24 zeigt ein weiteres Beispiel, können mit Sealed-tubes in Alublöcken betreiben werden. Dieses System ist einfacher als das oben vorgestellte, lässt sich nicht unter Inertgas betreiben und erlaubt kein Kochen am Rückfluss. Es lässt sich auf sehr kleinem Platz betreiben und mit einem Magnetrührmotor mit Heizplatte rühren. Es gibt Aufsätze für verschliessbare Einweg-Reaktionsgefässe verschiedenster Hersteller. Durch ein Septum können Reagenzien zudosiert werden.

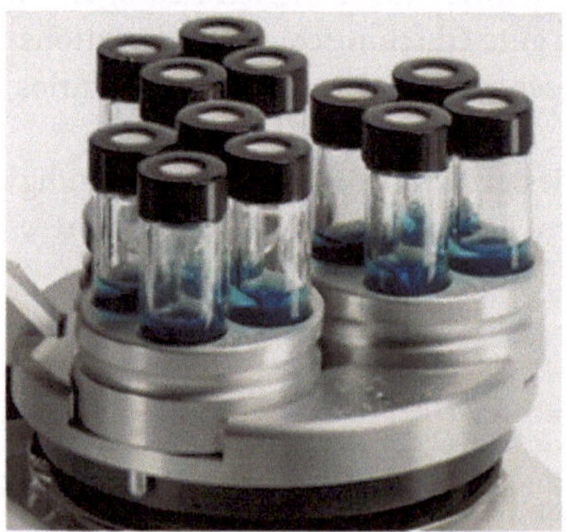

■ **Abb. 7.24** Parallelsynthese mit Sealed-tubes in Alublöcken. Quelle: http://www.dddmag.com/sites/dddmag. com/files/legacyimages/Articles/2012_09/asynt.jpg; aufgerufen am 20. 1. 2016 (Mit freundlicher Genehmigung von Asynt, Isleham, Cambridgeshire, UK)

7.4   Zusammenfassung

Im chemisch-synthetischen Labor werden einerseits fest eingerichtete Apparaturen verwendet, andererseits steht ein Gerätesortiment aus genormten Teilen zur Verfügung, welches den Aufbau einer passenden Apparatur nach dem Baukastenprinzip ermöglicht. Die Wahl der Bauteile und der Aufbau zur funktionsgerechten Apparatur richten sich nach:

- Sicherheit und Umweltschutz,
- den Reaktionsbedingungen,
- der anzuwendenden Methode,
- den chemischen und physikalischen Eigenschaften der einzusetzenden Substanzen.

Weiterführende Literatur

http://amsi.ch/katalog/index.html (aufgerufen am 21.4.2015)
http://www.normag-glas.de/katalog.php (aufgerufen am 21.4.2015)
http://www.duran-group.com/de/produkte-loesungen.html (aufgerufen am 21.4.2015)

Zerkleinern, Mischen, Rühren

© Springer International Publishing Switzerland 2017
aprentas (Hrsg.), *Laborpraxis Band 1: Einführung, Allgemeine Methoden*, DOI 10.1007/978-3-0348-0966-5_8

8.1   Theoretische Grundlagen

Substanzen, die mit physikalischen Trennmethoden in weitere Komponenten aufgetrennt werden können, nennt man Gemische. Diese Gemische können homogen (einphasig) oder heterogen (mehrphasig) sein. Siehe hierzu ◘ Tab. 8.1.

Homogene Gemische sind so beschaffen, dass die einzelnen Komponenten, auch durch das Mikroskop betrachtet, nicht erkennbar sind.

Heterogene Gemische bestehen aus verschiedenen Komponenten, bei welchen die einzelnen Stoffe von blossem Auge oder unter dem Mikroskop erkennbar sind.

Substanzen, die durch physikalische Trennmethoden nicht mehr zerlegbar sind, nennt man reine Stoffe. Reine Stoffe sind immer homogen und bilden eine Phase.

Vor der Durchführung einer chemischen Reaktion oder einer Analyse müssen Feststoffe häufig zerkleinert werden. Die Oberfläche wird dabei um ein Vielfaches vergrössert.

> Das Zerkleinern, Mischen oder Rühren kann folgende Vorteile bringen:
> - grössere und gleichmässigere Reaktionsgeschwindigkeit bei Synthesen,
> - beschleunigter Lösevorgang,
> - besseres Dosieren,
> - besseres, rascheres Trocknen,
> - bessere Wärmeverteilung,
> - Ermöglichung der Entnahme eines Durchschnittmusters (Stichprobe).

8.2   Übersicht: Homogene und heterogene Systeme

◘ **Tab. 8.1** Gemische, eine Übersicht

System	Komponenten	Art	Bezeichnung	Beispiel
Fest	Fest/fest	Homogen	Legierung, erstarrte Schmelze	Messing, Glas
		Heterogen	Gemenge	Erde, Granit
	Flüssig/fest	Homogen	Fest-Gel	Nährboden, Gelatine
		Heterogen	Teig	Kuchenteig, Paste
	Gasig/fest	Heterogen	Poröses Material	Bimsstein, Siedestein
Flüssig	Fest/flüssig	Homogen	Lösung	Zuckerwasser
		Heterogen	Suspension, Kolloidale Lösung	Schlamm, Fluorescein-Lösung
	Flüssig/flüssig	Homogen	Lösung	Ethanol in Wasser
		Heterogen	Emulsion	Milch, Lotion
	Gasig/flüssig	Homogen	Lösung	Salzsäure, Mineralwasser
		Heterogen	Schaum	Rasierschaum
Gasig	Fest/gasig	Heterogen	Aerosol/Rauch	Kaminrauch
	Flüssig/gasig	Heterogen	Aerosol/Nebel	Wolken
	Gasig/gasig	Homogen	Gasgemisch	Luft, Erdgas

8.3 Zerkleinern und Mischen von Feststoffen

Zum optimalen Mischen von Feststoffen sollten die Komponenten gleichmässige, möglichst kleine Korngrössen aufweisen.

Die Zerkleinerungsmethode richtet sich hauptsächlich nach den unten aufgezählten physikalischen und chemischen Eigenschaften der Substanz sowie nach der verlangten Korngrösse. Siehe hierzu ◻ Tab. 8.2.

◻ **Tab. 8.2** Physikalische und chemische Eigenschaften, welche für die Mischung von Feststoffen relevant sind

Physikalische Eigenschaften	Chemische Eigenschaften
– Hart/weich	– Hygroskopisch
– Spröd/elastisch/verformbar	– Luftempfindlich
– Flüchtig	– Schlagempfindlich
– Temperaturempfindlich	– Toxisch
– Elektrostatisch aufladbar	– Korrodierend

8.4 Korngrösse

Die Angabe der Korngrösse erfolgt in Längenmassen wie mm oder μm oder in der Einheit mesh (Anzahl Öffnungen pro Flächeneinheit eines Siebes).

Je grösser die mesh-Zahl, desto kleiner die Korngrösse in Millimeter.

Beispiel: 80–100 mesh = 0,18–0,15 mm Durchmesser

8.4.1 Übersicht über verschiedene Mischgeräte

Der *Mixer* wird zum Zerkleinern und Mischen von Feststoffen bzw. Suspensionen – ohne spezielle Anforderungen an die Korngrösse – eingesetzt. Er darf nur mit aufgesetzter Plexiglasschutzhaube in Betrieb genommen werden.

> **Nicht im Mixer zerkleinert werden dürfen Substanzen, die:**
> - einen Schmelzpunkt oder Zersetzungspunkt von weniger als ca. 50 °C aufweisen,
> - schlagempfindlich oder stark gasentwickelnd sind,
> - sich elektrostatisch aufladen.

Der Mixer erlaubt ein schnelles, sauberes Arbeiten wobei keine Belästigung durch Staub und Dämpfe während des Zerkleinerns entsteht.

Je nach Beschaffenheit der Substanz können kleinste und einheitliche Korngrössen nicht erreicht werden; ausserdem erwärmen sich die Substanzen während des Zerkleinerns.

Die *Reibschale* und das *Pistill* bestehen in der Regel aus Porzellan. Für spezielle Zwecke (kleine Mengen, Analysenproben) werden Reibschalen aus Achatstein verwendet. Die Reibschale ist geeignet zum Zerkleinern und Mischen von weichen, spröden Substanzen. Schlagempfindliche Substanzen dürfen darin nicht zerkleinert werden.

Die Reibschale ist ein einfaches, rasch einsetzbares und gut zu reinigendes Gerät. Da Reibschalen nicht verschlossen werden können, entstehen Probleme beim Zerkleinern von stäubenden, elektrostatisch aufladbaren, toxischen, hygroskopischen oder luftempfindlichen Substanzen.

Kugelmühlen bestehen aus einer sich drehenden Trommel und Kugeln aus Porzellan oder Stahl. Es können Stahltrommeln mit Schikanen, welche die Wirkung verbessern, verwendet werden. Kugelmühlen eignen sich gut zum Zerkleinern von harten, spröden Stoffen. Für schlagempfindliche oder gasentwickelnde Stoffe sind sie nicht zugelassen.

Durch das Zerkleinern mit Kugelmühlen sind sehr kleine Korngrössen erreichbar. Dieses Gerät ist auch für grössere Substanzmengen geeignet. Der Mahlvorgang mit Kugelmühlen dauert mehrere Stunden.

Die *Rollbank* oder der *Taumelmischer* werden ausschliesslich zum Mischen eingesetzt. Man erreicht eine gute Mischwirkung bei Substanzen mit unterschiedlichen Korngrössen.

Mit einem *Sieb* werden bereits zerkleinerte Substanzen nach Korngrössen aufgeteilt. Ist eine bestimmte maximale Korngrösse verlangt, wird die im Sieb zurückbleibende Substanz wiederholt zerkleinert und gesiebt, bis kein Rückstand mehr bleibt.

8.5 Rühren von Flüssigkeiten

Durch Rühren werden Gemische mit mindestens einer flüssigen Phase hergestellt. Beeinflusst wird die Rühr- und Mischwirkung durch:
- die Viskosität der flüssigen Phase,
- den Dichteunterschied,
- das Mengenverhältnis zwischen flüssigem und festem Stoff,
- die Korngrösse des festen Stoffes.

8.5.1 Rührwerke mit Motor

Das *Elektro-Rührwerk* ist stufenlos regulierbar und die gebräuchlichste Art des Rührantriebs im chemischen Labor für Reaktionsgefässe grösser als 200 mL. Je nach Modell kann die Drehrichtung durch Umschalten oder durch umgekehrtes Montieren des Geräts geändert werden. Elektro-Rührwerke sind in der Normalausführung nicht Ex-sicher.

Zum Betrieb in Ex-sicheren Räumen eignen sich Rührmotoren, welche mit einer Druckluftturbine angetrieben werden.

Vor Inbetriebnahme des Rührwerks muss kontrolliert werden, welcher Geschwindigkeitsbereich vorgewählt wurde. Es empfiehlt sich, mit einer geringen Drehzahl den Rührvorgang zu starten und die Drehzahl dann auf den gewünschten Wert zu steigern.

Die beschriebenen Rührwerke werden in Verbindung mit den unten beschriebenen Rührern eingesetzt.

Flügelrührer aus Glas eignen sich gut zum Rühren von dünnflüssigen Lösungen oder Suspensionen und sind auch geeignet für Suspensionen mit grossem Dichteunterschied der einzelnen Komponenten.

Anwendungsbereich: 800–2500 Umdrehungen/Minute, wie ◨ Abb. 8.1 zeigt.

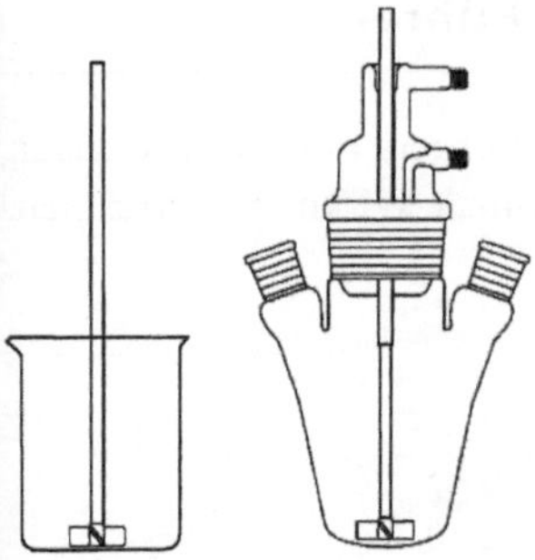

■ **Abb. 8.1** Flügelrührer

Schaufel- oder S-Rührer sind aus Porzellan. In Bechergläsern wird die flache Seite des Rührers nach unten montiert, in Sulfierkolben die abgerundete Seite.

Dieser Rührer eignet sich gut zum Rühren von dünnflüssigen Lösungen oder Suspensionen, während er sich nur bedingt eignet für viskose Lösungen oder Emulsionen mit kleinem Dichteunterschied der einzelnen Komponenten.

Anwendungsbereich: 300–800 Umdrehungen/Minute, wie ■ Abb. 8.2 zeigt.

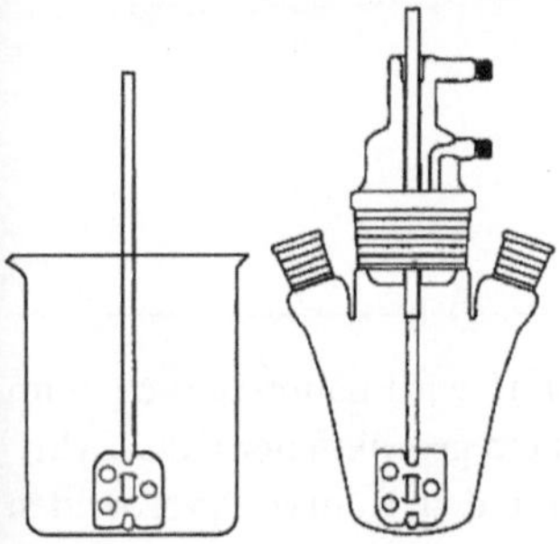

■ **Abb. 8.2** Schaufel- oder S-Rührer

Anker- und Halbankerrührer sind aus Glas, Stahl, Porzellan oder emailliertem Metall. In Sulfierkolben werden die abgeschrägten Halbankerrührer eingesetzt.

Diese Rührer eignen sich gut zum Rühren von dünnflüssigen oder viskosen Lösungen und für dickflüssige Suspensionen.

Anwendungsbereich: bis 300 Umdrehungen/Minute, wie ■ Abb. 8.3 zeigt.

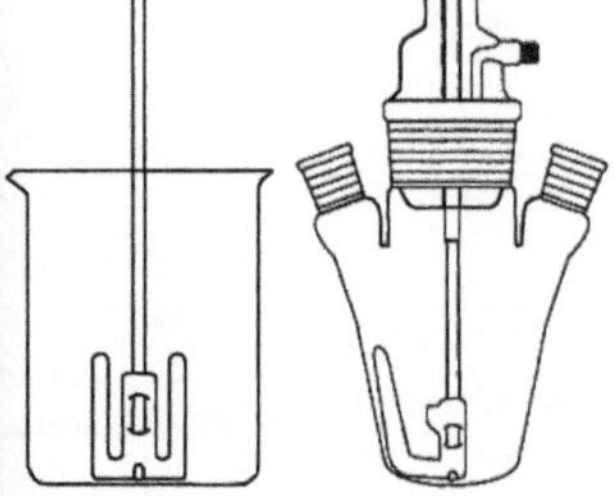

■ **Abb. 8.3** Anker- oder Halbankerrührer

8.5.2   Übersicht: Anwendung der verschiedenen Rührer

Rührerform, Rührergrösse, Form der Gefässe und Drehzahl des Rührers müssen, wie das in ◘ Tab. 8.3 aufgeführt ist, aufeinander abgestimmt sein, um eine optimale Wirkung zu erreichen.

◘ **Tab. 8.3** Welcher Rührertyp eignet sich für welches Rührmedium

System	Flügelrührer	Schaufel- oder S-Rührer	Anker- und Halb-ankerrührer	Magnetrührstab
Dünnflüssig	*Geeignet*	*Geeignet*	*Geeignet*	*Geeignet*
Viskos und dickflüssig	Ungeeignet	Bedingt geeignet	*Geeignet*	Bedingt geeignet
Emulsion	*Geeignet*	Bedingt geeignet	Bedingt geeignet	Bedingt geeignet
Suspensionen mit grossem Dichte-unterschied	*Geeignet*	Ungeeignet	Ungeeignet	Bedingt geeignet

8.5.3   Rührverschlüsse und Rührkupplungen

Der KPG-Rührverschluss (KPG = Küppner Präzisions-Glasschliff) wird hauptsächlich beim Rühren in Sulfierkolben verwendet. Als Rührstabführung dient ein geschliffener KPG-Zylinder. Die dazu passende Rührwelle muss gut gefettet und flexibel mit dem Rührwerk verbunden sein.

Abb. 8.4 zeigt einen kühlbaren KPG-Rührverschluss. Er ist gasdicht und erlaubt eine gute Führung der Rührwelle. Der Rührverschluss ist empfindlich auf mechanische Verunreinigungen wie zum Beispiel Glasabrieb in der Rührführung. Ein Schmiermittel muss zwingend verwendet werden.

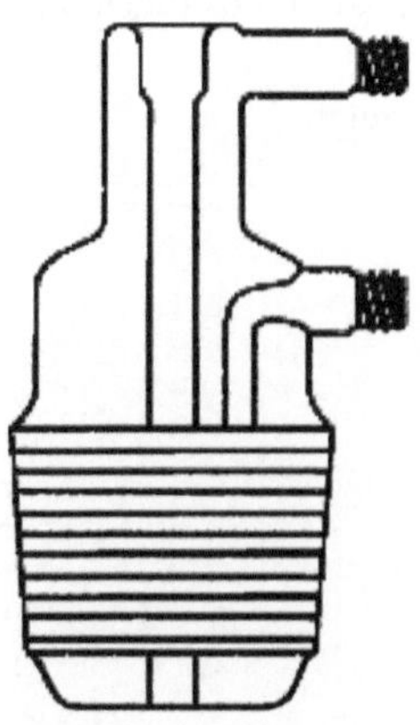

◘ **Abb. 8.4** KPG-Rührverschluss

Rührstabführung mit Radialdichtung: Diese Art Rührverschluss ist anwendbar für ungeschliffene Rührstäbe aus Glas oder Metall. Zur Rührstabführung und zum Abdichten dient eine Radialdichtung (ein so genannter Gaco-Ring) aus Gummi oder Kunststoff. Oft ist es sinnvoll, sie mit Glycerin o. ä. gleitfähig zu machen.

Beim Rühren in einem Becherglas wird der Rührstab mit einem Führungsrohr geführt, das unten sowie oben eine Radialdichtung hat, wie es ◘ Abb. 8.5 zeigt.

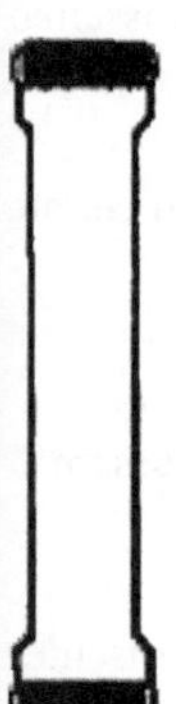

◘ **Abb. 8.5** Rührstabführung mit Radialdichtung

Durch die Beweglichkeit von flexiblen *Rührkupplungen*, wie sie ◘ Abb. 8.6 und 8.7 zeigen, birgt eine allfällige Unwucht eine kleinere Gefahr eines Rührstabbruches.

◘ **Abb. 8.6** flexible Rührkupplung mit Gummimanschette

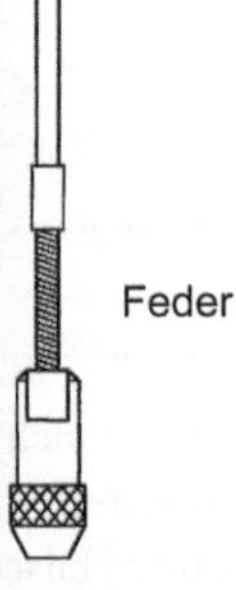

◘ **Abb. 8.7** flexible Rührkupplung mit Feder

Für den gelegentlichen Gebrauch ist ein Stück Vakuumschlauch mit zwei Briden, welcher Motor und Rührer verbindet, eine einfache Möglichkeit.

8.5.4   Magnet-Rührwerk

Beim *Magnet-Rührwerk* wird ein magnetisiertes Eisenstäbchen, meist umhüllt von einem Teflonmantel, in die zu rührende Flüssigkeit gelegt und das Gefäss über der Platte des Rührwerks montiert. Durch Einschalten des Rührwerks wird ein Dauermagnet – und damit auch das Rührstäbchen – zur Rotation gebracht.

Das Magnet-Rührwerk ist einfach in der Handhabung, und das Rühren in geschlossenen und schwer zugänglichen Gefässen ist möglich. Häufig findet es Anwendung in Gefässen mit kleinen Volumina unter 200 mL.

Je nach Rührwerktyp ist ein gleichzeitiges Rühren und Heizen möglich. Es gibt auch Geräte mit mehreren Rührstellen.

> Das Magnet-Rührwerk ist nur bedingt geeignet zum Rühren von Volumina grösser als einem Liter, viskosen Flüssigkeiten, dickflüssigen Suspensionen und Gemischen mit grossem Dichteunterschied.

Diese Geräte sind in der Regel nicht Ex-sicher. Je nach Gefässform, Volumen und gewünschter Rührwirkung werden *Magnetrührstäbchen* in verschiedener Form, wie sie ◘ Abb. 8.8, 8.9 und 8.10 zeigen, eingesetzt.

◘ **Abb. 8.8** Hantelförmiger Magnetrührstab mit geringer Haftreibung

◘ **Abb. 8.9** Gerader Magnetrührstab geeignet für Gefässe mit flachen Böden

◘ **Abb. 8.10** Ellipsenförmiger Magnetrührstab geeignet für Gefässe mit runden Böden

8.6   Mischen von Flüssigkeiten

8.6.1   Verschiedene Flüssigkeitsmischer

Das einfachste Gerät um Flüssigkeiten zu mischen ist der *Erlenmeyerkolben*. Darin lassen sich leicht Flüssigkeiten zugeben und von Hand umschwenken. Auch das Lösen von Feststoffen gelingt so oft gut. Je nach Bedarf verfügen Erlenmeyerkolben über verschieden geformte Hälse und lassen sich gar verschliessen.

Im *Ultraschallbad* werden die Teilchen in flüssigen Systemen mit Ultraschallwellen in Schwingung versetzt, was einen guten Mischeffekt ergibt. Auf diese Weise können auch Lösevorgänge beschleunigt werden. Ultraschall wird ferner zur Reinigung von kleinen Gefässen,

Schmuck und zum Gasaustreiben aus Flüssigkeiten verwendet. Während des Betriebs des Ultraschallgerätes sollte ein direkter Kontakt mit der Badflüssigkeit vermieden werden, da Knochen- und Zellschädigungen auftreten können. Bei Dauerbetrieb können Gehörschäden auftreten.

Der *Vibromischer* besteht aus einem Aggregat, das eine gelochte Glas- oder Metallplatte in eine vertikale Schwingung versetzt. Vibromischer sind vor allem geeignet für Suspensionen und Emulsionen mit grossem Dichteunterschied der einzelnen Komponenten. Sie verursachen eine grosse Lärmbelästigung. Ausserdem können die Schwingungen auf Muffen und Klemmen, die sich dadurch lösen können, übertragen werden.

Der *Mixer* eignet sich gut zum Herstellen von Suspensionen und Emulsionen mit sehr gleichmässiger Verteilung der Stoffe. Beim Einsatz von organischen Lösemitteln wird dabei evtl. das Schmierfett des Messerkopfes herausgelöst und die Mischung dadurch verunreinigt.

Die *Schüttelmaschine* hat verschiedene Zusätze, die das Einspannen von Reagenzgläsern, Flaschen oder Kolben ermöglichen. Die Schüttelfrequenz kann dem jeweiligen Problem angepasst werden.

Dispergiergeräte sind motorbetriebene Stabmixer aus Edelstahl. Mit Drehzahlen bis zu 20'000 Umdrehungen pro Minute können Emulsionen bzw. Suspensionen dispergiert, homogenisiert, emulgiert, nass zerkleinert oder aufgefasert werden. Man erreicht dabei eine Teilchengrösse bis zu 1 µm. Mit Dispergiergeräten lassen sich auch Extraktionen beschleunigen.

Kleiner Schüttler im Labor: Dieser Schüttler eignet sich speziell zum Mischen kleiner Probenmengen mittels Berührungsfunktion. Er ist klein und kompakt. Für alle Kleingefässe beispielsweise für Reagenzgläser, für Zentrifugierröhrchen oder Eppendorfgefässe geeignet.

8.7 Zusammenfassung

Die theoretischen Grundlagen über das Mischen und Lösen von Substanzen, das Zerkleinern und Mischen von Feststoffen, das Rühren von verschieden gearteten Flüssigkeiten sind Inhalt des Kapitels.

Weiterführende Literatur

http://www.heidolph-instruments.ch/#&panel1-1 (aufgerufen am 21.4.2015)
http://www.ika.de/owa/ika/applications.service_applicationsupport (aufgerufen am 21.4.2015)
http://www.kinematica.ch/produkte.html (aufgerufen am 21.4.2015)
http://www.druckluftmotoren-reuss.de/laborruehrer.html (aufgerufen am 21.4.2015)

Lösen

© Springer International Publishing Switzerland 2017

aprentas (Hrsg.), *Laborpraxis Band 1: Einführung, Allgemeine Methoden*, DOI 10.1007/978-3-0348-0966-5_9

Unter Lösen versteht man das Herstellen eines homogenen Gemisches aus zwei oder mehreren Stoffen. Siehe hierzu ◻ Tab. 9.1.

Stoffe werden gelöst zur

- gleichmässigen Verteilung aller Bestandteile einer Reaktionsmischung,
- besseren Dosierbarkeit von Wirkstoffen und Reaktionspartnern,
- sicheren Handhabung von sehr toxischen Gasen für Reaktionen (zum Beispiel Phosgen gelöst in Toluen) oder hochreaktiven Stoffen (tert.-Butyllithium gelöst in n-Pentan),
- anschliessenden Kristallisation aus der Lösung,
- Extraktion von Feststoffen oder Flüssigkeiten.

❯ **Lösungen bestehen einerseits aus dem Lösemittel und andererseits aus dem gelösten Stoff. Gelöste Stoffe können ursprünglich fest, flüssig oder gasförmig gewesen sein.**

❯ **Als Lösemittel wird ein Stoff bezeichnet der in der Lage ist andere Stoffe zu lösen, ohne diese chemisch zu verändern.**

◻ **Tab. 9.1** Lösungen

Gelöster Stoff	Lösemittel	Beispiele
Gasförmig	Gasförmig	Luft
	Flüssig	Salzsäure
	Fest	Wasserstoff in Metallen
Flüssig	Flüssig	Ethanol in Wasser
Fest	Flüssig	Natriumchloridlösung
	Fest	Legierungen

Nachfolgend wird nur das Lösen mit flüssigen Lösemitteln behandelt.

9.1 Theoretische Grundlagen

Feste Stoffe bestehen aus Ionen oder Molekülen. Wie ◻ Abb. 9.1, 9.2 und 9.3 zeigen, sind diese in den meisten Fällen in Form geordneter Kristalle aufgebaut.

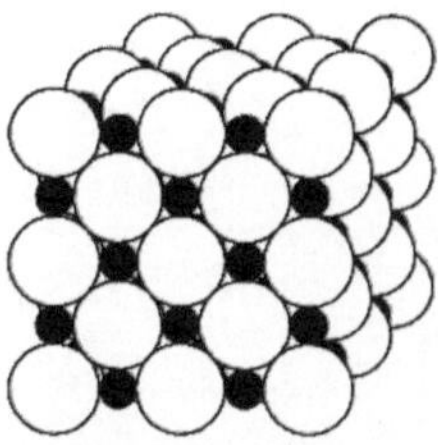

◻ **Abb. 9.1** Kristallgitter von Natriumchlorid

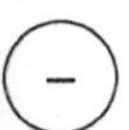

◘ Abb. 9.2 Chlorid-Anion

◘ Abb. 9.3 Natrium-Kation

9.1.1 Gitterkräfte

Das Kristallgitter wird durch Anziehungskräfte zwischen den einzelnen Teilchen zusammengehalten.

Wird der Kristall in einem Lösemittel gelöst, lagern sich die Lösemittelmoleküle, wie ◘ Abb. 9.4 zeigt, an den äusseren Teilchen des Kristalls an und reissen sie aus dem Gitter heraus, was Energie benötigt. Die Energie zur Überwindung der Gitterkräfte äussert sich als Abkühlung während des Lösevorgangs *(Endothermie)*.

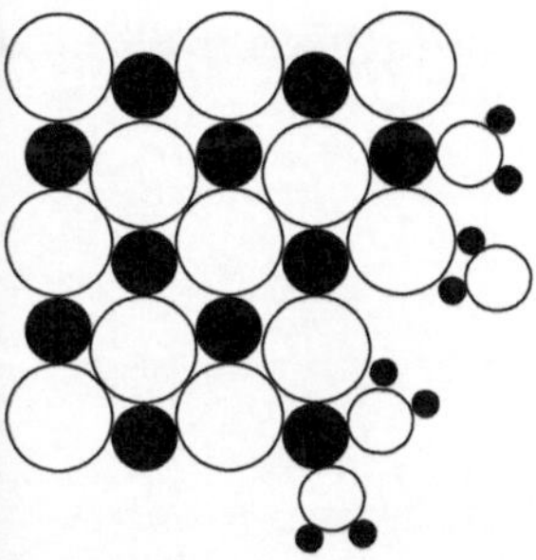

◘ Abb. 9.4 Das Lösen von Natriumchlorid in Wasser. Das Wasser kann nur von aussen an das Natriumchlorid kommen

9.1.2 Solvatation

Bei der *Solvatation* (oder *Solvation* genannt), umhüllen sich Teilchen mit Lösemittelmolekülen, wie ◘ Abb. 9.5, 9.6 und 9.7 zeigen. Ist das Lösemittel Wasser, wird der Vorgang *Hydratation* (oder *Hydration*) genannt.

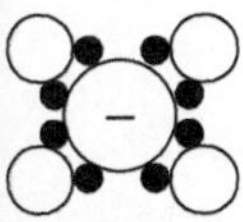

◘ Abb. 9.5 Chlorid-Ion mit Hydrathülle

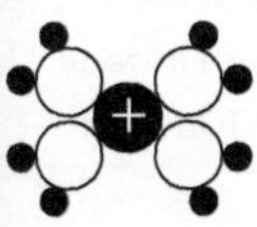

◘ Abb. 9.6 Natrium-Ion mit Hydrathülle

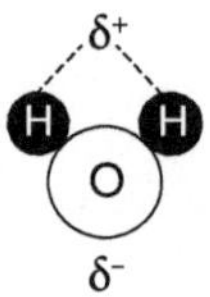

○ **Abb. 9.7** Die Ladungsverteilung in einem Wassermolekül

Die Solvatation ist ein *exothermer* Vorgang, die dabei freigesetzte Energiemenge nennt man Solvatationswärme.

Lösewärme

Wird bei der Solvatation weniger Energie frei, als zum Auflösen des Kristallgitters benötigt wird, so ergibt sich ein Temperaturrückgang beim Lösen, also eine negative endotherme Lösewärme.

Wird dagegen bei der Solvatation mehr Energie frei, als zum Lösen des Gitters benötigt wird, ergibt sich ein Temperaturanstieg beim Lösen, also eine positive exotherme Lösewärme Siehe hierzu ○ Abb. 9.8 für beide Phänomene.

○ **Abb. 9.8** Endotherme und exotherme Lösungsvorgänge

Beispiele:

Wird NaCl in Wasser gelöst, kühlt sich das Gemisch ab. Die Hydratation setzt in diesem Fall weniger Energie frei, als das Lösen aus dem NaCl-Kristall erfordert. Umgekehrt lässt sich beim Lösen von KOH in Wasser eine deutliche Erwärmung feststellen. In diesem Falle setzt die Hydratation mehr Energie frei, als das Lösen des KOH-Kristalls erfordert.

Beispiel Wärmekissen

Natriumacetat-Trihydrat (Na(CH$_3$COO)$\cdot$3 H$_2$O) besitzt die Eigenschaft eine unterkühlte Schmelze zu bilden und wird deshalb in Wärmekissen und Handwärmern als Wärmespeicher benutzt. Wird das Wärmekissen für ca. 20–30 Minuten in siedendes Wasser gelegt, löst sich das darin enthaltene Natriumacetat-Trihydrat unter Abgabe des Kristallwassers. Auch nach dem Abkühlen bleibt der Inhalt als übersättigte Lösung flüssig. Wird nun der im Beutel vorhandene Metallstreifen geknickt, kristallisiert die Schmelze durch Bildung von Natriumacetat-Trihydrat und gibt dabei über einen längeren Zeitraum die Kristallisationswärme ab.

9.1.3 Lösungen

Die Teilchen der gelösten Stoffe in *echten Lösungen* sind Ionen oder Moleküle in der Grössenordnung von ca. 0,1 bis 1 nm (Nanometer). Diese Lösungen erscheinen für das Auge immer als vollkommen klare Flüssigkeiten.

Im Falle von *kolloidalen oder Scheinlösungen* sind die Teilchen der gelösten Stoffe Moleküle oder Molekülgruppen in der Grösse von 1 bis 100 nm (Nanometer). Mit blossem Auge erscheinen diese „Lösungen" klar und durchsichtig. Sendet man, wie ◘ Abb. 9.9 zeigt, einen Lichtstrahl durch sie hindurch, wird dieser von der Seite sichtbar.

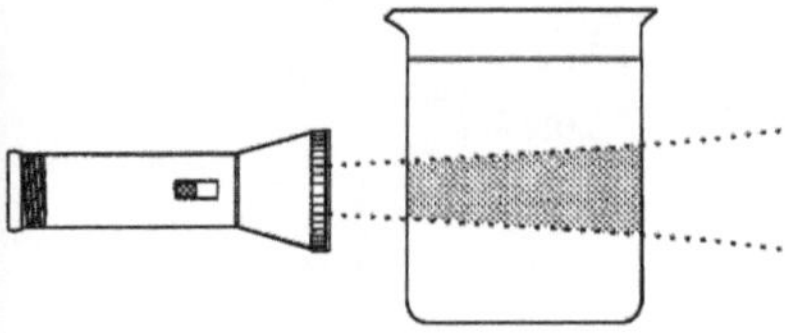

◘ **Abb. 9.9** Tyndall Effekt

Diese Erscheinung, welche nur bei kolloidalen, nicht aber bei echten Lösungen auftritt, heisst Tyndall-Phänomen. Es kommt zustande durch die Ablenkung des Lichts an den kleinen Feststoffteilchen in der Lösung, das heisst, das Licht wird gestreut.

Tyndall-Phänomene lassen sich gut bei Seifenlösungen beobachten.

9.1.4 Volumenkontraktion

Beim Mischen von verschiedenen Flüssigkeiten wird das Volumen der entstehenden Lösung kleiner sein als die Summe der Volumina der Einzelbestandteile: Durch Neuanordnung der Moleküle im Gemisch nehmen sie ein kleineres Volumen ein. Werden zum Beispiel 52 mL Ethanol mit 48 mL Wasser gemischt, erhält man nur 96,3 mL und nicht wie vielleicht erwartet 100,0 mL Lösung.

Die Volumenkontraktion ist in der Praxis zu berücksichtigen wenn Gemische mit exakten Verhältnissen hergestellt werden sollen.

9.1.5 Löslichkeit

Unter dem Begriff Löslichkeit (L^*) versteht man die maximale Menge einer reinen Substanz, die sich in 100 g eines Lösemittels bei einer bestimmten Temperatur löst. Die Löslichkeit einer Substanz ist temperaturabhängig.

Bei den meisten Feststoffen erhöht sich die Löslichkeit bei zunehmender Temperatur.

Flüssigkeiten können zum Teil unbegrenzt ineinander gelöst, respektive gemischt werden. Auch bei nicht mischbaren Flüssigkeiten wird immer eine gegenseitige Löslichkeit auftreten, welche manchmal sehr gering sein kann, wie ◘ Tab. 9.2 zeigt. Mischt man zum Beispiel Diethylether und Wasser miteinander, so trennen sich die beiden Flüssigkeitsphasen nach kurzer Zeit wieder, es bleiben jedoch 1,3 % Wasser im Diethylether, resp. 6,9 % Diethylether im Wasser gelöst.

◘ Tab. 9.2 Löslichkeiten von Lösemitteln in Wasser in Massenprozenten

	Lösemittel gelöst in Wasser bei 20 °C	Wasser gelöst in Lösemittel bei 20 °C
Diethylether	6,9 %	1,3 %
Tert.-Butylmethylether	4,8 %	1,5 %
Ethylacetat	7,9 %	3 %
Toluen	0,03 %	0,05 %
Dichlormethan	2 %	0,2 %

Die Löslichkeit von Gasen in Flüssigkeiten ist ebenfalls sehr unterschiedlich und temperatur- und druckabhängig. Im Gegensatz zu Feststoffen nimmt ihre Löslichkeit mit steigender Temperatur ab.

❯ Die Löslichkeit von Gasen nimmt mit steigender Temperatur und mit sinkendem Druck ab.

9.1.6 Löslichkeitsbestimmung Qualitativ

Mit kleinen Substanzmengen wird im Reagenzglas durch Beobachtung festgestellt, ob der Stoff im betreffenden Lösemittel überhaupt löslich ist. Dabei können Rühren, Schütteln, Ultraschallwellen oder Erwärmen helfen.

9.1.7 Löslichkeitsbestimmung Quantitativ

Zu einer bestimmten Menge heissen Lösemittels wird so viel Substanz gegeben, dass nach Sättigung der Lösung ein Bodensatz zurückbleibt. Diese Lösung wird auf die gewünschte Temperatur gekühlt und 30 Minuten thermostatisiert. Der Bodensatz wird abfiltriert, getrocknet und zurückgewogen.

9.1.8 Sättigungsgrad

In einer *ungesättigten Lösung* kann ohne Temperaturerhöhung weiterer Feststoff gelöst werden.

In einer *gesättigten Lösung* kann ohne Temperaturerhöhung kein weiterer Stoff mehr gelöst werden.

In einer *übersättigten Lösung* ist mehr Stoff gelöst, als dies bei einer gegebenen Temperatur theoretisch möglich ist. Fügt man dieser Lösung Kristallkeime zu, so kristallisiert in der Regel der zu viel gelöste Stoff aus (siehe Beispiel Wärmekissen). Eine übersättigte Lösung kann nur durch Abkühlen einer gesättigten Lösung, oder durch Entfernen von Lösemittel entstehen.

9.2 Lösemittel

9.2.1 Polarität

Die zum Lösen eines Stoffes verwendete Flüssigkeit bezeichnet man als Lösemittel. Ein Lösemittel löst einen Stoff gut, wenn es ihm chemisch und physikalisch ähnlich ist.

> **Ähnliches löst sich in Ähnlichem**

Beim Abschätzen der Löslichkeit müssen Dipolmomente, Dielektrizitätskonstanten und die Möglichkeit der Ausbildung von Wasserstoffbrückenbindungen berücksichtigt werden.

Wasser beispielsweise, besitzt neben einem ausgeprägten Dipolmoment eine hohe Dielektrizitätskonstante und kann, wegen der freien Elektronenpaare am Sauerstoff, Wasserstoffbrückenbindungen bilden.

◨ Abb. 9.10 zeigt ein Beispiel für *Salze* oder *polare organische Verbindungen* (niedrige aliphatische Alkohole, Carbonsäuren), welche meistens in Wasser löslich sind. Im Falle von polaren organischen Verbindungen nimmt die Wasserlöslichkeit kontinuierlich ab, wenn die Anzahl der C-Atome (ab ungefähr vier oder mehr Kohlenstoffatomen in einer Kette) im Molekül steigt.

◨ Abb. 9.11 zeigt *wenig polare* oder *unpolare organische Substanzen* (aromatische und heteroaromatische Kohlenwasserstoffe, langkettige Kohlenwasserstoffverbindungen), welche in unpolaren Lösungsmitteln wie Toluen, Hexan und Ether löslich sind. *Diethylether* besitzt ein Dipolmoment, ist aber wegen seiner niedrigen Dielektrizitätskonstante und seiner Unfähigkeit zur Ausbildung von Wasserstoffbrückenbindungen in der Lage unpolare Verbindungen zu lösen.

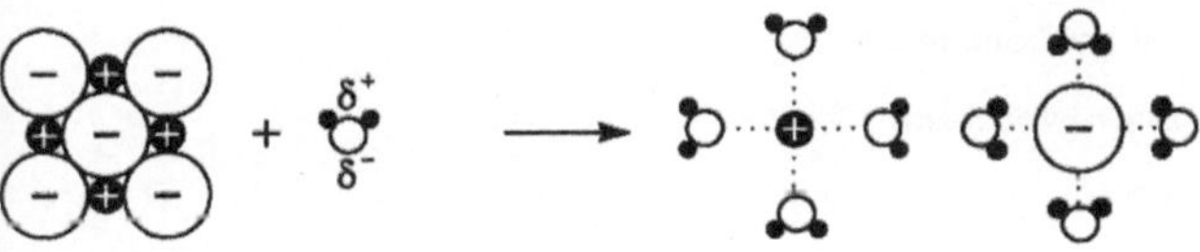

◨ **Abb. 9.10** Polare Lösungspartner

◨ **Abb. 9.11** Unpolare Lösungspartner

Ordnet man die Lösemittel nach ihrer Polarität, erleichtert diese Reihe die Lösemittelwahl bei chromatographischen Problemen, Extraktionen, Umkristallisationen und so weiter.

9.2.2 Polaritätsreihe oder eluotrope Reihe

Die ◘ Tab. 9.3 zeigt eine *eluotrope Reihe*, welche mit Lösemittel der Polarität $E° = 0$ beginnt, den am unpolarsten Lösemitteln der Reihe. Sie ist abhängig vom Adsorbens beispielsweise SiO_2 oder Al_2O_3. Mit *steigendem* Wert nimmt die Elutionskraft zu.

◘ **Tab. 9.3** Polaritätsindex

Elutionskraft E° nach Snyder (Al_2O_3)	Lösemittel	Löslichkeit in Wasser (%)
0	Heptan	0,0003
0	Hexan	0,001
0,04	Cyclohexan	0,01
0,2	Tert. Butyl-Methylether	4,8
0,29	Toluen	0,03
0,38	Diethylether	6,9
0,42	Dichloromethan	2
0,56	Aceton	100
0,56	Dioxan	100
0,58	Ethylacetat	7,9
0,65	Acetonitril	100
0,82	Isopropanol	100
0,57	Tetrahydrofuran	100
0,75	Dimethylsulfoxid	100
0,82	n-Propanol	100
0,88	Ethanol	100
0,95	Methanol	100
Gross	Essigsäure	100
>1	Wasser	100

9.3 Herstellen von Lösungen in der Praxis

Der Lösevorgang wird durch folgende Faktoren beeinflusst

- die Grösse der Oberfläche der zu lösenden Substanz,
- die Durchmischung,
- die Temperatur,
- der Umgebungsdruck (bei Gasen).

9.3.1 Lösen von Feststoffen

Durch *Zerkleinern* der Substanz werden die Oberfläche – und damit die Angriffsfläche für die Lösemittelteilchen – um ein Vielfaches vergrössert.

Ohne *Rühren* bildet sich an der Oberfläche der ungelösten Substanz eine konzentrierte Lösung. Das restliche, ungesättigte Lösemittel gelangt nur sehr langsam durch Diffusion an die Oberfläche der noch ungelösten Teilchen. Durch Rühren wird ungesättigtes Lösemittel an die Oberfläche gespült, was die Lösegeschwindigkeit erhöht.

Die durch *Heizen* erhöhte Eigenbewegung der Teilchen ermöglicht eine leichtere Überwindung der zwischen ihnen herrschenden Anziehungskräfte. Somit wird der Lösungsprozess beschleunigt.

Zum Lösen eines Feststoffes sollen etwa drei Viertel der Lösemittelmenge vorgelegt und die zerkleinerte Substanz unter Rühren eintragen werden. Danach das restliche Lösemittel zum Nachspülen verwenden. Wenn nötig, muss die Temperatur oder das Volumen genau eingestellt werden.

Eine weitere effiziente Methode um das Lösen zu beschleunigen, ist die Anwendung von *Ultraschall*. Das ultraschallgestützte Lösen beruht auf mechanischen Kavitationseffekten, die durch den Eintrag von Ultraschallwellen in eine Flüssigkeit verursacht werden. Zu beachten ist, dass während des Lösungsvorganges eine *Erwärmung* und damit eine *Volumenzunahme* eintreten. Soll eine exakte Lösung hergestellt werden, muss sie vor der weiteren Verwendung thermostatisiert werden (Herstellen von Stammlösungen für die Spektroskopie!).

Beim Herstellen von sehr dunklen Lösungen kann es manchmal ausgesprochen schwierig sein zu erkennen, ob die Feststoffe vollständig in Lösung gegangen sind, oder ob noch eine Suspension vorliegt. Für diese Fälle kann das Durchleuchten mit einer Taschenlampe eine Beurteilung erleichtern. Auch das Auftropfen der Lösung auf ein Filterpapier hilft hier weiter. Ist eine echte Lösung vorhanden, kann eine gleichmässige Ausbreitung beobachtet werden. Ist hingegen eine Suspension da, sind die ungelösten Anteile auf dem Papier zu erkennen.

9.3.2 Lösen von Flüssigkeiten

Die zu lösende Flüssigkeit unter gleichzeitigem Rühren in das Lösemittel eingiessen und mischen, bis keine Konzentrationsschlieren mehr sichtbar sind.

> **Vorsicht beim Verdünnen von konzentrierten Säuren oder anderen starken Chemikalien! Da diese eventuell stark exotherm reagieren, muss zuerst das Wasser vorgelegt und nötigenfalls gekühlt werden. Rühren ist in diesem Fall vorteilhaft.**

9.3.3 Lösen von Gasen

Gase werden im Labor am besten unter leichtem Rühren und Kühlen gelöst (zum Beispiel im Falle von Gasadsorption bei Synthesen!). Durch Kühlung und durch Druckerhöhung steigt die Löslichkeit von Gasen. Umgekehrt können Gase durch Temperaturerhöhung und durch Druckerniedrigung aus Lösungen ausgetrieben werden.

9.3.4   Gesättigte Lösungen herstellen

Zum Herstellen von gesättigten Lösungen wird das Lösemittel über die gewünschte Sättigungstemperatur hinaus erwärmt. Dabei wird unter Rühren so viel Substanz zugeben, bis ein ungelöster Anteil verbleibt. Danach wird auf die gewünschte Sättigungstemperatur abgekühlt. Vor Gebrauch werden ungelöste Anteile abfiltriert.

9.3.5   Lösungen bestimmter Konzentrationen herstellen

❯ **Beispiel Massenanteil (*w*)**

$w_{(NaCl)} = 0,3\,g/g = 30\,\%$ bedeutet: 0,3 g Natriumchlorid in 1 g Lösung
Die Substanz mit der geforderten Genauigkeit abwägen und mit dem Lösemittel zur errechneten Totalmasse auffüllen.

❯ **Beispiel Massenkonzentration (*β; beta*)**

zum Beispiel $\beta_{(NaOH)} = 30\,g/L$ bedeutet: 30 g Natriumhydroxid in 1 L Lösung
Die Substanz mit der erforderlichen Genauigkeit abwägen und quantitativ in ein entsprechendes Messgefäss überführen. Mit etwa ¾ der Lösemittelmenge lösen und auf das Totalvolumen einstellen.

❯ **Beispiel Volumenkonzentration (*σ; sigma*)**

$\sigma_{(Ethanol)} = 0,8\,mL/mL$ bedeutet: 0,8 mL Ethanol in 1 mL Lösung
Substanz mit der erforderlichen Genauigkeit abmessen und quantitativ in ein entsprechendes Messgefäss überführen. Mit etwa 3/4 der Lösemittelmenge lösen und auf das Totalvolumen einstellen. Bei separatem Abmessen und anschliessendem Mischen kann durch Volumenkontraktion ein Fehler entstehen.

❯ **Beispiel Volumenanteil (*φ; phi*)**

$\varphi_{(Ethanol)} = 0,8\,mL/mL$ bedeutet: 0,8 mL Ethanol plus 0,2 mL Lösemittel
Substanz und Lösemittel mit der erforderlichen Genauigkeit abmessen und anschliessend zusammenmischen; eine evtl. entstehende Volumenkontraktion wird bewusst vernachlässigt.

9.4   Physikalisches Verhalten von Lösungen

Lösungen zeigen im Vergleich zu den reinen Lösemitteln veränderte physikalische Eigenschaften.

9.4.1 Dampfdruckerniedrigung

Wird ein nichtflüchtiger Stoff (zum Beispiel Natriumchlorid, Natriumhydroxid etc.) in einem Lösemittel gelöst, ist der Dampfdruck der Lösung niedriger als derjenige des reinen Lösemittels. Das Mass der Dampfdruckerniedrigung hängt vom Stoffmengenanteil χ an gelöstem Stoff ab und wirkt sich auf den Siedepunkt der Lösung aus.

9.4.2 Siedepunkterhöhung

> **Lösungen von nicht flüchtigen Stoffen besitzen einen höheren Siedepunkt als das reine Lösemittel.**

Der Siedepunkt einer Lösung ist abhängig von der Molalität b an gelöstem Stoff. Die Molalität gibt an, wie viele Mol Teilchen in 1000 g Lösemittel gelöst sind. Der Einfluss auf den Siedepunkt ist von der Art der gelösten Teilchen unabhängig.

Beispiel: molale Siedepunkterhöhung (E_S) für Wasser ist $+0,512\,°C \cdot kg \cdot mol^{-1}$
58,5 g NaCl $= 2\,mol$ (Na^+ und Cl^-) gelöst in 1000 g Wasser
Siedepunkterhöhung: $E_S \cdot 2\,kg \cdot mol^{-1} = 1,024\,°C$
Siedepunkt der Natriumchloridlösung: $100\,°C + 1,024\,°C = 101,0\,°C$

9.4.3 Erstarrungspunkterniedrigung

> **Lösungen besitzen einen tieferen Erstarrungspunkt als das reine Lösemittel.**

Die Erstarrungspunkterniedrigung ist umso grösser, je höher die Molalität an gelösten Teilchen ist. Der Einfluss auf den Erstarrungspunkt ist von der Art der gelösten Teilchen *unabhängig*.

Von Bedeutung in der chemischen Technik ist die Erniedrigung des Erstarrungspunktes einer Lösung im Vergleich zum Lösemittel. Diese physikalische Erscheinung wird bei der Anwendung von Kältemischungen ausgenutzt.

Beispiel: molale Gefrierpunkterniedrigung (E_G) für Wasser ist $-1,86\,°C \cdot kg \cdot mol^{-1}$
Werden 1000 g Wasser mit 330 g Natriumchlorid versetzt, so besitzt die Lösung eine Molalität von 11,3 mol Na^+ und Cl^- Ionen/kg H_2O
Gefrierpunkterniedrigung E_G: $11,3\,kg \cdot mol^{-1} \cdot -1,86\,°C \cdot kg \cdot mol^{-1} = -21\,°C$
Gefrierpunkt der Natriumchloridlösung $= 0\,°C - 21\,°C = -21\,°C$

9.5 Zusammenfassung

Eine grundlegende Übersicht über Lösungen, Lösemittel, welche im chemischen Labor eine Rolle spielen, der flüssige Aggregatszustand und sein physikalisches Verhalten sowie das Herstellen von Lösungen sind Inhalt dieses Kapitels.

Weiterführende Literatur

Mortimer C, Müller U (2014) Chemie, das Basiswissen der Chemie. Thieme, Stuttgart
Schwister K (2007) Taschenbuch der Verfahrenstechnik. Hanser, München

Heizen und Kühlen

© Springer International Publishing Switzerland 2017
aprentas (Hrsg.), *Laborpraxis Band 1: Einführung, Allgemeine Methoden*, DOI 10.1007/978-3-0348-0966-5_10

Veränderungen der Temperatur beeinflussen die physikalischen Eigenschaften und das chemische Verhalten von Stoffen. Die *Temperatur* ist, aus physikalischer Sicht betrachtet, der *Wärmezustand* eines Körpers. Zur Erwärmung eines Körpers um eine definierte Temperaturdifferenz Δt wird eine bestimmte Wärmemenge Q benötigt, welche proportional zur Masse m des Körpers ist. Beim Abkühlen wird umgekehrt dieselbe Wärmemenge frei.

Beispiele dafür:

- Verändern des Aggregatzustandes (schmelzen, erstarren, verdampfen, kondensieren),
- Verändern der Löslichkeit,
- Beeinflussen der Reaktionsgeschwindigkeit.

10.1 Physikalische Grundlagen Heizen und Kühlen

10.1.1 Wärme als Energieform

> Die SI-Einheit für die Wärmemenge ist das Joule (J)

Der *Wärmeinhalt* ist diejenige Energie, die in einem Stoff als Bewegungsenergie seiner Teilchen enthalten ist.

> Die SI-Einheit für die Temperatur ist Kelvin (K). In der Praxis wenden wir Grad Celsius (°C) an, welches sich vom Kelvin ableitet.

Die Temperatur beschreibt den *Wärmezustand*. Beim Erwärmen eines Stoffes verstärkt sich die Teilchenbewegung. Temperatur und Wärmeinhalt nehmen zu.

Beim Abkühlen eines Stoffes sinkt seine Temperatur und sein Wärmeinhalt nimmt ab, die Teilchenbewegung verringert sich und hört beim absoluten Nullpunkt auf. Der absolute Nullpunkt ist bei $0\,\mathrm{K}$ oder $-273{,}15\,°\mathrm{C}$

Es besteht folgender Zusammenhang mit anderen Einheiten:

$$1\ \text{Joule} = 1\ \text{Newtonmeter (Nm)}$$
$$1\ \text{Joule} = 1\ \text{Wattsekunde (Ws)}$$
$$1\ \text{Joule} = 1\ \frac{\mathrm{kg \cdot m^2}}{\mathrm{s^2}}$$

10.1.2 Wärmekapazität

Eine definierte Masse eines Stoffes nimmt beim Erwärmen eine bestimmte Menge Energie auf und gibt dieselbe Energiemenge beim Abkühlen ab. Dieses Phänomen heisst spezifische Wärmekapazität.

Unterschiedliche Stoffe der gleichen Masse benötigen zur Erhöhung der Temperatur verschieden grosse Wärmemengen.

Die Wärmemenge, die benötigt wird, um ein Kilogramm eines bestimmten Stoffes um ein Kelvin zu erwärmen, bezeichnet man als spezifische Wärmekapazität (c).

Beispiele:

$$\text{Wasser} \quad c = 4{,}187 \ \frac{\text{kJ}}{\text{kg} \cdot \text{K}}$$

$$\text{Eis} \quad c = 2{,}09 \ \frac{\text{kJ}}{\text{kg} \cdot \text{K}}$$

$$\text{Ethanol} \quad c = 2{,}42 \ \frac{\text{kJ}}{\text{kg} \cdot \text{K}}$$

$$\text{Glas} \quad c = 0{,}84 \ \frac{\text{kJ}}{\text{kg} \cdot \text{K}}$$

10.1.3 Wärmeübertragung

Die Übertragung von Wärme kann auf verschiedene Arten erfolgen:
- durch Wärmestrahlung → Radiation,
- durch Wärmeleitung → Konduktion,
- durch Wärmeströmung → Konvektion.

Wärmestrahlung/Radiation

Die Wärmeübertragung erfolgt durch elektromagnetische Wellen (beispielsweise infrarote Strahlung). Diese Wellen werden von einem Stoff mehr oder weniger stark absorbiert.

Im Alltag können wir Radiation beispielsweise beobachten, wenn die Sonne eine Oberfläche erwärmt.

Im Labor verwenden wir Mikrowellentechnik zur Erwärmung von Aufschlussmustern oder Infrarotlampen, um niederschmelzende Feststoffe flüssig zu halten.

Wärmeleitung/Konduktion

Bei der Wärmeübertragung durch Wärmeleitung übertragen die unmittelbar aneinander stossenden Teilchen die durch die Wärmeenergie erzeugten Schwingungen durch den ganzen Körper. Die Geschwindigkeit der Wärmeleitung, und damit die Wärmeleitfähigkeit eines Körpers, sind materialabhängig.

Im Alltag können wir Konduktion beispielsweise beobachten wenn ein Lötkolben den Lötzinn zum Schmelzen bringt.

Im Labor verwenden wir ein Ölbad, um einen Kolben samt Inhalt zu erwärmen.

Wärmeströmung/Konvektion

Durch Veränderung der Dichte beim Erwärmen entsteht innerhalb von Flüssigkeiten und Gasen eine Strömung, welche eine gleichmässige Wärmeverteilung bewirkt. Dieser Vorgang kann durch Rühren oder Umwälzen unterstützt werden.

Im Alltag können wir Konvektion beispielsweise beobachten wenn wir Wasser in einem Topf erhitzen und anhand der Schlieren sehen, wie die Wärme strömt. Das flimmern von Luft über einer heissen Oberfläche ist ein weiteres Beispiel.

Im Labor erzwingen wir Konvektion beispielsweise mit einem Gebläse oder einem Rührwerk.

10.2 Heizmittel und Heizgeräte

Um eine Heizwirkung zu erzielen, muss eine Temperaturdifferenz zwischen dem zu heizenden Stoff und dem Heizmittel vorhanden sein. Dadurch kann eine Wärmeübertragung vom Heizmittel auf den zu heizenden Stoff stattfinden.

Das im Labor am häufigsten verwendete Heizmittel ist indirekt verwendeter elektrischer Strom.

10.2.1 Elektrischer Strom

Im Labor vorhandene Wechselstromanschlüsse (50 Hz) haben eine Netzspannung von 230 V oder 380 V.

Prinzip der elektrischen Heizung

Jeder Leiter setzt dem durchfliessenden Strom einen Widerstand entgegen. Dabei wird elektrische Energie in Wärmeenergie umgewandelt. Die Grösse des Widerstands – und damit die Menge der erzeugten Wärme – ist abhängig von der Art des Leiters, der Stromstärke Ampere und der Spannung Volt.

Die elektrische Leistung

Die elektrische Leistung wird in Watt angegeben. Auf einem elektrischen Heizbad sind beispielsweise, wie ◘ Abb. 10.1 zeigt, folgende Angaben zu finden.

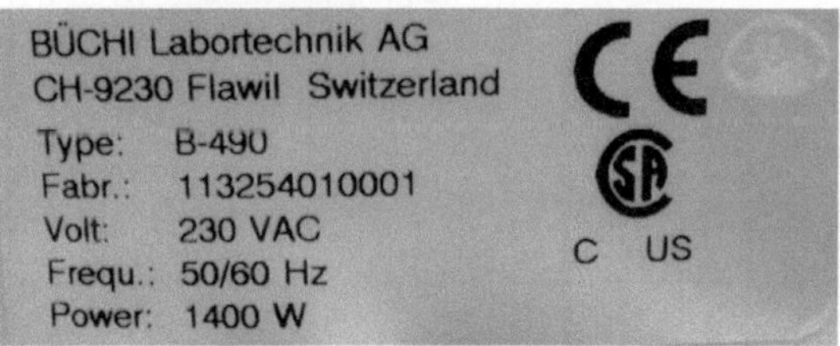

◘ **Abb. 10.1** Typenschild für ein Elektrogerät. (Foto: aprentas)

Mit Hilfe dieser Angaben lässt sich berechnen, wie viele elektrische Geräte in einen bestimmten Stromkreis geschaltet werden dürfen, ohne dass die vorhandene Sicherung den Stromfluss unterbricht.

    Beispiel: Netzsicherung 230 V mit 10 A

    Belastbarkeit dieser Sicherung 230 V · 10 A = 2300 W

    Anschluss von zwei Heizbädern von je 1500 W = 3000 W

→Überbelastung 700 W

→Folge: Sicherung unterbricht den Stromfluss

Elektrische Heizungen sind einfach in der Handhabung und präzise regulierbar. In der normalen Ausführung sind die meisten Heizgeräte nicht Ex-sicher, das heisst sie können als Zündquelle wirken.

10.2.2 Heizschlangen

Heizschlangen sind im chemischen Labor nur indirekt über eine Badflüssigkeit als Wärmeübertragungsmittel einsetzbar.

Heizschlangen sind in Verbindung mit Temperaturreglern genau und stufenlos regulierbar. Eine Heizschlange darf immer nur in Flüssigkeit eingetaucht in Betrieb genommen werden. Mit doppeltem, gesichertem Steuerkreis darf sie auch unbeaufsichtigt betrieben werden.

In den älteren Rotations-Verdampfer-Heizbädern, wie in ◘ Abb. 10.2 gezeigt, kann man die Schlange sehen, die das Wasser erwärmt. Ausserdem werden in Labors häufig Heizschlangen für Ölbäder oder Thermostaten gebraucht.

◘ **Abb. 10.2** Ein Heizwasserbad Büchi 461 von oben fotografiert. Die Heizschlange befindet sich knapp über dem Boden. Foto: aprentas

10.2.3 Heizplatten und -schalen

Heizplatten sind einfach zu handhaben, sind aber nicht präzise regelbar, und bei den meisten Typen fehlt ein Überhitzungsschutz. Sie dienen zum Beheizen von Bädern und Heizblöcken.

Die Regelung der Temperatur kann über einen Drehknopf direkt am Gerät (Beispielsweise bei beheizbaren Magnetrührwerken) oder über ein elektronisches Kontakt-Thermometer mit Übertemperatur-Schutz erfolgen (ein Beispiel bildet der IKA Fuzzy ETS-D5).

Es gibt im Handel Heizschalen, welche auf eine Heizplatte – beispielsweise auf einem Magnetrührmotor – aufgesteckt werden und direkt Wärme an einen Kolben abgeben. Es muss die Schalengrösse verwendet werden, welche genau auf den Kolben passt. Diese Anordnung erlaubt eine saubere und sichere Wärmeübertragung in Rundkolben von 10 mL bis 1000 mL.

10.2.4 Infrarot-Lampe

Die Infrarot-Lampe wird beispielsweise zum Herausschmelzen von erstarrten Stoffen und zum Heizen von Destillationskolonnen verwendet. Die Temperaturen, die mit einer Infrarot-Lampe erreicht werden können, sind stark abhängig vom Abstand der Lampe zu der zu beheizenden Stelle. Es können Temperaturen um 300 °C erreicht werden. Die Wärmeübertragung erfolgt durch die Infrarot-Strahlen; deshalb ist auch in evakuierten Apparaturen die Wärmeübertragung gut.

Infrarot-Lampen sind nicht Ex-sicher. Ausserdem besteht die Gefahr der örtlichen Überhitzung, vor allem auch bei elektrischen Kabeln, die sich in der Nähe befinden.

10.2.5 Haushaltfön, Heissluftgebläse

Der Haushaltfön wird im Labor beispielsweise zum Erwärmen von schlecht zugänglichen Teilen einer Apparatur und zum Trocknen von feuchten Dünnschichtchromatographieplatten eingesetzt.

Im Unterschied zum Haushaltfön erreicht die austretende Luft bei Heissluftgebläsen, je nach Modell, eine Endtemperatur bis ca. 600 °C. Werden damit Glasteile erwärmt, muss das gleichmässig von allen Seiten geschehen. Ansonsten entstehen Spannungen, welche das Glas zerspringen lassen können.

> **Ein Haushaltfön und besonders ein Heissluftgebläse sind gefährliche Zündquellen. Zusammen mit der Luft können entzündbare Stoffe angesaugt werden. Aufgrund ihrer Gefährlichkeit dürfen Föns und Gebläse weder zum direkten Schmelzen von erstarrten Substanzen noch zum Erwärmen von Lösemitteln, beispielsweise bei einer Umkristallisation, benutzt werden.**

10.2.6 Mikrowellenofen

Seit den 70er-Jahren sind Mikrowellenöfen auf dem Markt und wurden lange hauptsächlich in der Gastronomie und im Haushalt eingesetzt.

Handelsübliche Haushaltgeräte haben sich im Biologielabor zur Herstellung von wässrigen Nährlösungen bewährt. Dabei sind die üblichen Sicherheitsmassnahmen beispielsweise wegen Siedeverzügen zu berücksichtigen; für alle anderen Anwendungen dürfen diese Geräte nicht eingesetzt werden.

Im Handel sind auch spezielle Laborgeräte mit definierten Anwendungsbereichen erhältlich. Diese Geräte werden eingesetzt

- zum Erwärmen von wässrigen Lösungen,
- zur Probenvorbereitung in der Analytik,
- für Druckextraktionen,
- für Feuchtigkeitsbestimmungen und
- für die Erwärmung von Reaktionsmassen in der chemischen Synthese.

Aufgrund der zunehmenden Relevanz des Einsatzes von Mikrowellenöfen im Chemie-Labor wird diesem Thema ein eigenes Kapitel gewidmet.

10.3   Temperaturregelgeräte

10.3.1 Temperatur-Sicherheitsregler

Der Betrieb von Ölbädern oder Thermostaten verlangt den Einsatz von Temperaturreglern. Die Maximalleistung kann stufenlos zwischen 0 und 100 % variiert werden. Als Temperaturfühler dient ein Platin-Widerstandsthermometer, das sowohl den Sollwert, als auch den Sicherheitskreis steuert (ein Doppelfühler).

Die Übertemperatur-Abschaltautomatik schaltet die Leistung bei einer Temperatur von 15 °C über dem eingestellten Sollwert ab (Das kann von Gerät zu Gerät variieren).

Die Genauigkeit der Regulierung bei guter Wärmeverteilung im Bad beträgt 0,5–2 % vom Skalenumfang. Temperaturregler sind nicht Ex-sicher.

10.4   Wärmeübertragungsmittel, Heizmedien

10.4.1 Wasser

Anwendung bis ca. 95 °C; Die spezifische Wärmekapazität $c = 4{,}2\,\frac{\mathrm{kJ}}{\mathrm{kg \cdot K}}$

Wasser als Wärmeübertragungsmittel ist umweltfreundlich und sauber in der Handhabung. Die geringe Viskosität von Wasser ergibt eine gute Wärmeverteilung. Dank seiner hohen spezifischen Wärmekapazität kann Wasser viel Energie aufnehmen und auch wieder abgeben.

Wasser verdunstet leicht. Durch Abdecken der Oberfläche mit Kunststoffkugeln und Ummanteln mit Isolationsschaumstoff können Wasserbäder vor dem Eintrocknen und vor Wärmeverlust geschützt werden.

Wasserbäder dürfen nicht benützt werden zum Erhitzen von Glasgefässen, deren Inhalt mit Wasser extrem heftig reagiert (beispielsweise Säurechloride, komplexe Hydride, Alkalimetalle).

10.4.2 Carbowax

Siehe hierzu ◧ Tab. 10.1.

◧ **Tab. 10.1** Eigenschaften von Carbowax

	Carbowax 400	Carbowax 600
Anwendung bis	150 °C	180 °C
Spez. Wärmekapazität	$2{,}5\,\frac{\mathrm{kJ}}{\mathrm{kg \cdot K}}$	$2{,}1\,\frac{\mathrm{kJ}}{\mathrm{kg \cdot K}}$
Flammpunkt	240 °C	270 °C
Eigenschaften	Carbowax ist farblos, durchsichtig und wasserlöslich	
Gefahren	Bei Temperaturen oberhalb des Anwendungsbereichs entwickelt Carbowax stark giftige, Kopfschmerzen erzeugende Formaldehyddämpfe	
Ausserdem	Carbowax ist brennbar und hygroskopisch. Nach längerem Stehen muss die aufgenommene Feuchtigkeit durch Erhitzen unter Rühren im Abzug ausgetrieben werden	

10.4.3 **Silikonöl**

Anwendung bis ca. 250 °C; Die spezifische Wärmekapazität $c = 1{,}6 \frac{kJ}{kg \cdot K}$
Flammpunkt 310 °C
Baysilone-Öle M 100 sind in zwei Typen erhältlich. Beim Erhitzen auf 250 °C beträgt die Gelierzeit bei Baysilone-Öl M 100 etwa 100 h, bei Baysilone-Öl M 100 oxidationsstabilisiert über 10'000 h.

Baysilone-Öle sind farblos, klar und über einen grossen Temperaturbereich einsetzbar. Bis 150 °C sind sie praktisch unbegrenzt beständig. Sie gelieren nach mehr oder weniger langem Erhitzen auf 250 °C. Versetzt mit starken Basen können sie bei diesen Temperaturen explosionsartig gelieren. Baysilone-Öle sind wie alle Silikon-Öle mit Wasser nicht mischbar.

Ölrückstände an Glasgeräten lassen sich nur mit aliphatischen Kohlenwasserstoffen, wie zum Beispiel n-Heptan, oder Toluen vollständig entfernen.

Es ist wichtig, dass die Rückstände an Glaswaren vor dem Waschen in der Geschirrspülmaschine entfernt werden. An mitgewaschenen analytischen Glaswaren können unlösliche Ölrückstände für Messfehler verantwortlich sein.

Verschüttetes Öl kann beispielsweise mit Florideal aufgenommen werden.

10.4.4 **Sandbad**

Sand kann ebenfalls als Wärmeübertragungsmittel verwendet werden. Oft wird es in einer Kristallisierschale auf einem beheizbaren Magnetrührmotor eingefüllt verwendet. Sandbäder erlauben die Übertragung von sehr hohen Temperaturen und verschmutzen das Geschirr nicht. Wenig geeignet ist Sand für die Erwärmung von grossen Kolben.

10.4.5 **Heizblock**

Ein Metallblock mit einer oder mehreren Öffnungen, der auf eine Heizplatte aufgesetzt oder von einem Thermostaten über einen Kreislauf mit einem flüssigen Heizmedium erwärmt wird, kann als Wärmeübertragungsmittel auf Rundkolben oder zylindrische Reaktionsgefässe dienen. Vorteilhaft ist dass die Gefässe nicht verschmutzen. Um eine effiziente Wärmeübertragung zu garantieren, müssen die Gefässe genau passen.

10.5 **Allgemeine Grundlagen Kühlen**

> Um eine Kühlwirkung zu erzielen, muss eine Temperaturdifferenz zwischen dem zu kühlenden Stoff und dem Kühlmittel vorhanden sein. Dadurch kann eine Wärmeübertragung vom Kühlgut auf das Kühlmittel stattfinden.

Diese Temperaturdifferenz kann auf verschiedene Arten aufrechterhalten werden:
- Durch laufenden Austausch des erwärmten Kühlmittels.
- Durch Überführen des Kühlmittels in einen energiereicheren Aggregatzustand.

10.5.1 Wärmeaustausch

Beim Kühlen des Kühlguts wird die abgegebene Wärme vom Kühlmittel aufgenommen. Je grösser die spezifischen Wärmekapazitäten respektive die Schmelz- oder Verdampfungswärmen von Kühlmitteln sind, desto besser sind deren Kühlwirkungen. Je grösser die Temperaturdifferenz zwischen Kühlgut und Kühlmittel ist, desto schneller erfolgt der Wärmeaustausch.

10.5.2 Kühlwirkung

Das Kühlmittel senkt die Temperatur oder ändert den Aggregatszustand des Kühlguts indem es Wärme entzieht.

Kühlwirkung durch Temperaturerhöhung des Kühlmittels

Beispiel: Kühlwasser in Kondensationskühlern, Luft bei Kühlgebläsen und Luftkühlern

Durch die Aufnahme der Wärmeenergie wird die Bewegungsenergie der Kühlmittelmoleküle erhöht. Es nimmt dabei lediglich die Temperatur des Kühlmittels zu.

Kühlwirkung durch Schmelzen des Kühlmittels

Beispiel: Eis, Schmelzwärme $335\frac{kJ}{kg}$

Die Kühlwirkung beruht im Wesentlichen auf der Aufnahme von Schmelzwärme durch das Eis.

Kühlwirkung durch Sublimieren des Kühlmittels

Beispiel: Trockeneis, Sublimationswärme $572\frac{kJ}{kg}$

Die Kühlwirkung von Trockeneis-Lösemittel Mischungen beruht im Wesentlichen auf der Aufnahme von Sublimationswärme durch das Trockeneis.

Kühlwirkung durch Verdampfen des Kühlmittels

Beispiel: Flüssiger Stickstoff, Verdampfungswärme $197\frac{kJ}{kg}$

Die Kühlwirkung beruht im Wesentlichen auf der Aufnahme von Verdampfungswärme durch den flüssigen Stickstoff.

10.5.3 Anwendung in der Praxis

Temperatur des Kühlmittels

Die Temperatur des Kühlmittels soll etwa 20 °C bis maximal 100 °C tiefer sein als die Temperatur des zu kühlenden Stoffes.

Wärmeverteilung im Kühlmittel

Das erwärmte Kühlmittel soll möglichst rasch vom Kühlgut entfernt werden.

Bei Kühlbädern geschieht dies durch Umrühren des Kühlmittels oder durch Zugabe von frischem Kühlmittel.

Bei Kühlern wird das Kühlmittel (Wasser, Ethanol etc.) ab Hahn oder mittels Umwälzpumpe laufend ersetzt.

Wärmekapazität des Kühlmittels

Die benötigte Menge Kühlmittel ist abhängig von seiner spezifischen Wärmekapazität:

kleine spezifische Wärmekapazität (Ethanol $c = 2{,}43\ \frac{kJ}{kg \cdot K}$) → grosse Menge Kühlmittel

grosse spezifische Wärmekapazität (Wasser $c = 4{,}18\ \frac{kJ}{kg \cdot K}$) → kleine Menge Kühlmittel

10.6 Wärmeübertragungsmittel, Kühlmedien

Die im Labor am häufigsten verwendeten Kühlmittel sind:

- Luft,
- Wasser,
- Organische Lösemittel,
- Eis-Wasser (Wasser mit schwimmendem Eis),
- Eis,
- Eis-Kochsalz Mischung,
- Trockeneis-Lösemittel Mischung,
- Flüssiger Stickstoff.

10.6.1 Luft

Bei höheren Temperaturen kann die Umgebungsluft als Kühlmittel eingesetzt werden. Durch Zirkulation der Luft (Ventilator, Pressluft etc.) wird die Kühlwirkung verbessert.

Neue Kühlergenerationen wie Findenser™ sind luftgekühlt. Schon nach relativ kurzer Betriebsdauer haben sie ihren Anschaffungspreis amortisiert, weil es keinen Wasserverbrauch und damit keine Betriebskosten gibt.

10.6.2 Wasser

Mit stehendem Wasser in Kühlbädern, oder besser mit fliessendem Wasser in Kühlern, wird durch Wärmeaustausch gekühlt. Wasser eignet sich wegen seiner grossen spezifischen Wärmekapazität besonders gut als Kühlmittel.

Grosse Wassermengen ab Hahn über Stunden und Tage verursachen beachtliche Kosten. Häufig genügen eine gedrosselte Hahnöffnung mit leichtem Durchfluss oder das Pumpen im Kreislauf.

10.6.3 Organische Lösemittel

Bei chemischen Umsetzungen mit extrem wasserempfindlichen Substanzen beispielsweise Alkalimetalle, Säurehalogenide oder Chlorsulfonsäure wird inertes oder weniger reaktives Lösemittel mit einer Umwälzpumpe durch den Kühler gepumpt. Das Lösemittel wird ausserhalb des Kühlers mit Eis oder einer Trockeneis-Lösemittel Mischung gekühlt. Besonders geeignet sind Isopropanol oder absolutierter Ethanol.

10.6.4 Eis-Wasser Mischung, Eis

Infolge der hohen Schmelzwärme ist Eis als Kühlmittel besonders gut geeignet. Die Wärmeübertragung, und damit die Kühlwirkung, wird durch die Verwendung einer Eis-Wasser Mischung verbessert. Solange sich in der Mischung festes Eis befindet steigt die Temperatur nicht an.

Umwälzen, Bewegen oder rechtzeitiges Erneuern der Mischung verbessern die Kühlwirkung.

Eisstücke alleine, welche ohne Wasser in den Zwischenräumen mit dem Kühlgut in Kontakt stehen, leiten aufgrund der kleinen Wärmeübertragungsfläche wenig ab und können aufgrund der eingeschlossenen Luft sogar isolierende Wirkung haben.

10.6.5 Eis-Kochsalz Mischung

Temperaturen von bis zu $-20\,°C$ können mit einer Eis-Kochsalz Mischung erreicht werden. Dazu wird zerkleinertes Eis mit Kochsalz im Verhältnis $3 + 1$ gemischt. Es entsteht ein Eutektikum. Bewegen oder rechtzeitiges Erneuern der Mischung verbessern die Kühlwirkung.

10.6.6 Trockeneis-Lösemittel Mischung

Temperaturen von bis zu $-80\,°C$ erreicht man mit einer Trockeneis-Lösemittel Mischung. Organische Lösemittel wie Isopropanol, Toluen, Aceton oder Ethanol werden als Wärmeübertragungsmittel vorgelegt und Trockeneis (festes Kohlenstoffdioxid) sorgfältig dazugegeben. Vorsicht: Durch die starke Gasentwicklung kann die Mischung überschäumen!

Trockeneis-Lösemittel-Mischungen sind als Alternative zu flüssigem Stickstoff geeignet für Kühlfallen.

10.6.7 Flüssiger Stickstoff

Temperaturen von bis zu $-190\,°C$ erreicht man mit flüssigem Stickstoff als Kühlmittel. Flüssiger Stickstoff wird dort verwendet, wo Dämpfe mit niedriger Kondensationstemperatur möglichst vollständig aufgefangen werden sollen (beispielsweise in Kühlfallen bei Hoch- und Feinvakuumpumpen).

> Anwendung in der Molekularküche oder Culin'Air. Avantgardistische Köche verwenden effektheischend flüssigen Stickstoff, um sehr schnell Eis herzustellen, das im Kern noch flüssig ist. Damit wird gewöhnlicher Fruchtsaft in „Kaviar" verwandelt oder Saucen eingefroren, die dann im Mund beim Schmelzen ihre Aromen entfalten. Dies ist möglich, weil Stickstoff geschmacks- und geruchsneutral ist. Die Gefahr bei dieser Art von Verwendung liegt lediglich beim unsachgemässen Umgang mit derart kalten Flüssigkeiten.

Umgang mit flüssigem Stickstoff

Beim Umgang mit flüssigem Stickstoff ist folgendes zu beachten:

Gefässe und Leitungen nie mit der blossen Hand berühren: die Haut kann anfrieren! Es gibt spezielle Handschuhe für den Umgang mit flüssigem Stickstoff.

Werden beim Arbeiten mit flüssigem Stickstoff Stiefel getragen, müssen die Kleider so angeordnet sein, dass Verschüttetes nicht in die Stiefel laufen kann.

Wegen der Gefahr der Druckentwicklung darf flüssiger Stickstoff nur in Dewar-Gefässen aus Stahl oder Glas mit lose schliessendem Deckel oder in speziellen Versorgungs- und Transportbehältern gelagert oder transportiert werden.

Flüssiger Stickstoff, der Beispielsweise beim Umfüllen auf Gegenstände mit Umgebungstemperatur trifft, verdampft schlagartig. Sollte ein Trichter verwendet werden, muss das ein speziell für flüssigen Stickstoff geeigneter sein. Aus normalen Trichtern wird ein Teil zurück spritzen.

Flüssiger Stickstoff ist kälter als flüssiger Sauerstoff; dadurch besteht die Möglichkeit, dass in oder an Gefässen, die flüssigen Stickstoff enthalten, Sauerstoff aus der Luft kondensiert. Ist im Gefäss aller Stickstoff verdampft, kann somit flüssiger Sauerstoff zurückbleiben (→ Brandgefahr). Flüssiger Stickstoff darf deshalb nur in Gefässen oder Leitungen verwendet werden, die mit nicht entflammbarem Isolationsmaterial versehen sind, oder bei welchen die Isolation luftdicht angebracht ist.

Ist der Abstand zwischen Isolationsmantel und Gefäss klein, wird die überstehende Luft durch den verdampfenden Stickstoff laufend verdrängt. Die Gefahr des Anreicherns von flüssigem Sauerstoff ist entsprechend geringer.

10.7 Kühlgeräte

Die geforderte Leistungsfähigkeit eines Kühlgerätes richtet sich hauptsächlich nach:
- der Temperaturdifferenz zwischen Kühlmittel und Kühlgut,
- der zu kühlenden Masse an Stoff pro Zeiteinheit,
- der Grösse der Kühlfläche,
- der Geschwindigkeit des Austauschs von Kühlmittel,
- dem Erstarrungspunkt des Kühlguts.

10.7.1 Kühlbäder

Zum Kühlen von Flüssigkeiten und festen Stoffen (beispielsweise in Reaktionsgefässen) dienen Kühlbäder, d. h. Becken oder isolierte Gefässe, in die das Kühlmittel eingefüllt wird.

10.7.2 Kühler

Zum Kühlen von Dämpfen werden verschiedene Kühlertypen verwendet. In einem geeigneten Kühler sollen die Dämpfe im ersten Drittel des Kühlers kondensieren.

Abb. 10.3, 10.4 und 10.5 zeigen ausgewählte Beispiele.

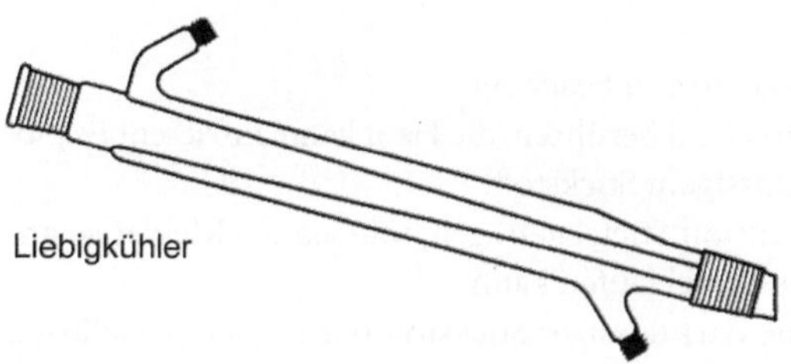

▢ Abb. 10.3 Liebigkühler

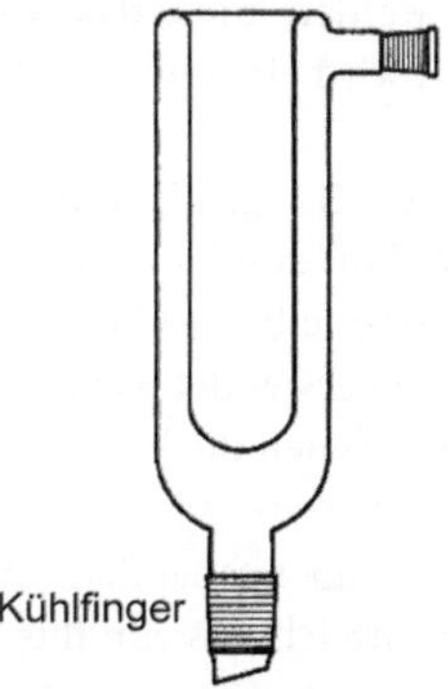

▢ Abb. 10.4 Kühlfinger

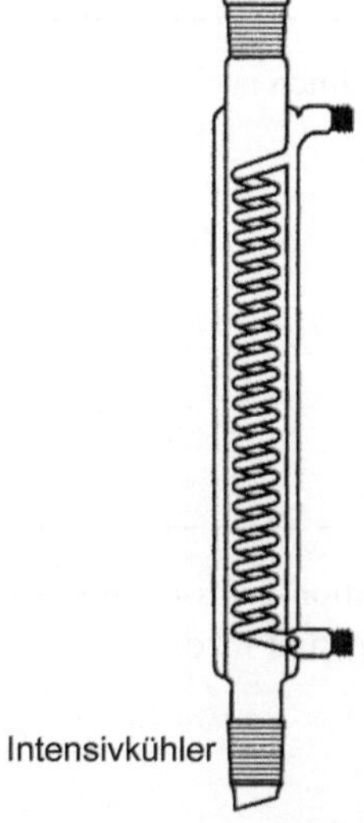

▢ Abb. 10.5 Intensivkühler

10.7.3 Kühlfallen

Kühlfallen dienen zum Ausfrieren und Auffangen von leichtflüchtigen Stoffen, die beispielsweise im vorgeschalteten Kühler nicht kondensieren.

Intensiv-Kühlfalle

Gegenüber der konventionellen Kühlfalle bietet die Intensiv-Kühlfalle, wie sie ◘ Abb. 10.6 zeigt, wesentliche Vorteile:

- kein Dewar-Gefäss nötig,
- direkte visuelle Kontrolle des Kondensationseffekts und der Kondensat-Menge,
- Wasserdampf vollständig kondensierbar beispielsweise bei der Gefriertrocknung,
- Stoffbilanz von leichtflüchtigen Kondensations-Komponenten auch im Feinvakuum möglich durch Intensivkühlung mit Trockeneis oder flüssigem Stickstoff, beispielsweise bei Kurzweg- oder Molekular-Destillationen,
- maximaler Schutz der Vakuumpumpen vor Dämpfen,
- hochvakuumtechnische Rohrdimensionen. Ein grösserer Durchmesser entspricht höherer Leistungsfähigkeit.

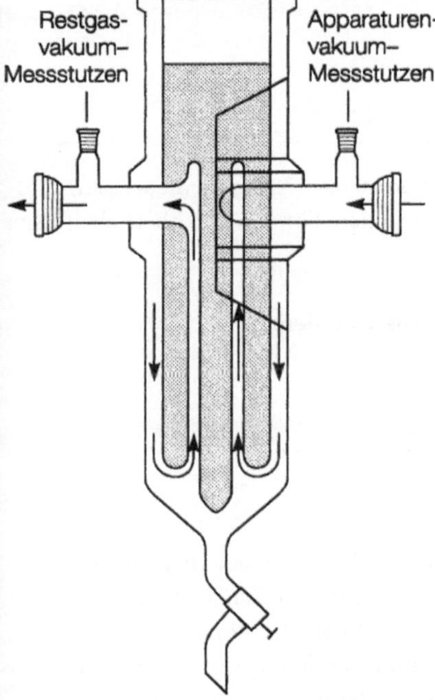

◘ **Abb. 10.6** Kühlfalle, vorgeschaltet vor einer Feinvakuumpumpe zur Kondensation von restlichen Dämpfen

10.8 Spezielle Kühlmethoden

10.8.1 Thermostat

Mit einem Thermostaten oder Temperaturregler lassen sich im Umwälzverfahren Temperaturen konstant halten, welche durch die physikalischen Eigenschaften des Heiz- und Kühlmediums begrenzt sind. Häufig wird das Wärmeübertragungsmedium in einem Gefäss thermostatisiert. Das bedeutet, es wird auf eine bestimmte Temperatur eingestellt und dort gehalten. Ein Thermostat wird beispielsweise in Doppelmantelreaktionsgefässen zum Heizen oder Kühlen einer chemischen Reaktion verwendet.

10.8.2 Kältethermostat, Kryostat

Kältethermostaten oder Kryostate sind Thermostate, welche speziell für die Kühlung ausgelegt sind. Mit ihnen lassen sich Temperaturen von Raumtemperatur bis unter −200 °C konstant halten. Mit solchen Geräten lassen sich Kühlmittel im Umwälzverfahren beispielsweise durch Kondensationskühler pumpen. Bei einigen Modellen besteht auch die Möglichkeit der Kühlung von Gefässen in einem geräteinternen Kühlbad.

10.8.3 Kühlschränke

Kühlschränke haben je nach Bauart einen Kühlbereich von 10 bis −30 °C, sie dienen zum Aufbewahren von wärmeempfindlichen oder leichtflüchtigen Stoffen. Für den Laborbetrieb müssen Ex-sichere Kühlschränke verwendet werden.

> **In Laborkühlschränken dürfen keine Lebensmittel gelagert werden.**

10.9 Hilfsmittel

10.9.1 Umwälzpumpen

Zum Umwälzen und Transportieren von Heiz- oder Kühlmitteln dienen verschiedene Umwälzpumpentypen. Häufig wird ihrer einfachen Bauweise wegen eine Schlauchquetschpumpe eingesetzt. In einer Schlauchquetschpumpe, wie sie ◘ Abb. 10.7 zeigt, soll nur Silikonschlauch verwendet werden. Seine Beständigkeit gegen die durchfliessende Flüssigkeit muss beachtet werden. Nach Gebrauch spült man das System mit Wasser oder wechselt den Schlauch aus.

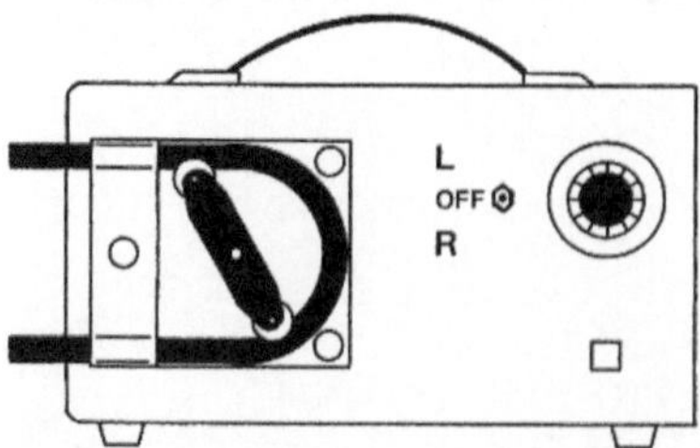

◘ Abb. 10.7 Schema einer Schlauchquetschpumpe

10.9.2 Isolationen

Isolationsmaterialien und isolierte Gefässe

Verschiedene Isolationsmaterialien und spezielle Gefässe dienen dazu, eine unerwünschte Wärmeübertragung zu verhindern. ◘ Tab. 10.2 zeigt eine Übersicht dazu.

◘ **Tab. 10.2** Geeignete Isolationsmaterialien bezüglich Wärmeübertragungsarten

Art der Wärmeübertragung	Geeignetes Isolationsmaterial im Labor	Isolation durch die Konstruktion vorgegeben
Wärmeleitung	Papier, Watte, Lappen, Glaswatte, Glasfasergewebe, Isolationsschaumstoff	Evakuierter Mantel
Wärmestrahlung	Aluminiumfolie, metallbeschichtete Polyesterfolie	Verspiegelung
Wärmeleitung und Wärmestrahlung	Watte oder Glaswatte mit Aluminiumfolie umhüllt	Evakuierter und verspiegelter Mantel (zum Beispiel Dewar-Gefäss)

Stoffe, die vorübergehend bei möglichst konstanter Temperatur gehalten werden sollen, können in einem Dewar-Gefäss aufbewahrt werden.

Diese Gefässe eignen sich sowohl zum Aufbewahren von heissen Stoffen, wie auch von sehr kalten Stoffen.

Zum Aufbewahren von Flüssiggasen dienen Dewar-Gefässe aus Metall oder speziell für diesen Zweck geeignete Dewar-Gefässe aus Glas. Siehe hierzu ◘ Abb. 10.8.

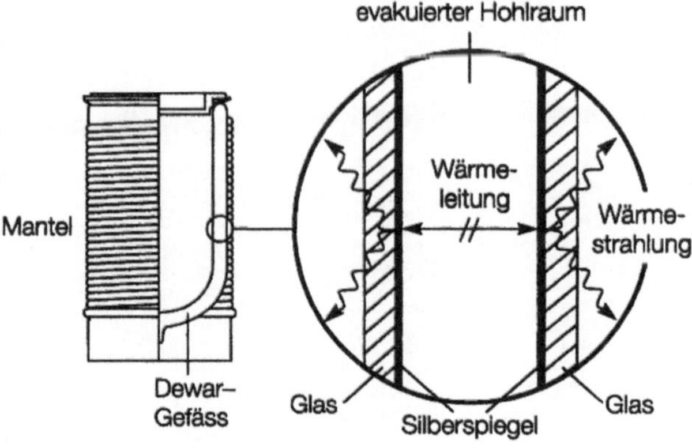

◘ **Abb. 10.8** Funktion eines Dewargefässes

10.10 Zusammenfassung

Physikalische Grundlagen zur Wärme, eine Übersicht über Heiz- und Kühlmittel sowie Heiz- und Kühlgeräte, ausgewählte Thermostate, spezielle Kühlmethoden und Hilfsmittel zum Wärmen oder Kühlen sind Inhalt dieses Kapitels.

Weiterführende Literatur

Schwetlick K et al (2009) Organikum, 23. Aufl. Wiley-VCH, Weinheim.
Schwister K (2007) Taschenbuch der Verfahrenstechnik. Hanser, München

Heizen mit Mikrowellen

© Springer International Publishing Switzerland 2017
aprentas (Hrsg.), *Laborpraxis Band 1: Einführung, Allgemeine Methoden*, DOI 10.1007/978-3-0348-0966-5_11

11.1   Einsatzgebiete

Wie so viele Erfindungen wurde das Kochen mit der Mikrowelle zufällig entdeckt. 1946 arbeitete Dr. Percy Spencer an einem Magnetron. Das ist ein Erzeuger für hochfrequente elektromagnetische Strahlung wie sie auch für Radaranwendungen verwendet werden. Dabei entdeckte er, dass eine Zuckerstange, die er in der Tasche getragen hatte, ganz weich geworden war obwohl er nicht mit einer Wärmequelle gearbeitet hatte. Sofort war ihm klar, dass dafür die hochfrequente Strahlung verantwortlich sein musste. Das war die Geburtsstunde für die Mikrowellentechnologie.

11.1.1 Mikrowellenofen im Haushalt

Durch den klassischen Weg Speisen auf dem Kochherd zu erhitzen wird viel Wärmeenergie und Zeit verbraucht. Die Vorteile der Mikrowellentechnik liegen klar bei Zeitersparnis, Bedienkomfort und Energieersparnis.

11.1.2 Trocknen im Mikrowellenofen

Heute findet Mikrowellentrocknung in weiten Bereichen der chemischen Industrie, der Lebensmittelindustrie, in der Abwassertechnik, der Papierindustrie etc. Verwendung. Die Trocknung von feuchten Proben innerhalb weniger Minuten anstelle vieler Stunden weist deutliche Vorteile auf.

11.1.3 Aufschlussreiche Analytik mit und ohne Druck

Mitte der 1980er-Jahre hielt in der klassischen Elementaranalytik die Mikrowellentechnik mit ihren enormen Vorteilen Einzug und die ersten Mikrowellendruckaufschlussgeräte wurden entwickelt.

11.1.4 Mikrowellenofen als Muffelofen

Aus der Idee, Mikrowellen zum Aufheizen eines Ofens einzusetzen, entstand der schnellste Muffelofen (mit Schamottestein ausgekleideter Ofen für Hochtemperaturanwendungen bis 1000 °C) der Welt. In wenigen Minuten können sämtliche erdenkliche Probenarten, in sehr viel kürzerer Zeit verglichen mit einer konventioneller Gas- oder Elektroheizung, verascht werden. Mit einem Mikrowellenmuffelofen kann in nur zehn Minuten eine komplette Glühverlust- respektive Glührückstandanalyse durchgeführt werden, welche konventionell fünf Stunden dauert.

11.1.5 Neue Wege in der Synthese mit Mikrowellen

In den 1990er-Jahren experimentierten viele organische Chemiker mit dem Einsatz von Mikrowellengeräten. In umgebauten Haushaltgeräten (Multi-Mode-Mikrowellen) erzielten sie erhöhte Ausbeuten bezogen auf die erwünschten Reaktionsprodukte. Zudem verkürzten sich die Reaktionsgeschwindigkeiten drastisch von Stunden auf Minuten. Um die Arbeitssicherheit zu gewährleisten, eine einfache Reaktionsführung zu ermöglichen und eine gute Reproduzierbarkeit zu erreichen, wurden spezielle Mikrowellenöfen für chemische Synthesen entwickelt. Es gibt zwei grundlegend verschiedene Systeme; die Mono-Mode-Mikrowellenkammer und den Multi-Mode-Mikrowellenofen. Die Mikrowellengeräte werden dafür wahlweise mit Autosamplern, Pumpen, Kühlzellen, Druck- und Temperaturfühlern oder Roboteranbindung ausgerüstet.

Auch wenn die breite Öffentlichkeit heute die Mikrowelle nur als schnelle Methode zum Erwärmen von Speisen wahrnimmt, haben inzwischen die vielfältigen Einsatzmöglichkeiten im Labor verschiedene spezielle Geräte hervorgebracht. Die Vorteile der Mikrowellentechnik eröffnen dabei neue Wege in der Analytik und Synthese, welche mit der konventionellen Energieübertragung nicht oder nur unter erschwerten Bedingungen möglich wären.

11.2 Energieübertragung

11.2.1 Probeerwärmung durch Wärmeleitung

Glasgefässe, welche in Verbindung mit konventionellen Wärmequellen verwendet werden, sind schlechte Wärmeleiter. Es dauert deshalb einige Zeit, zuerst das Gefäss zu erhitzen und die Wärme durch Leitung auf die zu heizende Masse zu übertragen. Die im Labor sonst üblichen Heizquellen wie beispielsweise Ölbäder oder Heizkalotten heizen in der Regel mehr die Umwelt, als die Reaktionsmasse und haben deshalb einen schlechten Wirkungsgrad.

11.2.2 Energieübertragung mit Mikrowellen

Der wesentliche Vorteil der Mikrowellenaufheizung liegt darin, dass die Energie nicht durch eine kleine Austauschfläche auf das zu erhitzende Material übertragen wird, sondern direkt an die Moleküle und Ionen der zu heizenden Masse einkoppelt. Dies bewirkt eine wesentlich effizientere und schnellere Beheizung als mit konventionellen Methoden. Die Behälterwände sind für Mikrowellen weitgehend transparent und haben eine niedrigere Temperatur als die beheizte Masse. Das Wandmaterial der Gefässe ist zudem ein guter Wärmeisolator.

Das Überschneiden von Mikrowellen im Innern von Lösemitteln verursacht eine kurzfristige Erwärmung einzelner Moleküle über ihren Siedepunkt hinaus. Die umgebenden Moleküle wirken als Isolator, verhindern ein Verdampfen der Moleküle an den lokalen Hochtemperaturstellen (Hotspots) und nehmen die Energie auf. Es werden, wie ◘ Abb. 11.1 zeigt, somit temporäre und reaktive Zentren an diesen Hotspots im Lösemittel gebildet. Dieser Effekt wird als „Superheat-Effect" bezeichnet. Diese lokalen Temperatur- und Konzentrationsveränderungen verbunden mit einer schnelleren Molekülvibration bewirken hohe thermische Unterschiede in der Reaktionsmasse bei Synthesen und steigern die Reaktionsgeschwindigkeit indem die Aktivierungsenergie schnell eingebracht werden kann. Damit wird im Vergleich mit konventioneller Beheizung in vielen Fällen überhaupt ein Reaktionsgleichgewicht erreicht.

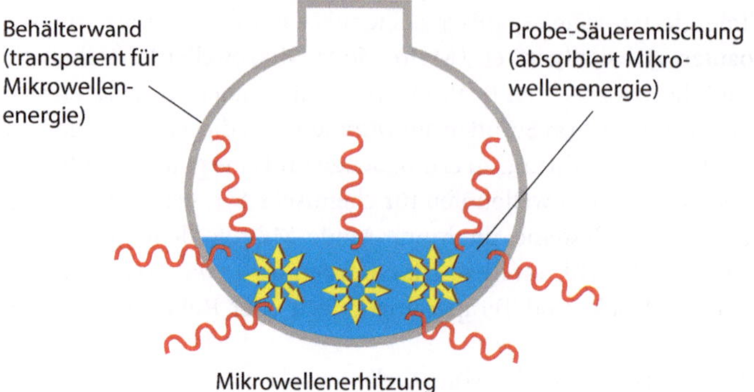

▣ Abb. 11.1 Wärmeübertragung mit Mikrowellen

11.2.3 Unterschied zur konventionellen Heizung

Wie aus spektroskopischen Verfahren bekannt, treten in typischer Weise unter Einwirkung von elektromagnetischer Strahlung auf Materie drei mögliche Wechselwirkungen auf. Siehe hierzu ▣ Abb. 11.2.

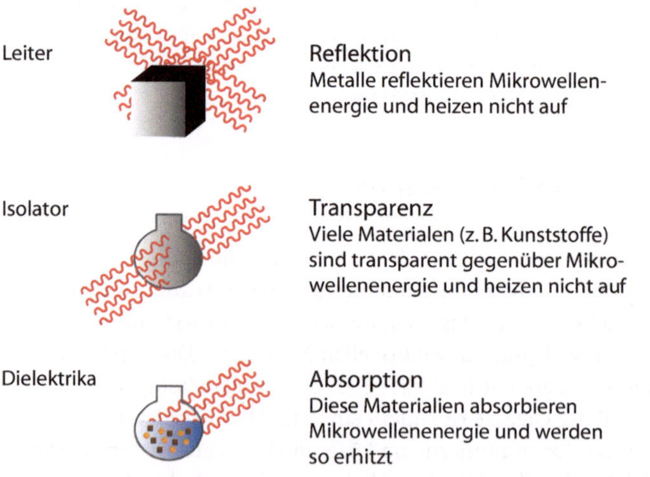

▣ Abb. 11.2 Die möglichen Wechselwirkungen von Mikrowellen mit Materialien

Im Falle der *Absorption* wird Energie an die Materie übertragen, diese Stoffe zeichnen sich durch eine hohe Permittivität (dielektrische Leitfähigkeit) aus.

Bei 100 % *Transmission* findet kein Energieaustausch statt, die Materie ist für Mikrowellen vollkommen durchlässig.

Werkstoffe mit einer hohen Anzahl freier Elektronen, wie zum Beispiel Metalle, neigen zur *Reflektion* von Mikrowellen.

11.3 Permittivität (ε), dielektrische Leitfähigkeit, Verlustfaktor (tan δ) und Dissipationsfaktor

Die Einkoppelung (Absorption) der Mikrowellenenergie in die zu heizende Masse ist von den dielektrischen Eigenschaften des zu erwärmenden Stoffes abhängig. Das heisst davon, wie stark die Mikrowellenstrahlung am Durchgang durch einen Stoff gehindert wird. Eine physikalische Stoffkonstante ist die relative Permittivität ε_r (auch Permittivitäts- oder Dielektrizitätszahl genannt) in der ◼ Tab. 11.1, der für jeden Stoff bei einem bestimmten Aggregatszustand charakteristisch ist. Die relative Permittivität ε_r ist das Verhältnis seiner Permittivität ε zu der des Vakuums.

◼ **Tab. 11.1** Die relative Permittivität von Mikrowellenstrahlung

Material	relative Permittivität ε_r	Material	relative Permittivität ε_r
Vakuum	1	Titandioxid	100
Luft (1 atm)	1,00059	Wasser	80
Glas/Quarzglas	5–10	Ethanol	25
Papier	1–3	Hexan	2

Der dielektrische Verlust ε_r'' wird erhalten, wenn die eingestrahlte Mikrowellenenergie mit der tatsächlichen in eine Probe eingekoppelte respektive von dieser absorbierten Energie verglichen wird. Der ε_r'' Wert ist von der dielektrischen Leitfähigkeit und von der eingestrahlten Frequenz abhängig.

Das Ausmass der Energieeinkopplung über Strahlung in ein Reaktionssystem wird von den beiden Grössen ε_r' sowie ε_r'' bestimmt und als Verlustfaktor (*dissipation factor* in English) DF = tan δ bezeichnet.

$$DF = \frac{\varepsilon_r''}{\varepsilon_r'} = \tan \delta$$

Die Fähigkeit eines Mediums bei gegebener Frequenz und bei bestimmter Temperatur elektromagnetische Energie in Wärmeenergie umzuwandeln wird als *Verlustfaktor* bezeichnet. Er kann auch als ein Mass für die Eindringtiefe der Mikrowellenstrahlung in ein Material verstanden werden. Die Eindringtiefe bezeichnet die Schichtdicke, durch die noch 37 % der ursprünglich eingestrahlten Mikrowellenleistung transmittiert wird. Die Eindringtiefe wie auch der Verlustfaktor sind stark temperaturabhängig.

Der Verlustfaktor ist je nach Energieeinkopplung (Ionenleitung oder Dipolrotation) von verschiedenen Faktoren abhängig und direkt proportional der Ionenkonzentration, Ionengrösse, Mikrowellenfrequenz und Viskosität des reagierenden Mediums. Der Verlustfaktor von Wasser und von den meisten organischen Substanzen nimmt mit steigender Temperatur ab. Die Einkoppelung von Mikrowellenstrahlung in Wasser verschlechtert sich daher bei höheren Temperaturen und die Eindringtiefe nimmt zu.

> **Je grösser der Verlustfaktor DF = tan δ, umso bessere Energieeinkoppelung!**

11.3.1 Energieeintrag, Kopplungseffizienz

◘ Tab. 11.2 Der Energieeintrag von Mikrowellenstrahlung in gebräuchliche Lösemittel

Lösemittel (Sdp. °C)	Verlustfaktor tan δ	Permittivität ε'	Dielektrischer Verlust ε''
Aceton (56)	0,054	20,7	1,118
1-Butanol (118)	0,571	17,1	9,764
Dichlormethan (40)	0,042	9,1	0,382
Essigsäure (113)	0,174	6,2	1,079
Essigsäureethylester (77)	0,059	6,0	0,354
Ethanol (78)	0,941	24,3	22,866
Hexan (69)	0,020	1,9	0,038
Methanol (65)	0,659	32,6	21,483
1-Propanol (97)	0,757	20,1	15,216
2-Propanol (82)	0,799	18,3	14,622
Tetrahydrofuran (66)	0,047	7,4	0,348
Toluen (111)	0,040	2,4	0,096
Wasser (100)	0,123	80,4	9,889
o-Xylen (144)	0,018	2,6	0,047

11.4 Die Mikrowelle

Die Mikrowellen gehören ebenso wie Radiowellen, Infrarot-, Licht- und Röntgenstrahlen zu den elektromagnetischen Strahlen, wie das Modell in ◘ Abb. 11.3 zeigt. Eine gängige Auffassung ist, dass sie sich als Wellenbewegung im Raum fortpflanzen.

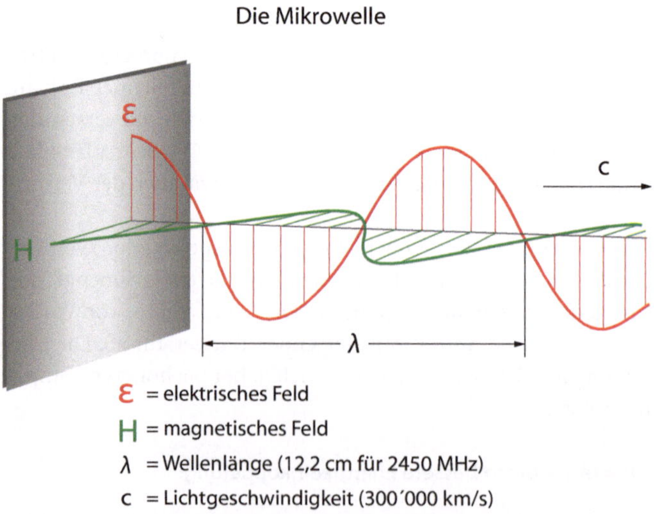

◘ Abb. 11.3 Ein Modell einer Mikrowelle. (Mit freundlicher Genehmigung von CEM GmbH, Kamp-Lintfort, Deutschland)

Mikrowellenöfen für naturwissenschaftliche Zwecke verwenden meist eine Frequenz von 2450 MHz respektive eine Wellenlänge von 12,24 cm.

11.5 Wärmeübertragung

11.5.1 Dipolrotation

Die Wärmeübertragung basiert auf der Wechselwirkung der elektromagnetischen Strahlung mit heteropolaren Molekülen und sie ist umso stärker, je grösser das Dipolmoment beziehungsweise das Dielektrikum der Stoffe ist. Die Mikrowellenenergie fördert zum einen eine Rotations- und Schwingungsbewegung der Dipole und zum anderen die Bewegung von Ionen und somit eine Zunahme der Zusammenstösse der Moleküle in der zu heizenden Masse. Beides beeinflusst oft die direkte Energieeinkopplung und die Aufheizgeschwindigkeit positiv, wie ◘ Abb. 11.4 zeigt. Durch eine Hemmung der Bewegung beispielsweise durch Viskosität kann es zu einer zusätzlichen Erwärmung kommen.

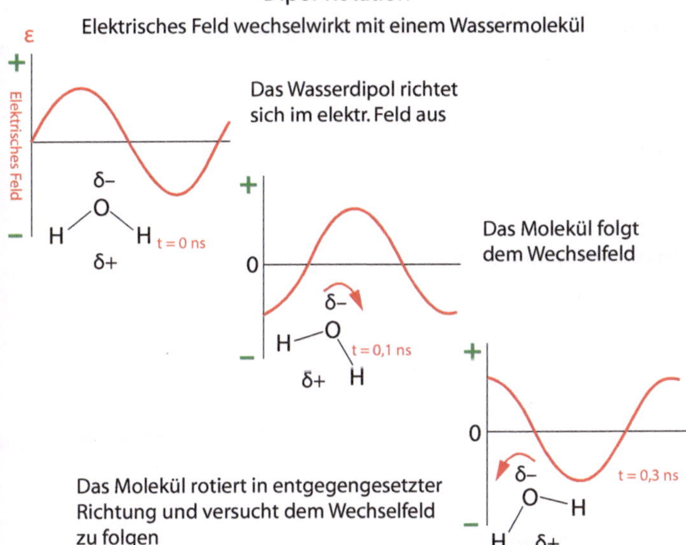

◘ Abb. 11.4 Die Diplorotation. Wie das elektrische Feld mit einem Wassermolekül eine Wechselwirkung eingeht. (Mit freundlicher Genehmigung von CEM GmbH, Kamp-Lintfort, Deutschland)

11.5.2 Ionenleitung

Die Haupteinflussparameter für jede Ionensorte sind die Konzentration und die Mobilität der Ionen. Je mehr Ionen vorhanden sind, umso mehr werden diese im Mikrowellenfeld beschleunigt und es finden mehr Stösse statt, wie ◘ Abb. 11.5 zeigt. Dabei nimmt die absorbierte und umgewandelte Energie zu.

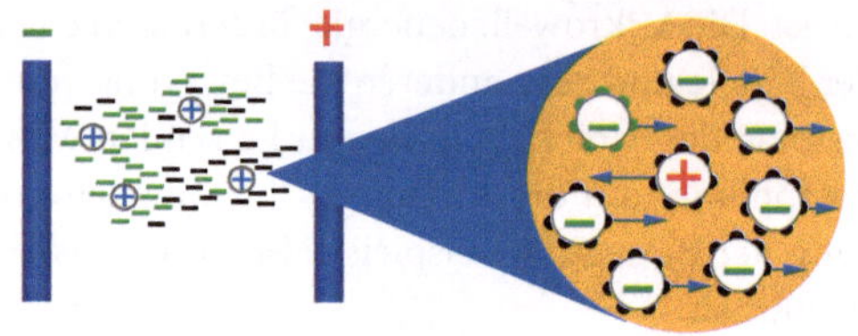

◨ **Abb. 11.5** Asymmetrie- und Elektrophorese-Effekt. (Mit freundlicher Genehmigung von CEM GmbH, Kamp-Lintfort, Deutschland)

Die Erhitzung ist abhängig von:

❯ **Physikalischen Eigenschaften der Reaktionsmasse**
▬ Viskosität,
▬ Temperatur,
▬ Polarität,
▬ Wärmekapazität,
▬ Permittivität.

❯ **Wellenlänge**

❯ **Ionencharakteristik (nur für Ionenleitung)**
▬ Konzentration,
▬ Ladung,
▬ Grösse,
▬ Mobilität.

Erhitzung durch Mikrowellenstrahlung

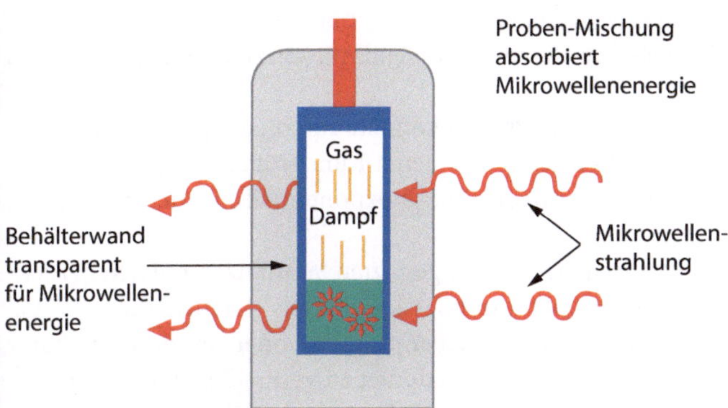

◻ Abb. 11.6 Erwärmung im Autoklaven durch Mikrowellenstrahlung. (Mit freundlicher Genehmigung von CEM GmbH, Kamp-Lintfort, Deutschland)

> Die Mikrowellenenergie ist gegenüber den Bindungskräften in Molekülen viel zu gering um chemische Reaktionen direkt zu initiieren. Nur eine Akkumulierung von Wärmeenergie im Reaktionsgemisch liefert die erforderliche Aktivierungsenergie für chemische Reaktionen.

Da oft in Autoklaven (Druckreaktionsgefässen) gearbeitet wird, s. ◻ Abb. 11.6, kann eine höhere Reaktionstemperatur als in einer konventionellen Apparatur und damit die entsprechenden Einflüsse auf Reaktionsgeschwindigkeit und -gleichgewicht erreicht werden.

11.6 Sicherheit

> Sicherheitsrichtlinien und Hinweise der Ofenhersteller sind zwingend einzuhalten.

11.6.1 Allgemeines

Die Verwendung von Metallgegenständen (Spatel, Klammern, Folien, Quecksilberthermometer usw.) im Mikrowellenraum während des Energieeintrages ist strikt zu vermeiden. Ausnahmen sind Magnetrührstäbe mit Abmessungen von weniger als 30 mm, da diese dimensionsbedingt keine Mikrowellenenergie aufnehmen und dadurch kein Potential aufbauen.

Substanzen in Mikrowellenöfen erhitzen sich in Abhängigkeit ihrer Absorptionsfähigkeit für Mikrowellenstrahlung sehr schnell. Lösemittel können innerhalb von Sekunden ihren Siedepunkt erreichen. Feststoffe können sich sehr hoch erhitzen, zum Beispiel Kohlenstoff bis auf Rotglut, so dass Brandgefahr herrscht.

Zersetzungsreaktionen können rascher als bei konventioneller Reaktionsführung auftreten und zur Bildung gefährlicher Reaktionsprodukte oder zum Druckaufbau durch Gasbildung führen.

Es dürfen keine explosiven Stoffe oder Gemische zusammen mit den Reagenzien entstehen.

Mischungen aus Lösemittel (Alkohole, Ketone, KWS usw.) mit konzentrierten Säuren wie Salpetersäure, Perchlorsäure, Schwefelsäure etc. und vor allem mit starken Oxidationsmitteln müssen vermieden werden.

Bereits schwach Mikrowelle absorbierende Proben können durch eine partielle Überhitzung zu brennen beginnen (zum Beispiel Öl, fein gemahlener Kunststoff, Lösungsmittel). Die Neigung zu stark exothermen Spontanreaktionen nimmt exponentiell mit der bestrahlten Masse zu.

Chemische und physikalische Eigenschaften der eingesetzten Substanzen müssen berücksichtigt werden. Zum Beispiel die Zündtemperatur eines Lösemittels (Diethylether 175 °C). Abklärungen bezüglich möglicher unerwünschter Nebenprodukte oder unkontrollierbarer Nebenreaktionen bei Synthesen helfen gefährliche Situationen zu vermeiden. Oft ist die Verwendung eines Inertgases notwendig, um unbeabsichtigte Reaktionen mit Sauerstoff oder Luftfeuchtigkeit zu verhindern.

11.6.2 Spezielles bei Reaktionen ohne Druck im offenen Gefäss

Nie über Siedepunkt aufheizen. Maximale Temperatur 1–2 °C unter dem Siedepunkt einstellen.

11.6.3 Spezielles bei Reaktionen unter Druck

Während des Betriebs von Druckbehältern dürfen sich keine Personen im Türbereich von Mikrowellengeräten aufhalten. Weiter sind spezifische Vorsichtsmassnahmen zum Betrieb von Autoklaven (Druckreaktionsgefässen) zu treffen.

Bei allen eingesetzten Flüssigkeiten muss der Siedepunkt bekannt sein und es muss sichergestellt werden, dass kein Parameter die physikalischen und chemischen Grenzen des Behälters und Mantelmaterials überschreitet.

Ein einzelner Autoklav soll nur bis maximal zur Hälfte, noch besser nur bis zu einem Drittel gefüllt werden. Je mehr freier Raum für das Gas verbleibt umso weniger steigt der Druck, wenn Flüssigkeit verdampft.

Eine grosse Menge Flüssigkeit über ihren Siedepunkt aufzuheizen birgt die Gefahr, sollte der Autoklav bersten, des plötzlichen Druckaufbaus. Werden ein Liter Wasser auf über 100 °C erwärmt, entstehen beim Bersten schlagartig 1'245 L Wasserdampf. In einem Proberaum von dreissig Litern Volumen herrscht dann ein Druck von 41,5 bar. Auf eine Türe von 35 cm^2 wirkt unter diesen Umständen ein Druck von etwas mehr als fünfzig Tonnen.

Beschädigungen an den Druckbehältern bzw. am Behältermaterial (z. B. Haarrisse, Kratzer in Glas, Quarz oder Keramik) können zum Bersten eines Autoklaven führen. Mehrere Autoklaven im parallelen Betrieb können durch die Trümmer eines zerberstenden Behälters ebenfalls zerbersten.

Bei der Behandlung von unbekannten oder wenig erforschten Stoffen müssen diese nach dem Reagenzzusatz abreagieren. Der Druckbehälter muss unter diesen Umständen vor dem Verschliessen zuerst auf Raumtemperatur abgekühlt werden. In diesem Falle sind die Reaktionsmassen möglichst klein zu halten.

11.7 Zusammenfassung

Es wird eine Übersicht über die Einsatzmöglichkeiten von Mikrowellenöfen, die Theorie der Energieübertragung und die physikalischen Vorgänge bei der Wärmeübertragung durch Mikrowellen gegeben. Um Unfälle zu vermeiden sind auch Sicherheitsaspekte erwähnt.

Weiterführende Literatur

http://www.cem.de/ ; aufgerufen am 21.4.2015
http://www.biotage.com/product-area/organic-synthesis; aufgerufen am 20.1.2016

Arbeiten mit Vakuum

© Springer International Publishing Switzerland 2017
aprentas (Hrsg.), *Laborpraxis Band 1: Einführung, Allgemeine Methoden*, DOI 10.1007/978-3-0348-0966-5_12

12.1 Physikalische Grundlagen

12.1.1 Luftdruck

Eine Lufthülle umschliesst die Erdoberfläche. Diese Luft erzeugt durch die herrschende Gravitation (Anziehungskraft) den Luftdruck. Je nach Ort der Messung – Meereshöhe, Bergspitze, Flugzeug in der Luft – und den gegebenen klimatischen Bedingungen, variiert dieser Luftdruck, wie ◘ Abb. 12.1 zeigt.

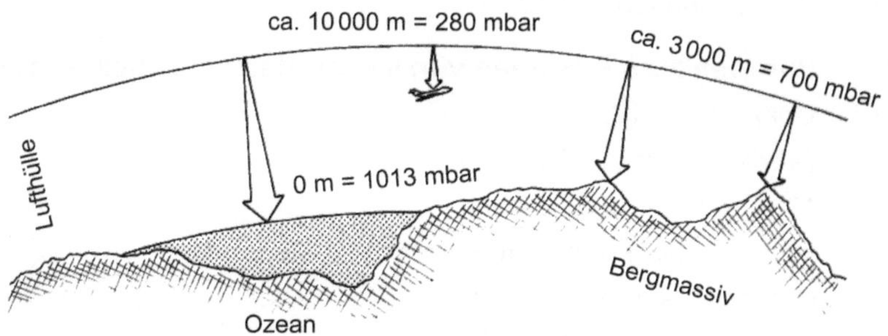

◘ **Abb. 12.1** Abhängigkeit des Luftdruckes vom Abstand zur Erdoberfläche

Ein Druck, der kleiner ist als der atmosphärische Luftdruck, ist als *verminderter Druck* definiert. Andere gebräuchliche Begriffe sind: *Vakuum, Unterdruck, luftleerer Raum.*

Druckveränderungen beeinflussen Vorgänge des täglichen Lebens. Beispiele sind:

- Beeinflussung des Wetters durch Hoch- und Tiefdruckgebiete.
- Niedrigerer Kochpunkt von Wasser in grosser Höhe.
- Windschattenfahren mit dem Fahrrad.

12.1.2 Physikalische Definition des Drucks

Der Druck ist der Quotient aus der Kraft, welche senkreckt und gleichmässig auf eine Fläche einwirkt, und der Grösse der Fläche.

Druck = Kraft : Fläche.

$$p = \frac{F}{A}$$

❯ **Die SI-Einheit für den Druck ist das Pascal (Pa)**

12.1.3 Druckeinheiten

Gebräuchliche Einheiten nach SI sind:

$$1\,\mathrm{Pa} = 1\,\frac{\mathrm{N}}{\mathrm{m^2}} = 1\,\frac{\mathrm{kg}}{\mathrm{m \cdot s^2}}$$

$$1\,\text{bar} = 1 \cdot 10^5\,\text{Pa} = 1000\,\text{mbar}$$

$$1\,\text{mbar} = 1 \cdot 10^{-3}\,\text{bar} = 1 \cdot 10^2\,\text{Pa} = 1\,\text{hPa}$$

Weitere, in der Praxis verwendete, Druckeinheiten:

$$1\,\text{Torr} = 1{,}333\,\text{mbar}$$

Torr, auch mm Hg-Säule genannt, ist die gesetzliche Einheit für die Messung von Blutdruck.

Physikalische Atmosphäre $1\,\text{atm} = 1013{,}3\,\text{mbar} = 760\,\text{Torr}$

Technische Atmosphäre $1\,\text{at} = 980{,}7\,\text{mbar} = 1\,\dfrac{\text{kp}}{\text{cm}^2}$

$$1\,\text{psi} = 6{,}894\,\text{mbar}$$

psi, pound-force per square inch, ist eine im angelsächsischen Sprachraum verbreitete Druckeinheit.

12.2 Pumpen zum Erzeugen von vermindertem Druck

12.2.1 Übersicht

◘ Tab. 12.1 zeigt, wie verschiedene Drücke erreicht werden können?

◘ **Tab. 12.1** Wie können verschiedene Unterdrucke erreicht werden?

Druckbereich	mbar	Moleküle pro cm^3	Beispiele aus Technik und Labor
Normaldruck	1013	$2{,}7 \cdot 10^{19}$	–
Unterdruck	1013 bis 300	$2{,}7 \cdot 10^{19}$ bis 10^{19}	Staubsauger > 500 mbar
Grobvakuum	300 bis 1	10^{19} bis 10^{16}	Fabrikvakuum > 130 mbar, Membranpumpe > 2 mbar
Feinvakuum	1 bis 10^{-3}	10^{16} bis 10^{13}	Drehschieberpumpe $> 1 \cdot 10^{-3}$ mbar
Hochvakuum (HV)	10^{-3} bis 10^{-7}	10^{13} bis 10^{9}	Öldiffusionspumpe $> 1 \cdot 10^{-5}$ mbar
Ultrahochvakuum (UHV)	10^{-7} bis 10^{-12}	10^{9} bis 10^{4}	Turbomolekularpumpe, Kryopumpe

12.2.2 Fabrikvakuum

> **Anwendungsbereich > 130 mbar**

Viele Laboratorien haben ein Leitungssystem mit einer Pumpe von grossem Saugvermögen und schlechtem Endvakuum oder Anschlüsse an ein netzgebundenes Vakuumsystem. Der so erzeugte Unterdruck eignet sich für den Betrieb von einem Vakuumtrockenschrank oder für eine Filtration. Solche Fabrikvakuumsysteme eignen sich nicht zum direkten Absaugen von Stäuben, Flüssigkeiten oder Gasen.

12.2.3 Membranpumpe

> **Anwendungsbereich je nach Ausführung 1 bis 80 mbar bei einem Saugvermögen von ca. 2 bis 10 m³/h**

Eine Membranpumpe ist eine trockenlaufende Verdrängerpumpe. Die Dämpfe werden durch eine Rückwärtsbewegung der Membrane über das Einlassventil in den Schöpfraum gesaugt. Durch die anschliessende Vorwärtsbewegung der Membrane werden die Dämpfe durch das Auslassventil aus dem Schöpfraum gedrückt. Siehe hierzu ◘ Abb. 12.2. Die Qualität der Pumpe hängt in hohem Masse von den Materialeigenschaften der Membrane ab. Eine Membrane ist ein Verschleissteil und sollte leicht zu ersetzen sein. Membranpumpen sind vielfältig einsetzbar. Es gibt ferner Membranpumpen mit stufenlos regelbarer Drehzahl.

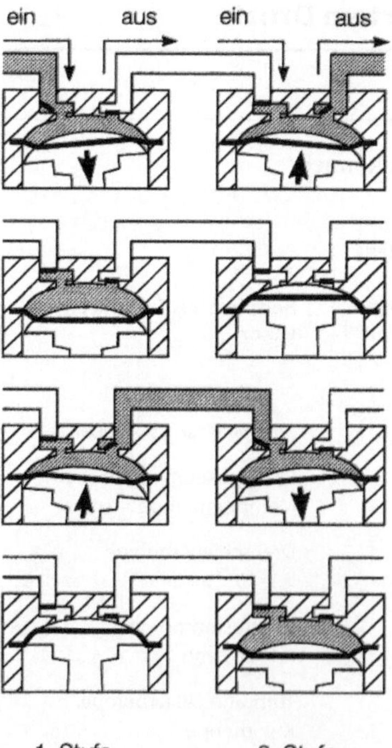

◘ **Abb. 12.2** Arbeitsweise einer zweistufigen Membranpumpe

Ein Grossteil der Dämpfe kann durch einen geeigneten Vorkondensator bereits vor der Pumpe aufgefangen werden, restliche Dämpfe werden nach Verlassen der Pumpe bei Normaldruck kondensiert. Die Abluft soll direkt in die Laborentlüftung geleitet werden. Auf diese Weise können Lösemittelemissionen am Arbeitsplatz auf ein Minimum begrenzt werden. Hersteller von Vakuumpumpen bieten je nach Verwendungszweck ganze Vakuumstände, wie ◘ Abb. 12.3 zeigt, mit Druckregelgerät und Kondensator in Modulbauweise an.

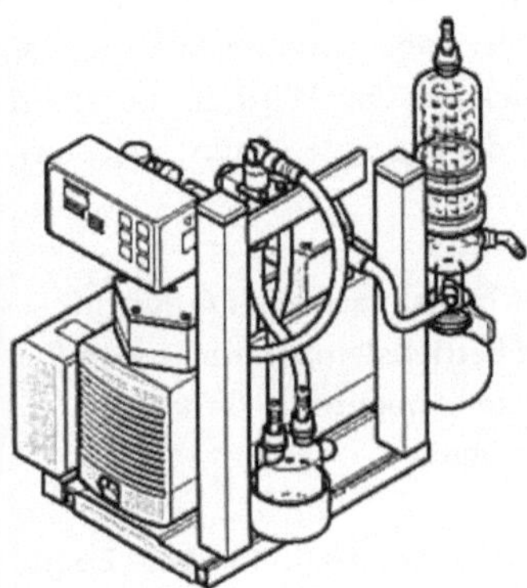

◘ **Abb. 12.3** Beispiel eines Vakuumpumpenstandes (Mit freundlicher Genehmigung von KNF Neuberger AG, Balterswil, Schweiz)

Es gibt Membranpumpen mit einem eingebauten Gasballast. Die Membrane und die Pumpenköpfe können damit, über ein Ventil, einen feinen Luftstrom erhalten. Das verhindert die Kondensation oder Ablagerung von Substanzen und steigert die Zuverlässigkeit und verringert die Reparaturintervalle.

12.2.4 Drehschieberpumpe und Pumpenstände

> Anwendungsbereich für die einstufige Ausführung 1 bis $1 \cdot 10^{-2}$ mbar und für die zweistufige Ausführung bis $1 \cdot 10^{-3}$ mbar

Gase, die abgepumpt werden sollen, treten bei *einstufigen Feinvakuumpumpen* durch den Ansaugstutzen in den sichelförmigen Schöpfraum der Pumpe ein, werden durch die Schieber transportiert, komprimiert und anschliessend über das Auspuff-Ventil ausgestossen Die ◘ Abb. 12.4 zeigt dies schematisch auf.

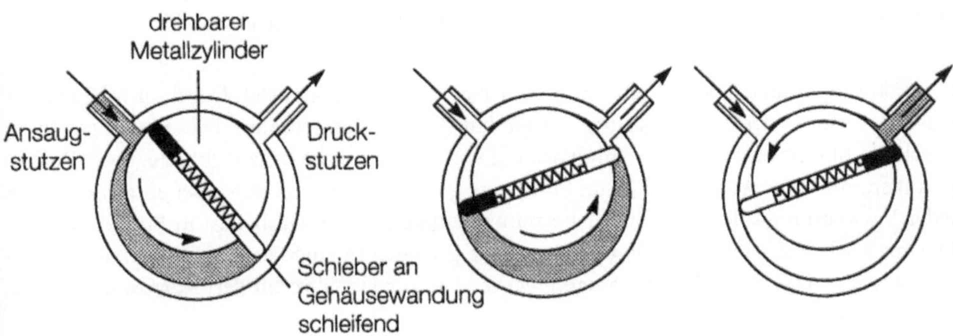

◘ **Abb. 12.4** Schematische Darstellung eines Drehschieberpumpkopfes

Bei *zweistufigen Feinvakuumpumpen* sind beide Pumpenstufen so geschaltet, dass der Auspuffstutzen der ersten Stufe direkt mit dem Ansaugstutzen der zweiten Stufe verbunden ist. Da die erste Stufe nicht bis auf Atmosphärendruck verdichtet, hat eine zweistufige Pumpe ein besseres Endvakuum. Es gibt auch *Hybridpumpen (kombinierte Pumpen)*, in denen eine Drehschieberpumpe in Serie mit einer Membranpumpe betrieben wird. Diese Kombination bietet den Vorteil der höheren Beständigkeit gegenüber korrosiven Chemikalien.

Die Leistung einer Drehschieberpumpe hängt im Wesentlichen von der Grösse ihres Schöpfraumes und der Umdrehungszahl des Rotors ab. Der erzielte verminderte Druck ist abhängig von der Sauberkeit beziehungsweise dem Dampfdruck des Öls. Wird das Öl durch eintretende Fremddämpfe oder Kondensate verschmutzt, fällt der erzeugte Unterdruck stark ab, da der Dampfdruck des Öls im Schöpfraum zunimmt.

> **Eine Feinvakuumpumpe nach dem Drehschieberprinzip erreicht erst nach einer Aufwärmzeit von einigen Minuten ihre volle Leistung, wenn das Öl auf Betriebstemperatur erwärmt wurde. Der Gasballast soll nach der Aufwärmzeit mindestens zehn Minuten geöffnet sein. Erst dann sollte die Pumpe zur Vakuumerzeugung eingesetzt werden.**

Vor einer Feinvakuumpumpe muss in jedem Fall ein *Kühlfallensystem,* wie in ◼ Abb. 12.5 gezeigt, montiert sein, welches mit einer Trockeneis-Lösemittel Mischung oder besser mit flüssigem Stickstoff gekühlt wird. Spuren flüchtiger Substanzen kondensieren grösstenteils und gelangen somit nicht in die Pumpe.

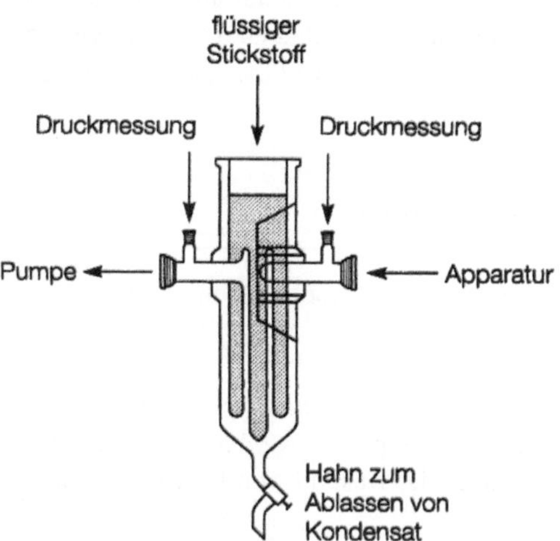

◼ **Abb. 12.5** Schematische Darstellung eines Kühlfallensystems für Feinvakuumpumpen

Feinvakuumpumpen sind mit einer Gasballastvorrichtung ausgerüstet. Durch das Öffnen des Gasballastventils strömt eine geringe Menge Luft in den Pumpenraum. Diese Luft erschwert, durch die Mitreisswirkung, das Kondensieren von Dämpfen, die trotz Kühlfalle in die Pumpe gelangen. Auf diese Art lassen sich im Pumpenöl gelöste Dämpfe meist wieder entfernen. Nach jeder Verwendung soll die Drehschieberpumpe einige Zeit mit Gasballast in Betrieb bleiben. Die am Auslass austretenden Dämpfe und Gase gelangen in einen an der Pumpe angebauten Ölabscheider. Das regelmässige Ersetzen von verschmutztem Öl verhindert Korrosionsschäden und dient der Arbeitshygiene.

Der Aufbau eines solchen modular aufgebauten Pumpstandes kann je nach gestellten Anforderungen stark variieren. ◘ Abb. 12.6 zeigt ein Beispiel für einen Pumpstand.

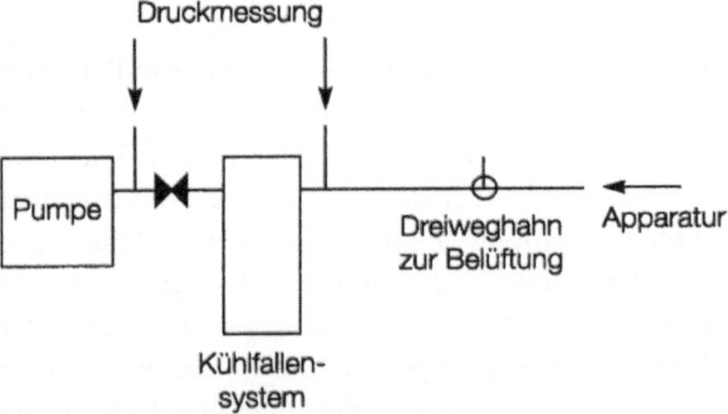

◘ **Abb. 12.6** Schematische Darstellung eines Pumpenstandes

Fertig montierte Pumpenstände sind bezüglich Arbeitshygiene, Umweltbelastung und Bedienkomfort eine gute Lösung für den Alltag in einem chemischen Labor. Die höheren Anschaffungskosten sind, wenn ein Pumpenstand rationell betrieben wird, rasch amortisiert. Die ◘ Abb. 12.7 zeigt ein Beispiel für einen Vakuumpumpenstand.

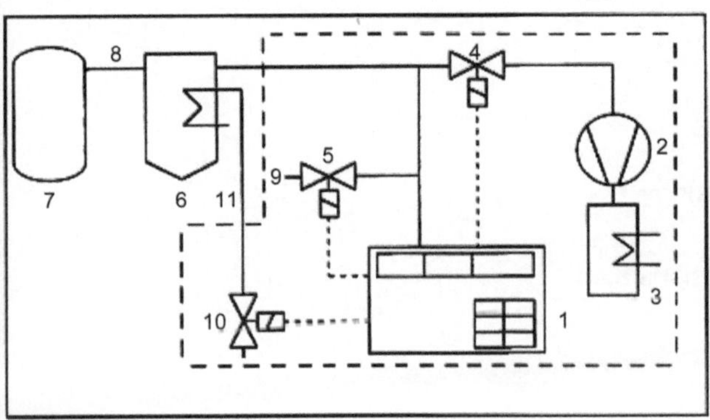

Legende:

1 Vakuum-Controller
2 Vakuumpumpe
3 Hochleistungskondensator des
  Vakuumsystems
4 Vakuumventil
5 Belüftungsventil (Controller-
  intern)

6 Kondensatvorlage
7 Vakuumapparatur
8 Saugleitung
9 Spülgasanschluß/Belüftung
10 Kühlwasserventil (optional)
11 Kühlwasserleitung

◘ **Abb. 12.7** Schematische Darstellung eines Vakuumpumpenstandes von KNF. (Mit freundlicher Genehmigung von KNF Neuberger AG, Balterswil, Schweiz)

12.2.5 Öldiffusionspumpe

> **Anwendungsbereich bis $1 \cdot 10^{-5}$ mbar**

In Strahl- oder Treibmittelpumpen wird Dampf oder Flüssigkeit mit hoher Geschwindigkeit im Innern der Pumpe durch eine Düse gestossen. Dabei tritt das *Gesetz von Bernoulli* auf, welches besagt, dass je grösser die Strömungsgeschwindigkeit eines Gases oder einer Flüssigkeit ist, desto geringer ist der quer zur Strömungsrichtung wirkender statischer Druck. Somit entsteht beim Austritt aus der Düse als Folge der hohen Strömungsgeschwindigkeit ein Vakuum. Die Öldiffusionspumpe ist eine mehrstufige Dampfstrahlpumpe, wie ◘ Abb. 12.8 zeigt. Ihre Funktion beruht auf dem Gesetz von Bernoulli. Eine kleine Menge Öl wird im Vorratsgefäss unter vermindertem Druck (Vorvakuum durch Drehschieberpumpe) elektrisch geheizt und zum Verdampfen gebracht. Die aufsteigenden Öldämpfe strömen mit sehr hoher Geschwindigkeit im oberen Teil der Pumpe durch die Düsen. Gase (Luft) aus der angeschlossenen Apparatur gelangen durch die Sogwirkung in den Diffusionsraum und diffundieren in den Öldampfstrom. In dem mit Wasser gekühlten Diffusionsraum werden die Öldämpfe kondensiert und die Gase durch die vorgeschaltete Pumpe abgesaugt. Das kondensierte Diffusionspumpenöl durchläuft auf seinem Weg in das Siedegefäss eine Zone erhöhter Temperatur, dabei werden leichtflüchtige Bestandteile an das Vorvakuum abgegeben. So wird eine kontinuierliche Selbstreinigung des Öls erreicht.

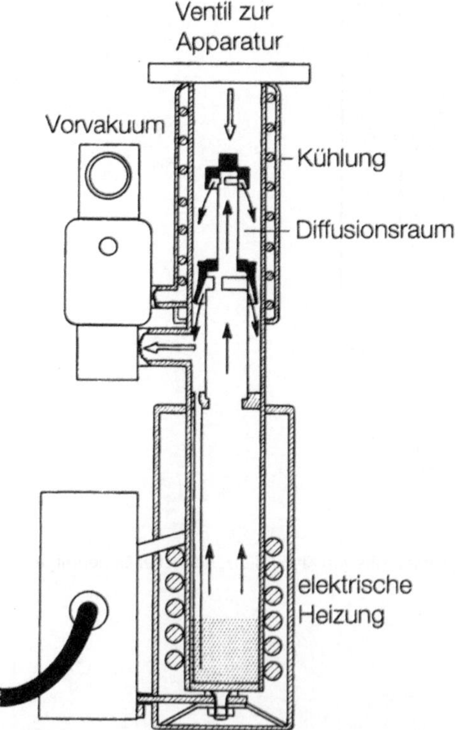

◘ **Abb. 12.8** Schematische Darstellung einer Öldiffusionspumpe

Wird eine grosse Menge Luft in das erhitzte Öl gesaugt, kann dies zu einer explosionsartigen Selbstentzündung des Öls führen, weshalb die Bedienung der Öldiffusionspumpe eine spezielle Instruktion benötigt.

12.2.6 Wasserstrahlpumpe

> Anwendungsbereich > 20 mbar

Eine Wasserstrahlpumpe ist ein Beispiel einer Strahlpumpe. Ihre Funktion beruht auf dem *Gesetz von Bernoulli*. Eine Wasserstrahlpumpe ist funktionsfähig, wenn das durchfliessende Wasser mit einen Leitungsdruck von mindestens zwei bar in die Pumpe gelangt. Wegen des herrschenden Dampfdruckes ist der erzeugte Druck abhängig von der Temperatur des durchfliessenden Wassers.

Wird der Wasserzufluss unterbrochen, saugt die evakuierte Apparatur Wasser aus dem Ablaufsystem. Ohne Rückschlagventil füllt sich ein evakuierter Hohlkörper mit Wasser.

Trotz ihres geringen Anschaffungspreises haben Wasserstrahlpumpen wegen dem enormen Wasserverbrauch hohe Betriebskosten. Die oft in grossen Mengen abgesaugten Dämpfe tragen zur Wasserverschmutzung bei. Aus diesen Gründen ist der Betrieb einer Wasserstrahlpumpe nur in Ausnahmefällen angemessen. In vielen Firmen oder Instituten ist die Wasserstrahlpumpe verboten.

12.3 Peripheriegeräte

12.3.1 Leitungen, Verbindungen, Ventile und Hähne

> Vakuumleitungen sollen einen möglichst grossen Durchmesser haben, möglichst wenige Krümmungen, Verbindungen oder Verengungen aufweisen und möglichst kurz sein.

Vakuumleitungen können aus Metall- oder Glasröhren oder aus vakuumfesten Schläuchen bestehen. Für den alltäglichen Betrieb eignen sich feste Einrichtungen aus korrosionsbeständigem Material wie Teflon besser. Viele Pumpen sind auf einem Wagen montiert. Schläuche ermöglichen den flexiblen oder den gelegentlichen Betrieb, wobei Gummischläuche mit der Zeit spröde werden und sie ölige Rückstände adsorbieren. Aus diesen Gründen empfiehlt sich ein regelmässiger Austausch der Schläuche.

Es empfiehlt sich der überlegte Einsatz von Ventilen, Zwischenstücken, Abblindungen und Hahnen, da diese mögliche Quellen von Leckagen darstellen.

12.3.2 Druckregelgeräte, Manostate

Kombiniert mit einer *Membranpumpe* sind Druckregelgeräte oder Manostate oft sinnvoll einsetzbar. Mit diesen elektronischen Geräten sind ein unterer und ein oberer Grenzwert des gewünschten verminderten Drucks frei wählbar. Die Grenzwerte richten sich nach dem Dampfdruck und dem Siedeverhalten (zum Beispiel Schaumbildung) der Lösung. Wird beim Evakuieren der Apparatur der untere Grenzwert erreicht, so wird ein eingebautes Magnetventil geschlossen. Steigt der Arbeitsdruck in der Apparatur auf den oberen Grenzwert an, öffnet sich das Magnetventil wieder und die Saugleistung der Pumpe wird wieder voll wirksam. Systeme, welche die Pumpe abstellen, sind ebenfalls gebräuchlich. Für den *gelegentlichen Betrieb* eignen sich mechanische Druckregelventile oder Manostate, welche den Druck durch das Verstellen der Zugkraft einer Feder regeln. Das Einziehen von Falschluft über ein Nadelventil an einem T-Stück mit Manometer ist eine, wenn auch schwierig zu regulierende, Alternative.

12.4 Zusammenfassung

Dieses Kapitel beinhaltet eine Übersicht über die physikalischen Grundlagen und Definitionen des Drucks. Weiter sind laborübliche und weniger gebräuchliche Vakuumpumpen beschrieben, welche mit den Pumpständen und Peripheriegeräten ergänzt sind.

Weiterführende Literatur

Brink K, Fastert G, Ignatowitz E, Bartels E (2005) Technische Mathematik und Datenauswertung für Laborberufe. Verlag Europa-Lehrmittel, Haan-Gruiten
Schwetlick K et al (2009) Organikum, 23. Aufl. Wiley-VCH, Weinheim

Anwendungsbeispiele aus der Praxis
http://www.knf.ch/downloads/ (aufgerufen am 21.4.2015)
http://www.vacuubrand.com/de/ (aufgerufen am 21.4.2015)

Arbeiten mit Gasen

© Springer International Publishing Switzerland 2017
aprentas (Hrsg.), *Laborpraxis Band 1: Einführung, Allgemeine Methoden*, DOI 10.1007/978-3-0348-0966-5_13

13.1 Physikalische Grundlagen

13.1.1 Gasförmiger Aggregatzustand

Bei gasförmigen Stoffen sind die einzelnen Moleküle respektive Atome vollkommen voneinander getrennt und frei beweglich, das heisst, die zwischenmolekularen Kräfte treten fast vollständig zurück. Gase nehmen deshalb den ganzen ihnen zur Verfügung stehenden Raum ein.

Die Gasteilchen befinden sich in geradliniger Bewegung. Nur Zusammenstösse untereinander oder mit der Gefässwand bewirken, wie ◘ Abb. 13.1 zeigt, eine Richtungsänderung. Als Folge der Bewegungsenergie der Gasteilchen entsteht der Gasdruck.

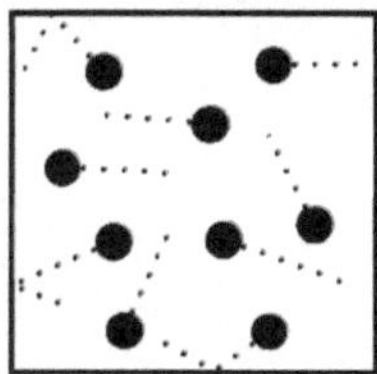

◘ **Abb. 13.1** Gasförmige Moleküle bewegen sich frei im Raum und nehmen allen verfügbaren Platz ein

13.1.2 Die Gasgesetze

> ❯ **Die Temperatur und der Druck bestimmen den Zustand eines Gases.**

Molvolumen und Normzustand

In der Stoffmenge (n) ein Mol (1 mol) sind immer $6{,}022 \cdot 10^{23}$ Teilchen enthalten. Diese nehmen bei Normalbedingungen immer ein Volumen von 22,41 L (Molvolumen) ein.

Beispiele:

$$22{,}41 \text{ L Helium} = 1 \text{ mol Helium (He)} = 4{,}0026 \text{ g}$$

$$22{,}41 \text{ L Sauerstoff} = 1 \text{ mol Sauerstoff (O}_2\text{)} = 31{,}998 \text{ g}$$

$$22{,}41 \text{ L Ozon} = 1 \text{ mol Ozon (O}_3\text{)} = 47{,}998 \text{ g}$$

Diese Tatsache ist bei stöchiometrischen Berechnungen zu beachten.

> ❯ **Normalbedingungen: 273,1 K (0 °C) und 1013 hPa (1,013 bar).**

Gleiche Volumina aller idealen Gase enthalten bei gleichem Druck und gleicher Temperatur die gleiche Anzahl Teilchen. Reale Gase weichen davon geringfügig ab.

Volumen- und Druckänderung bei konstanter Temperatur

Das Produkt aus Volumen und Druck einer eingeschlossenen Gasmenge ist bei gleicher Temperatur konstant:

> **Gesetz von Boyle-Mariotte**

$$V \cdot p = \text{konstant} \quad \text{oder} \quad V_1 \cdot p_1 = V_2 \cdot p_2$$

V_1 = Anfangsvolumen,

V_2 = Endvolumen,

p_1 = Anfangsdruck,

p_2 = Enddruck.

Temperatur- und Volumenänderung bei konstantem Druck

Der Quotient aus Volumen und Temperatur einer eingeschlossenen Gasmenge ist bei gleichem Druck konstant:

> **Gesetz von Gay-Lussac**

$$\frac{V}{T} = \text{konstant} \quad \text{oder} \quad \frac{V_1}{T_1} = \frac{V_2}{T_2}$$

V_1 = Anfangsvolumen,

V_2 = Endvolumen,

T_1 = Anfangstemperatur in Kelvin,

T_2 = Endtemperatur in Kelvin.

Bei gleichbleibendem Druck dehnen sich alle Gase bei 1 Kelvin Temperaturerhöhung um 1/273 ihres Volumens bei 273 K (0 °C) aus:

Temperatur- und Druckänderung bei konstantem Volumen

Der Quotient aus Druck und Temperatur einer eingeschlossenen Gasmenge ist bei gleichen Volumen konstant:

> **Gesetz von Amontons**

$$\frac{p}{T} = \text{konstant} \quad \text{oder} \quad \frac{p_1}{T_1} = \frac{p_2}{T_1}$$

p_1 = Anfangsdruck,

p_2 = Enddruck,

T_1 = Anfangstemperatur in Kelvin,

T_2 = Endtemperatur in Kelvin.

Bei gleichbleibendem Volumen nimmt der Druck aller Gase bei 1 Kelvin Temperaturerhöhung um 1/273 ihres Druckes bei 273 K (0 °C) zu:

> **Die allgemeine Gasgleichung fasst diese drei Gasgesetze zusammen:**

$$\frac{V \cdot p}{T} = \text{konstant} \quad \text{oder} \quad \frac{V_1 \cdot p_1}{T_1} = \frac{V_2 \cdot p_2}{T_2}$$

V_1 = Anfangsvolumen,

V_2 = Endvolumen,

p_1 = Anfangsdruck,

p_2 = Enddruck,

T_1 = Anfangstemperatur in Kelvin,

T_2 = Endtemperatur in Kelvin.

Diese allgemeine und vereinfachte Gasgleichung gilt exakt für ideale Gase. Für reale Gase gilt sie als gut angenähert.

Die allgemeine Gasgleichung lautet:

$$p \cdot V = n \cdot R \cdot T$$

p = Druck,

V = Volumen,

n = Stoffmenge in Mol,

T = Temperatur in Kelvin,

R = universelle Gaskonstante 83,1447 mbar L K^{-1} mol^{-1}.

Kritische Daten

Die Verflüssigung eines Gases durch Temperaturerniedrigung ist immer möglich. Hingegen ist sie durch Druckerhöhung (Kompression) nur unterhalb einer für jedes Gas ganz bestimmten Temperatur, der sogenannten kritischen Temperatur, möglich. Diese beträgt zum Beispiel für Kohlenstoffdioxid +31 °C. Oberhalb dieser Temperatur kann dieser Stoff trotz eines beliebig hohen Drucks nur als Gas vorliegen.

Eine Flüssigkeit in einem geschlossenen Gefäss besteht aus einer Flüssigkeitsphase und einer Dampfphase. Mit steigender Temperatur treten mehr Moleküle aus der Flüssigkeit aus. Dadurch erhöhen sich der Druck und die Dichte in der Dampfphase. Gleichzeitig dehnt sich die verbleibende Flüssigkeit aus, wodurch ihre Dichte kleiner wird. Schliesslich tritt der Punkt ein, bei dem beide Dichten gleich gross sind. Der dazugehörige Druck heisst kritischer Druck und die dazugehörige Temperatur kritische Temperatur. Siehe hierzu ◧ Abb. 13.2.

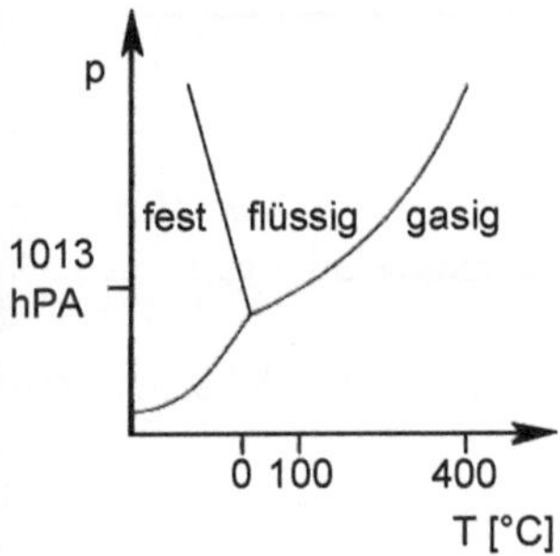

◧ **Abb. 13.2** Das Phasendiagramm ist grundsätzlich für alle Substanzen gültig

Oberhalb der kritischen Temperatur lässt sich ein Gas durch Druckerhöhung nicht mehr verflüssigen. Die allgemeine Gasgleichung ist dann anwendbar.

Unterhalb der kritischen Temperatur lässt sich ein Gas durch Druckerhöhung verflüssigen („Flüssiggase"). Die allgemeine Gasgleichung ist nur beschränkt anwendbar, da sich das Gas bei entsprechendem Druck in einen gesättigten Dampf überführen lässt.

Alle Niederdruckgase sind bei Raumtemperatur in der Druckgasflasche flüssig, da ihre kritische Temperatur unterschritten ist.

Kritische Temperaturen ausgewählter Gase:

Gas	Kritische Temperatur
Ammoniak	132,3 °C
Argon	−122,43 °C
Bromwasserstoff	90,05 °C
Chlor	143,9 °C
Chlorwasserstoff	51,4 °C
Dimethylamin	164,5 °C
Helium	−267,95 °C
Kohlendioxid	31 °C
Kohlenmonoxid	−140,2 °C
Luft (trocken)	−141,65 °C

Gas	Kritische Temperatur
Methan	−82,1 °C
Methylamin	156,9 °C
Propan	96,8 °C
Sauerstoff	−118,57 °C
Stickstoff	−146,85 °C
Wasserstoff	−239,91 ° C

Bei Hochdruckgasen ist die kritische Temperatur bei Raumtemperatur überschritten. Das heisst, es kommt nur eine gasförmige Phase vor.

13.2 Technisch hergestellte Gase

13.2.1 Druckgaszylinder

Im Handel sind Gase in Druckgasflaschen aus Stahl in verschiedenen Grössen erhältlich. Die darin gelagerten Gase können unter Druck verflüssigt als Niederdruckgase oder verdichtet als Hochdruckgase mit einem Fülldruck bis 200 bar enthalten sein.

Die Reinheit dieser Gase ist so gross, dass in der Regel kein zusätzliches Waschen und Trocknen nötig ist.

Druckgasflaschen sind mit einem Flaschenventil ausgerüstet.

13.2.2 Kennzeichnung von Druckgasflaschen

An jedem Druckgasflaschen ist eine Produktetikette mit den entsprechenden Gefahrgutsymbolen angebracht, wie es ◨ Abb. 13.4 und 13.3 zeigen. Die Produktetikette enthält Informationen über den Inhalt der Gasflasche, allfällige gefährliche Eigenschaften des Gases und die Firma, die das Produkt abgefüllt hat.

◨ **Abb. 13.3** Produktetikette am Beispiel von Wasserstoff. (Quelle: www.pangas.ch) (Mit freundlicher Genehmigung von PanGas AG, Dagmersellen, Schweiz)

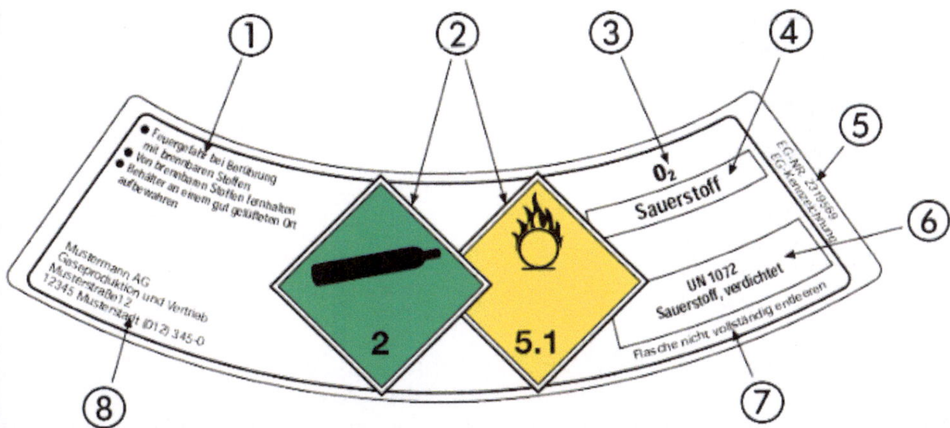

■ Abb. 13.4 Produktetikette am Beispiel von Sauerstoff. (Quelle: http://www.industriegaseverband.de/sicherheitshinweise.php) (Mit freundlicher Genehmigung von Industriegasverband e. V., Berlin, Deutschland)

(1) Risiko- und Sicherheitssätze,

(2) Gefahrenzettel nach ADR/RID,

(3) zum Beispiel Zusammensetzung des Gasgemisches oder Reinheitsangabe des Gases,

(4) Handelsname,

(5) EG-Nummer bei Einzelstoffen. Entfällt bei Gemischen,

(6) UN-Nummer und Benennung des Stoffes,

(7) Hinweis des Gasherstellers,

(8) Name, Anschrift und Telefonnummer des Herstellers.

Druckgasflaschen werden durch Farben auf der Flaschenschulter gekennzeichnet. Die Farben weisen nur auf die Gefahreneigenschaften des Flascheninhaltes hin.

Farben auf der Flaschenschulter kennzeichnen bestimmte Eigenschaften des Gases im Druckgaszylinder. Siehe hierzu ■ Abb. 13.5.

Farbe	Bedeutung
grellgrün	erstickend
rot	brennbar
blau	oxidierend
gelb	giftig oder ätzend

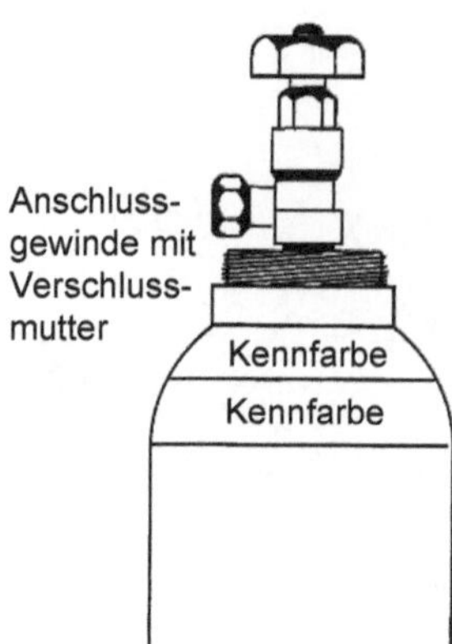

Abb. 13.5 Druckgasflasche mit Farbe an der Flaschenschulter. Früher hatte jedes technische Gas eine eigene Kennfarbe auf dem Druckgaszylinder

Ist eine Druckgasflasche mit einem Steigrohr ausgerüstet, wird dies durch einen entsprechenden Aufkleber „Steigrohrflasche" oder durch spezielle Merkmale unterschieden. Sie dienen der Flüssigentnahme.

Punktnotation

Die Reinheit von Gasen wird durch zwei von einem Punkt getrennte Ziffern angegeben. Die Ziffer vor dem Punkt gibt die Anzahl der „Neunen" an. Die Ziffer nach dem Punkt die erste von „Neun" abweichende Dezimalstelle an.

Zum Beispiel Sauerstoff 5.1 entspricht einem Mindestgehalt an reinem Sauerstoff von 99,9991 %.

Transport, Lagerung, Handhabung Transport

> Flaschenventil schliessen, Verschlussmutter mit Dichtung auf dem Anschlussgewinde aufsetzen, Schutzkappe aufschrauben, vor dem Umfallen sichern.

Lagerung

- Druckgasflasche jederzeit zuverlässig zum Beispiel mit Kette, Klammer oder Stativring gegen Umfallen sichern oder liegend lagern.
- Vor Wärmestrahlung und Frost schützen. Der Druck im Gaszylinder ist stark temperaturabhängig.
- Lagern in speziellen Räumen, die gekennzeichnet werden müssen.

Handhabung

- Druckgaszylinder nie ohne Entnahmeventil in Betrieb nehmen.
- Festsitzende Flaschenventile nie gewaltsam öffnen, bei Störungen die Druckgasflasche gekennzeichnet an die Ausgabestelle zurückgeben.
- Gegen das Zurücksaugen von Chemikalien in das Ventil ist zwischen Gasapparatur und Druckgasflasche eine Sicherung (Sicherheitsflasche) einzubauen.
- Bei Beendigung oder längerem Unterbruch der Arbeit und bei entleerter Druckgasflasche ist das Flaschenventil zu schliessen.
- Bei Brandausbruch sind Druckgaszylinder aus der Gefahrenzone wegzubringen. Andernfalls ist die Feuerwehr unverzüglich über deren genauen Standort zu orientieren.
- Die nicht unmittelbar benötigten Druckgasflaschen sind sofort an die Ausgabestelle zurückzugeben.

13.2.3 Ventil für Niederdruckgasflaschen

Niederdruckgasflaschen werden zur Gasentnahme mit einem Nadelventil ausgerüstet, wie
 Abb. 13.6 zeigt.

 Mit diesem Ventil kann lediglich die Menge des ausströmenden Gases reguliert werden.

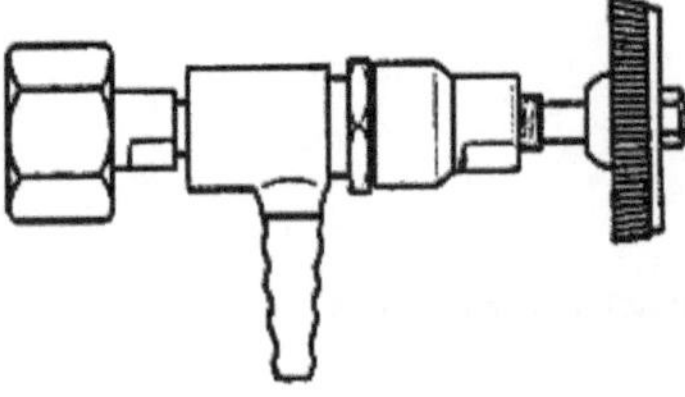

 Abb. 13.6 Beispiel eines Nadelventils zur Entnahme von Gasen unter niedrigem Druck

Bei Gasentnahme bleibt, bei gleichbleibender Temperatur, der Druck in der Gasflasche so
lange konstant, bis alle Flüssigkeit verdampft ist. Dann nimmt der Druck langsam ab, bis die
Druckgasflasche leer ist. Der Restdruck beträgt etwa 1 *bar*. Um die Korrosion des Entnah-
meventils zu verhindern, muss nach dem Schliessen des Ventils das restliche Gas abgelassen
werden. Das Ventil muss nach dem Abschrauben gereinigt, getrocknet und geöffnet gelagert
werden.

Soll das Gas flüssig entnommen werden, muss die Druckgasflasche mit einem Steigrohr
ausgerüstet sein. Ist kein Steigrohr vorhanden, lässt sich das Gas flüssig entnehmen indem
der Druckgaszylinder während der Entnahme kopfüber gehalten wird. Eine Flüssigentnahme
erfolgt immer in gekühlte Gefässe.

13.2.4 Ventil für Hochdruckgasflaschen

In Hochdruckgasflaschen steht das verdichtete Gas unter hohem Druck. Zur Entnahme muss
ein Druckreduzierventil montiert werden, wie die Beispiele in Abb. 13.7 und 13.8 zeigen.

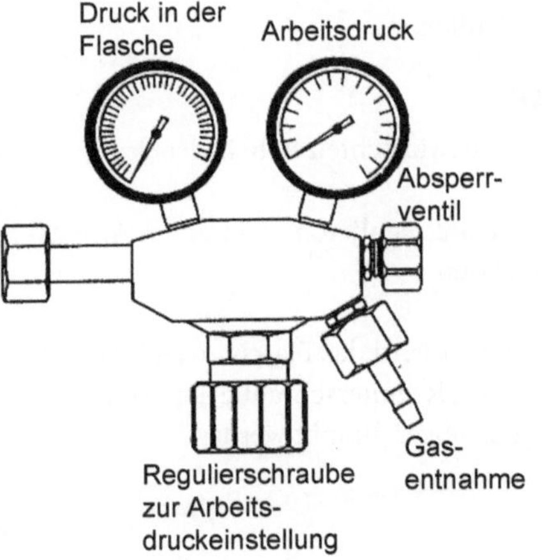

 Abb. 13.7 Beispiel eines Druckreduzierventils zur Entnahme von Gasen unter hohem Druck

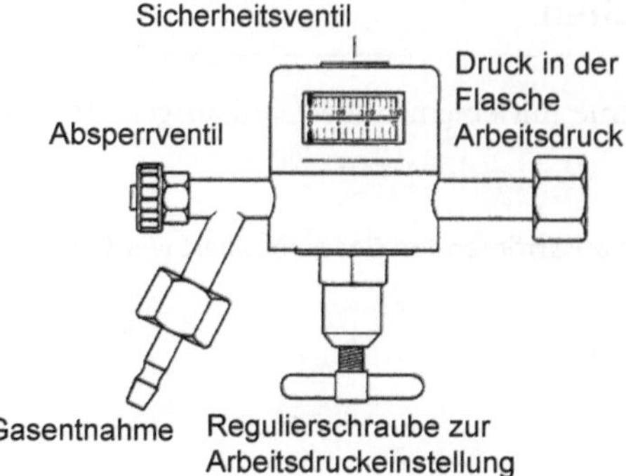

◼ Abb. 13.8 Beispiel eines Druckreduzierventils zur Entnahme von Gasen unter hohem Druck

Durch zwei Manometer werden der Gasdruck in der Flasche und der Arbeitsdruck angezeigt. Mit der Regulierschraube kann der Arbeitsdruck eingestellt, mit dem Absperrventil die ausströmende Menge reguliert werden.

> **Die Gasentnahme erfolgt bei konstantem Arbeitsdruck, während der Druck in der Flasche laufend abnimmt.**

Um Verwechslungen auszuschliessen, unterscheiden sich die Entnahmeventile in der Feinheit und im Durchmesser der Anschlussgewinde. Damit soll verhindert werden, dass ein falsches Druckreduzierventil montiert wird. Als Regel gilt: Rechtsgewinde für unbrennbare, Linksgewinde für brennbare Gase.

Anschliessen des Druckreduzierventils

- Flaschenventil kontrollieren.
- Verschlussmutter entfernen, kontrollieren ob das Anschlussgewinde unbeschädigt ist.
- Druckreduzierventil mit Dichtung sorgfältig von Hand anschrauben und erst dann mit geeignetem Werkzeug satt anziehen (keine Gewalt anwenden! Eine Vierteldrehung reicht meistens).
- Regulierschraube im Gegenuhrzeigersinn entspannen.
- Absperrventil schliessen.
- Flaschenventil langsam öffnen, auf Dichtigkeit kontrollieren.

Inbetriebsetzung des Druckreduzierventils

- Regulierschraube im Uhrzeigersinn drehen und den gewünschten Arbeitsdruck (0,5–2 *bar*) einstellen.
- Zur Gasentnahme mit dem Absperrventil den Gasstrom regulieren. Bei kurzen Arbeitsunterbrüchen genügt es, das Absperrventil zu schliessen.

Bei längeren Unterbrüchen oder bei Beendigung der Arbeit wird das Flaschenventil geschlossen. Danach das Druckreduzierventil vollständig entlasten, Regulierschraube entspannen, Absperrventil schliessen. Das Druckreduzierventil darf jetzt abgeschraubt werden.

13.2.5 Druckdosen

Für verflüssigte Gase existieren im Handel Druckdosen (Füllmenge zirka 100–350 g), die sich durch einfache Handhabung und Dosiermöglichkeit auszeichnen. Das Gas wird über ein aufgeschraubtes Nadelventil entnommen. Bezüglich Transport, Lagerung und Handhabung gelten die gleichen Sicherheitsmassnahmen wie für Druckgasflaschen.

13.3 Umgang mit Gasen

Aufgrund ihrer spezifischen Eigenschaften erfordert der Umgang mit Gasen spezielle Arbeitsmethoden und Apparaturen.

13.3.1 Apparatur

Gasapparaturen müssen in einer Kapelle gut zugänglich und übersichtlich aufgebaut sein. Schliffverbindungen müssen gasdicht sein. Gefettete Schliffe müssen durchsichtig sein.

Damit Stopfen, Thermometer und weitere Aufbauten nicht durch auftretenden Überdruck abgehoben werden, können diese mit Klemmen gesichert werden. Vor einer Inbetriebnahme muss die gesamte Apparatur auf ihre einwandfreie Funktion überprüft werden. Das kann mit dem Durchleiten eines Inertgases oder dem Anbringen von Vakuum geschehen.

Blasenzähler

◨ Abb. 13.9 zeigt ein Beispiel für einen Blasenzähler. Er dient zum Beobachten der durchströmenden Gasmenge. Die eingefüllte Sperrflüssigkeit darf mit dem entweichenden Gas keine Reaktion eingehen, und es soll sich möglichst wenig Gas darin lösen.

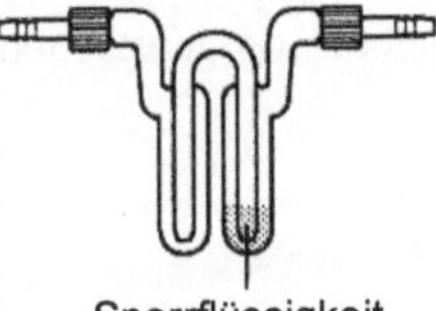

◨ **Abb. 13.9** Ein Gasblasenzähler zur Überwachung des Gasstromes

Schlauchverbindungen

Der Weg von der Druckgasflasche zur Apparatur und vom Kühler zur Vernichtung wird meist mit Schläuchen überbrückt.

❯ **Sämtliche Schläuche sind möglichst kurz zu wählen. Das verwendete Schlauchmaterial muss gasdicht und chemisch beständig sein.**

Für Schlauchverbindungen wird meist Latex-Schlauch verwendet. Dieser zeigt bei kurzer Einwirkungsdauer eine gute chemische Beständigkeit gegen praktisch alle im Labor üblicherweise verwendete Gase. Ausnahmen sind Nitrose Gase und Fluor.

13.3.2 Über- und Unterdrucksicherung

Gasapparaturen müssen so aufgebaut werden, dass ein eventuell entstehender Über- oder Unterdruck sofort ausgeglichen wird. Über- oder Unterdrucksicherungen können einzeln oder kombiniert eingesetzt werden, wie das Beispiel in ◘ Abb. 13.10 zeigt.

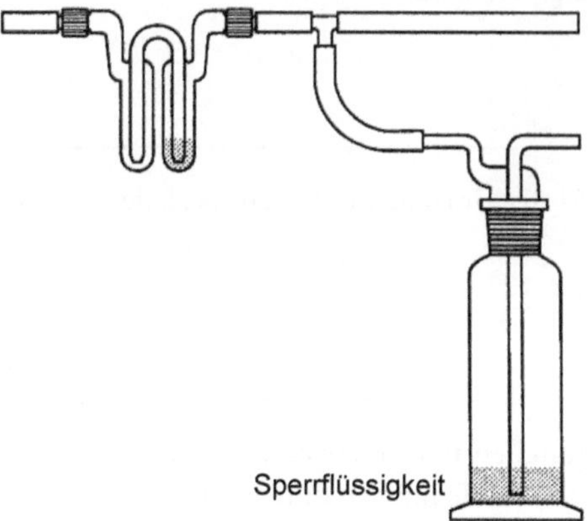

◘ **Abb. 13.10** Eine Unterdrucksicherung mit Sperrflüssigkeit

Beim Einleiten von giftigen oder aggressiven Gasen wird die Überdrucksicherung mit der Gasvernichtung verbunden. Sperrflüssigkeiten müssen sich dem Gas gegenüber inert verhalten.

Sicherheitsgaswäscher nach Trefzer

Dieses Gerät, wie es ◘ Abb. 13.11 zeigt, ist eine Kombination aus Waschflasche und Sicherheitsgefäss für Über- und Unterdruck. Es ist einfach zu montieren. Die eingebaute Glasfritte verteilt das durchströmende Gas sehr fein und erlaubt gleichzeitig eine Überwachung des Gasflusses.

Bei Verwendung einer geeigneten Sperrflüssigkeit kann das Gas gleichzeitig gewaschen und getrocknet werden.

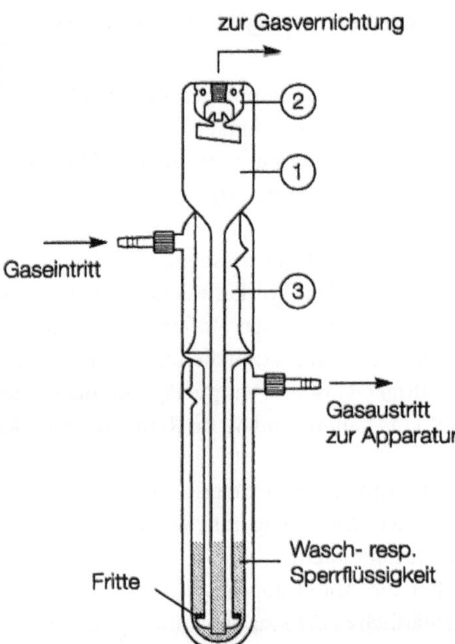

◘ Abb. 13.11 Gaswaschflasche nach Trefzer

Sicherheitsfunktionen:

- Überdruck-Sicherheitsraum (1) mit Spritzschutz (2),
- Unterdruck-Sicherheitsraum (3) mit Spritzschutz.

Eine Alternative kann aus Gaswaschflaschen, wie in der ◘ Abb. 13.12 gezeigt, zusammengebaut werden.

Auch diese Anordnung kann ein entstehender Über- oder Unterdruck im System sofort ausgeglichen werden.

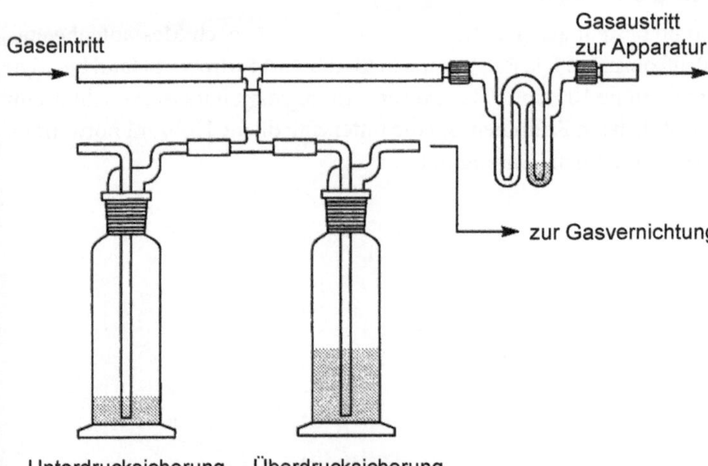

◘ Abb. 13.12 Druckausgleich mit einfachen Gaswaschflaschen

13.3.3 Sicherheitsvorkehrungen beim Arbeiten mit giftigen Gasen

Vor dem Arbeiten mit giftigen Gasen sind immer die Sicherheitsdatenblätter zu konsultieren, und es müssen entsprechende Sicherheitsmassnahmen getroffen werden.

Beim Arbeiten mit sehr giftigen Gasen (wie zum Beispiel Blausäure, Phosgen, Chlorcyan, Fluorwasserstoff, Selenwasserstoff, Schwefelwasserstoff) sollen zwei instruierte Personen im Labor anwesend sein. Auszubildende dürfen nur unter Aufsicht mit giftigen Gasen arbeiten. Zusätzlich sind vor dem Arbeiten mit Blausäure, Chlorcyan aus Druckflaschen sowie mit grösseren Mengen Bromcyan Notfallmassnahmen vorzubereiten. Der Werkärztliche Dienst ist bei Planung der Arbeit zu informieren, da bei Vergiftungsfällen mit diesen Stoffen der Zeitfaktor eine ausschlaggebende Rolle spielt. Bei Zwischenfällen ist der Werkärztliche Dienst unverzüglich zu informieren. Jede an einem Versuch mit sehr giftigen Gasen beteiligte Person muss eine angepasste Schutzmaske mit geeignetem Filter in Griffnähe halten. Andere im Raum anwesende Personen sind über die Versuche zu informieren.

Die Apparaturen sind mit einem Gasspürgerät oder mit anderen zuverlässigen Nachweismethoden auf Dichtigkeit zu prüfen. Für sehr giftige Gase gibt es Messgeräte, welche am Körper getragen werden und die Gaskonzentration permanent überwachen.

Giftige und übelriechende Gase dürfen nicht über die Abluft abgeleitet werden. Sie sind am Entstehungsort zu absorbieren oder in eine unschädliche Form zu überführen. Für diesen Zweck sind spezielle Laborgasabsorber erhältlich.

Das Arbeiten mit giftigen Gasen aus Druckgaszylindern im unbeaufsichtigten Versuch ist verboten.

13.3.4 Nachweis von Gasen

Der Nachweis von Gasen kann mit einem Gasspürgerät und entsprechendem Prüfröhrchen oder mit geeignetem Indikatorpapier erfolgen. Beim Nachweisen mit Indikatorpapier muss dieses zuerst mit Wasser befeuchtet werden.

Dräger-Röhrchen Pumpe

Die Dräger-Röhrchen Pumpe besteht aus der Balgpumpe und dem je nach Messaufgabe entsprechend ausgewählten Prüfröhrchen. Die Balgpumpe in ◘ Abb. 13.14 wird von Hand betätigt. Mit jedem Hub fördert diese Pumpe $100\,cm^3$. Das Ende des Ansaugvorganges ist erreicht, wenn die Abstandkette gespannt ist. Je nach Röhrchen ist eine unterschiedliche Hubzahl notwendig. ◘ Abb. 13.13 zeigt ein Beispiel mit einem Ansaugmotor.

◘ Abb. 13.13 Dräger Handgasspürgerät. (Mit freundlicher Genehmigung von Dräger Schweiz AG, Liebefeld)

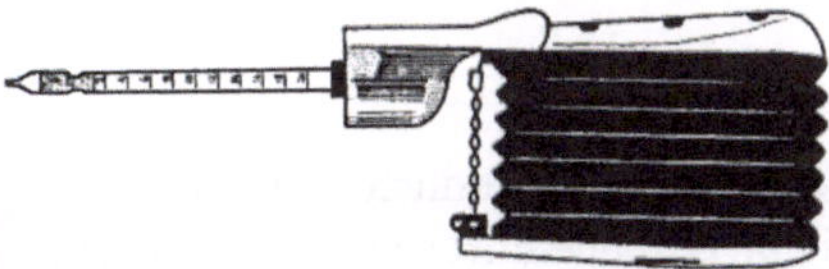

◘ Abb. 13.14 Dräger Handgaspumpe zur Detektion von Gasen in der Luft

Es gibt ein Sortiment von zirka hundert verschiedenen Dräger-Röhrchen, mit denen sich unterschiedliche Gase und Dämpfe bestimmen lassen. Viele der Dräger-Röhrchen sind Skalenröhrchen, bei denen sich die Anzeigeschicht in Abhängigkeit von der Gaskonzentration zonenweise verfärbt. Der Messwert wird auf der aufgedruckten Strichskala abgelesen.

Im Allgemeinen sind die Reagenzsysteme in den Prüfröhrchen nicht unbegrenzt lagerfähig. Die Angaben wie Lagerfähigkeit, Messbereich, Hubzahl oder Lagerbedingungen sollen direkt der Verpackung entnommen werden.

13.3.5 Herstellen von Gasen im Labor

Gase können im Labor durch physikalische oder chemische Vorgänge gewonnen werden. Physikalisch durch Austreiben aus einer Lösung oder chemisch mit einer Reaktion, bei welcher das gewünschte Gas entsteht.

Die so gewonnenen Gase enthalten eventuell störende Verunreinigungen und fast immer Feuchtigkeit, welche durch Waschen und Trocknen entfernt werden können. Die Waschflüssigkeit absorbiert die störenden Verunreinigungen und das Trockenmittel nimmt die Feuchtigkeit auf, wie das Beispiel in ◘ Abb. 13.15 zeigt. Das gereinigte Gas kann nun zum Beispiel als Reaktionspartner eingeleitet werden.

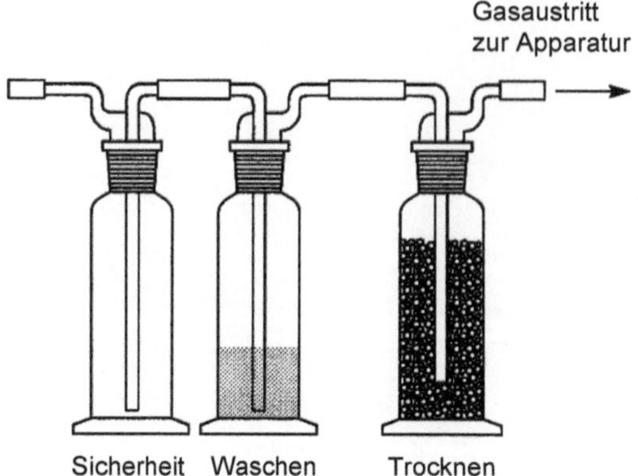

◨ **Abb. 13.15** Trocknen und Waschen von Gasen mit einfachen Gaswaschflaschen

13.3.6 Überleiten von Gasen

Viele chemische Reaktionen sind feuchtigkeits- oder oxidationsempfindlich und müssen deshalb unter Ausschluss von Luftfeuchtigkeit oder -sauerstoff durchgeführt werden. Durch Überleiten eines Schutz- oder Inertgases kann die Reaktion unter inerten Bedingungen durchgeführt werden. Das Überleitrohr darf nicht in die Flüssigkeit eintauchen. Auf diese Weise kann kein Reaktionsgemisch zurückgesaugt werden, eine Sicherheitsflasche vor dem Überleitrohr ist deshalb unnötig, wie das Beispiel in ◨ Abb. 13.16 zeigt.

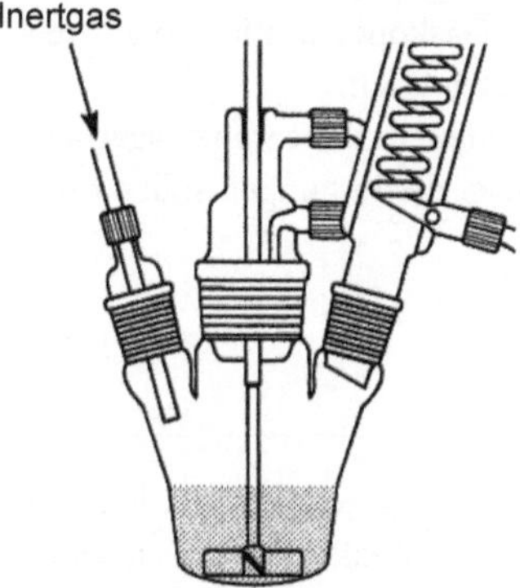

◨ **Abb. 13.16** Eine Möglichkeit für die Überleitung von Gasen

13.3.7 Einleiten von Gasen

Technisch hergestellte Gase sind in der Regel so rein, dass kein zusätzliches Waschen und Trocknen nötig ist. Gase, die für eine Reaktion benötigt werden, leitet man meistens unter die Flüssigkeitsoberfläche ein. Es ist eine Unterdrucksicherung oder eine leere Sicherheitsflasche vor das Einleitrohr zu montieren. Diese Sicherheitsflasche muss gross genug sein, um die gesamte Menge an Reaktionsgemisch, das zurückfliessen kann, aufzufangen.

Wird das Gas in eine Flüssigkeit eingeleitet, und entsteht bei der Reaktion keine Suspension, so wird das Gas möglichst tief in die Flüssigkeit eingebracht. Zur feinen Verteilung kann ein Gaseinleitrohr mit Fritte, wie es ◘ Abb. 13.17 zeigt, verwendet werden.

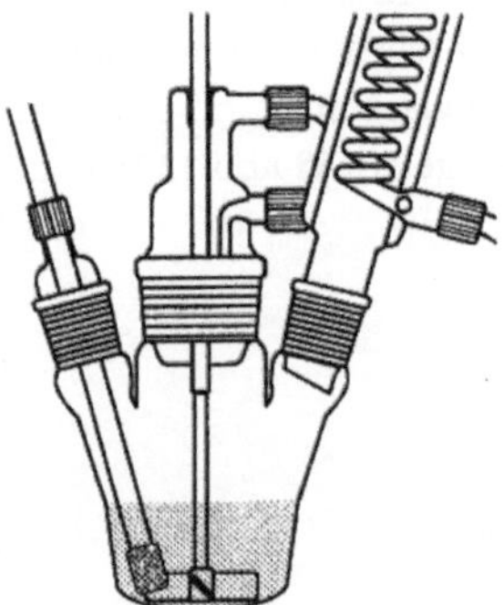

◘ **Abb. 13.17** Gaseinleitrohr mit Fritte erhöht die Oberfläche des eingeleiteten Gases

Wird das Gas in eine Suspension eingeleitet, oder entsteht bei der Reaktion mit dem eingeleiteten Gas ein Feststoff, empfiehlt es sich, ein Einleitrohr mit Durchstossvorrichtung zu verwenden, wie es ◘ Abb. 13.18 zeigt. Mit dem Glasstab kann das Einleitrohr regelmässig gesäubert, und auf diese Weise eine Verstopfung verhindert werden.

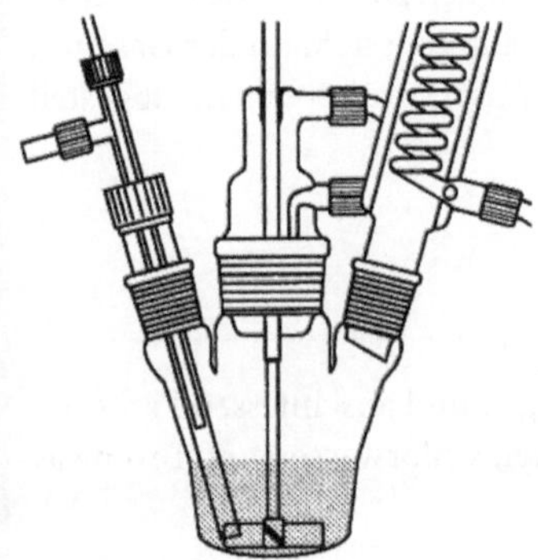

◘ **Abb. 13.18** Gaseinleitrohr mit Durchstossvorrichtung, wenn Verstopfungsgefahr durch Feststoffe besteht

13.3.8 Messen von Gasmengen

Die Bestimmung der einzuleitenden Gasmenge kann aufgrund des Volumens oder der Masse erfolgen.

> **Wägen ist die bevorzugte Methode.**

Die Druckgasflasche wird vor der Entnahme gewogen. Dann wird das Gas entnommen, bis die gewünschte Massenabnahme etwa erreicht ist. Durch eine Differenzwägung kann die genaue Masse des entnommenen Gases ermittelt werden.

13.3.9 **Ableiten von Gasen**

Entsteht bei einer Reaktion ein Gas oder wird ein solches im Überschuss eingeleitet, muss es abgeleitet und aufgearbeitet werden. Die dazu verwendete Apparatur darf nur eine kontrollierbare Öffnung aufweisen, aus der das Gas austreten kann. Viele Gase haben das Bestreben, Lösemitteldämpfe mitzureissen. Der Intensivkühler verhindert, dass viele Dämpfe in die Gasabsorption gelangen. Der Blasenzähler dient zur Überwachung der durchströmenden Gasmenge, wie ◘ Abb. 13.19 zeigt.

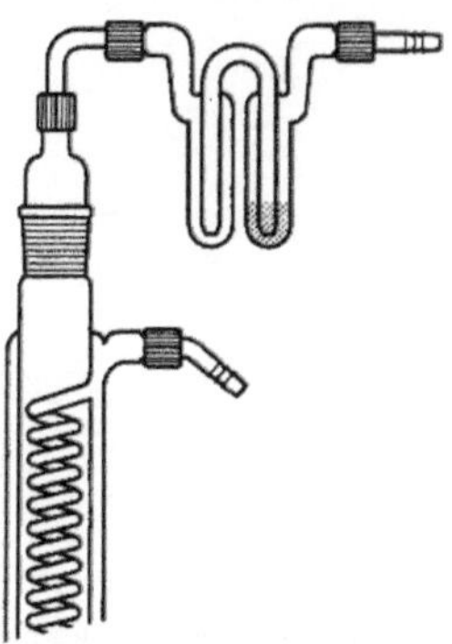

◘ **Abb. 13.19** Der Gasblasenzähler auf dem Kühler ermöglicht die Überwachung von Gasbewegungen

Wird Lösemittel mitgerissen, nimmt das Volumen der Sperrflüssigkeit zu. Es handelt sich dabei um kondensiertes Lösemittel. Ist es Inertgas, welches Lösemittel mitreisst, kann der Gasstrom auf ein Minimum reduziert oder, wenn das gefahrlos möglich ist, vorübergehend abgestellt werden.

13.3.10 **Lösen von Gasen**

Gut wasserlösliche Gase werden in genügend Wasser aufgefangen und anschliessend entsorgt, wie das Beispiel in ◘ Abb. 13.20 zeigt. Zu diesen Gasen gehören Chlorwasserstoff, Bromwasserstoff und Ammoniak.

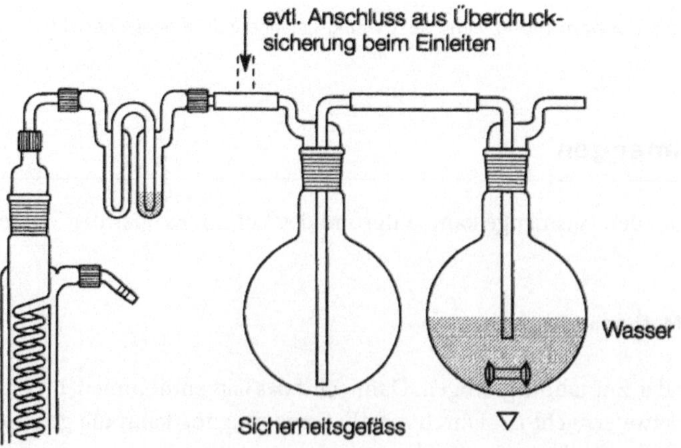

◘ **Abb. 13.20** Eine einfache Apparatur zur Adsorption von gut wasserlöslichen Gasen wie HCl oder NH_3

Diese Gase werden unter Rühren zu einem maximalen Massenanteil von zirka 0,1 g/g in Wasser eingeleitet und gelöst. Wenn nur geringe Mengen aufzufangen sind oder wenn lediglich ein geringer Gasstrom entsteht, absorbieren sehr gut wasserlösliche Gase selbst wenn sie nur über das Wasser geleitet werden. Zur Verbesserung der Löslichkeit wird auf 10 bis 0 °C gekühlt. Das Sicherheitsgefäss soll so gross gewählt werden, dass alle allfällig zurückfliessende Flüssigkeit darin Platz findet. Das Rücklaufrohr muss im Sicherheitsgefäss bis zum Gefässboden reichen, damit die Flüssigkeit wieder vollständig zurückgedrückt werden kann. Mit einem angefeuchteten Indikatorpapier kann an der Austrittsöffnung kontrolliert werden, ob alles Gas absorbiert wird. Eventuell ist ein weiteres Absorptionsgefäss anzubringen.

Anstelle einer Sicherheitsflasche kann auch eine Unterdrucksicherung, wie sie ◘ Abb. 13.21 zeigt, eingebaut werden.

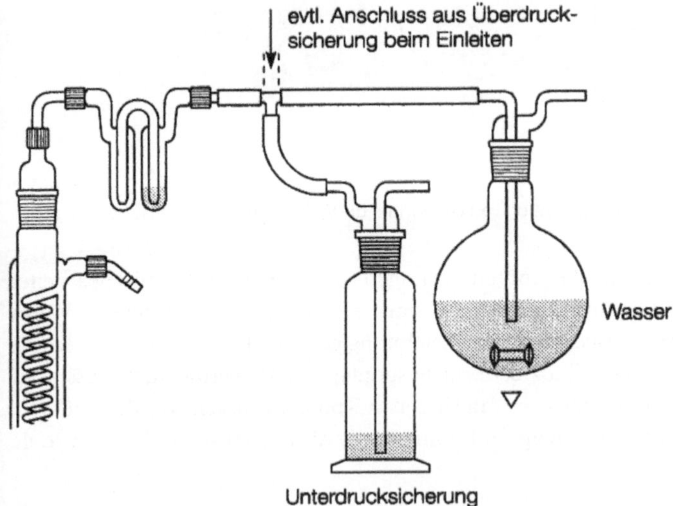

◘ **Abb. 13.21** Eine Apparatur mit Unterdrucksicherung zur Adsorption von gut wasserloslichen Gasen wie HCl oder NH_3

Diese Anordnung bringt den Vorteil, dass die Reaktion wasserfrei durchgeführt werden kann. In der Unterdrucksicherung und im Blasenzähler wird eine hygroskopische Sperrflüssigkeit verwendet.

13.3.11 Chemisches Vernichten von giftigen Gasen

Schlecht wasserlösliche oder stark giftige Gase sind chemisch in eine unschädliche Form zu überführen. Das Vernichtungsmittel (Absorbens) muss dabei im Überschuss vorhanden sein. Zu diesen Gasen gehören zum Beispiel Chlor, Phosgen, Schwefeldioxid. Siehe hierzu ◘ Tab. 13.1.

◘ **Tab. 13.1** Gasabsorptionsreaktionen

Chlor: Cl_2	+	2 NaOH	→	NaCl	+	NaOCl	+	H_2O
Phosgen: $COCl_2$	+	2 NaOH	→	2 NaCl	+	CO_2	+	H_2O
Schwefeldioxid: SO_2	+	2 NaOH	→	Na_2SO_3	+	H_2O		

Mit der Apparatur in ◘ Abb. 13.22 können Gase vernichtet werden, die mit dem Vernichtungsmittel sofort und vollständig reagieren

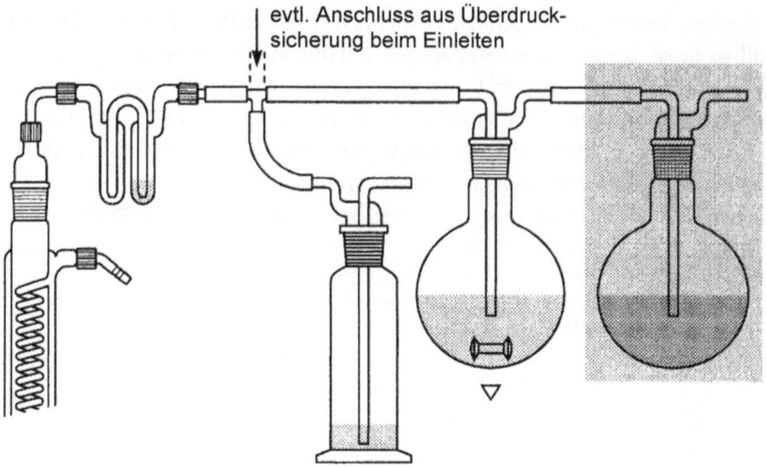

◘ **Abb. 13.22** Eine Apparatur zur Ad- oder Absorption von Gasen, hier die Variante mit Unterdrucksicherung

Es ist darauf zu achten, dass nur mit verdünnten Lösungen (β = maximal 0,1 g/mL) gearbeitet wird, um ein Verstopfen der Leitungen und ein zu starkes Erwärmen zu vermeiden. Wenn nötig muss ein zweites Vernichtungsgefäss (in der Zeichnung gerastert) angeschlossen werden.

Für Gase wie zum Beispiel Schwefeldioxid, die nicht spontan mit der Vernichtungsflüssigkeit reagieren und deshalb länger und intensiver mit dieser in Kontakt gebracht werden müssen, eignet sich folgende, im Gegenstromprinzip funktionierende, Absorptionseinrichtung, wie sie ◘ Abb. 13.23 zeigt.

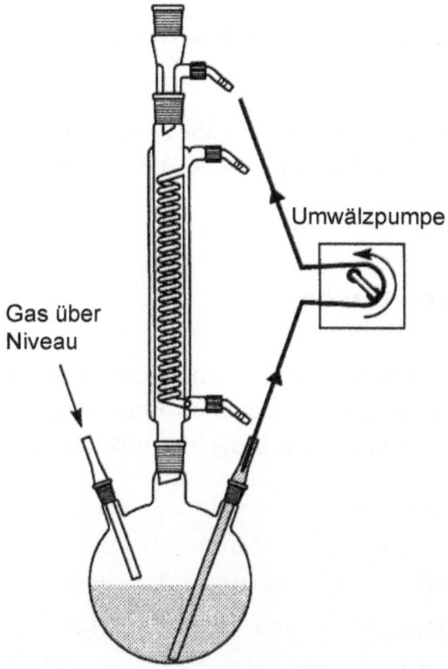

◘ **Abb. 13.23** Gasabsorptionsapparatur, Absorbens im Kreislauf gepumpt

Die Kühlung erfolgt mit dem Intensivkühler. Durch das Umwälzen wird eine gute Durchmischung gewährleistet. Die Drehzahl der Pumpe wird so eingestellt, dass im Kühler kein Flüssigkeitsstau auftritt.

13.3.12 Komplette Gasapparatur

Das Beispiel in ◘ Abb. 13.24 zeigt eine mögliche Anordnung einer Reaktionsapparatur. Dabei wird ein Gas eingeleitet und ein bei der Reaktion entstehendes gasförmiges Nebenprodukt abgeleitet und absorbiert wird.

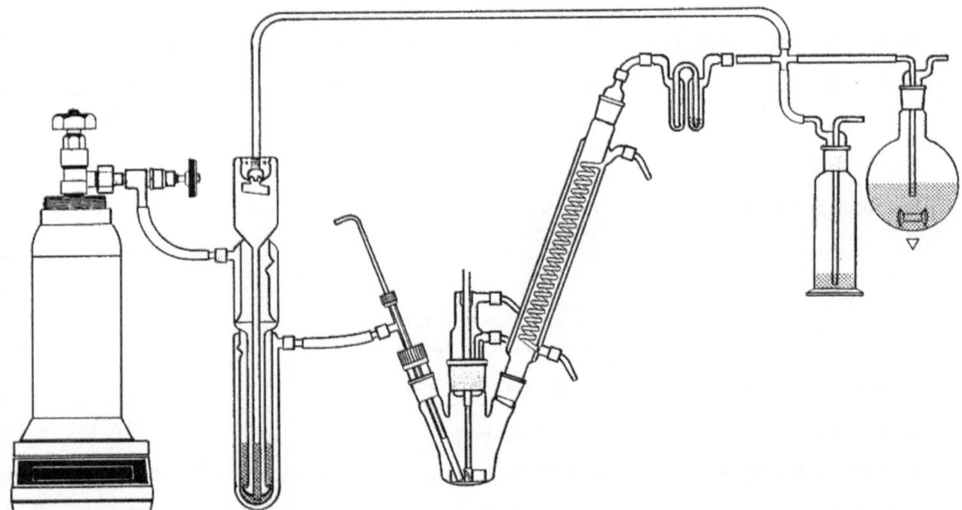

◘ **Abb. 13.24** Vollständige Apparatur zur Einleitung und Absorption von toxischen und hochreaktiven Gasen

13.4 Gaskenndaten

Die folgende ◘ Tab. 13.2 gibt für ausgewählte Gase relevante Parameter für die Praxis an.

◘ **Tab. 13.2** Tabelle der Gaskenndaten

Acetylen, gelöst in Ethin	HC ≡ CH	26,04 g/mol	15 bar in Aceton
	Smp −80,8 °C	Kp −84 °C	
Relative Dichte, gasf. (Luft = 1):	0,908		
Löslichkeit in Wasser:	1185 mg/L		
Explosionsgrenzen (Vol.% in Luft):	2,3–88 %(V)		
Nachweis:			
Herstellung im Labor:			
Sperrflüssigkeit:	Wasser, Paraffinöl		

◘ Tab. 13.2 *(Fortsetzung)* Tabelle der Gaskenndaten

Vernichtung/Absorption:	Verbrennen $2\,C_2H_2 + 5\,O_2 \rightarrow 4\,CO_2 + 2\,H_2O$
Sicherheit:	Explosiv, ungiftig, in hoher Konzentration narkotisch
MAK-Wert	$1000\,mL/m^3$ (ppm)

Hochentzündlich	Ätzend	Gewässergefährdend	Gas unter Druck

Ammoniak	NH_3	17,01 g/mol	8–10 bar flüssig
	Smp −77,7 °C	Kp −33 °C	
Relative Dichte, gasf. (Luft = 1):	0,6		
Löslichkeit in Wasser:	1185 mg/L		
Explosionsgrenzen (Vol.% in Luft):	15–30 %(V)		
Nachweis:	Universalindikatorpapier, Geruch, Dräger-Röhrchen Nr. CH20501		
Herstellung im Labor:	$NH_4Cl + NaOH \rightarrow NaCl + H_2O + NH_3\uparrow$		
Sperrflüssigkeit:	Natronlauge konz.		
Vernichtung/Absorption:	Absorbieren in Wasser, verdünnten Ammoniak kanalisieren		
Sicherheit:	Schwere Verätzung der Haut, Atemwege und Augen, Lungenödem		
MAK-Wert	25 mL/m3 (ppm)		

Hochentzündlich	Ätzend	Gewässergefährdend	Gas unter Druck

Argon	Ar	39,95 g/mol	Bis 150 bar gasförmig
	Smp. −189 °C	Kp −186 °C	
Relative Dichte, gasf. (Luft = 1):	1,38		
Löslichkeit in Wasser:	61 mg/L		
Explosionsgrenzen (Vol.% in Luft):	Nicht brennbar		
Nachweis:			
Herstellung im Labor:			
Sperrflüssigkeit:	Schwefelsäure konz.		
Vernichtung/Absorption:	Kann in kleineren Mengen der Atmosphäre zugeführt werden		

◪ Tab. 13.2 (*Fortsetzung*) Tabelle der Gaskenndaten

Sicherheit:	Erstickungsgefahr durch Verdrängen des Sauerstoffs, Atemnot		
MAK-Wert			
 Gas unter Druck			
Brom	Br_2	159,81 g/mol	Flüssig
	Smp −7,3 °C	Kp 58,7 °C	
Relative Dichte, gasf. (Luft = 1):	5,5		
Löslichkeit in Wasser:	36 g/L		
Explosionsgrenzen (Vol.% in Luft):			
Nachweis:	Kaliumiodidstärkepapier Dräger-Röhrchen Nr. CH24301		
Herstellung im Labor:			
Sperrflüssigkeit:	Schwefelsäure konz.		
Vernichtung/Absorption:	Verdünnte Natronlauge $2\,NaOH + Br_2 \rightarrow NaBr + NaOBr + H_2O$		
Gefahrenhinweis:	Lebensgefahr bei Einatmen (Lungenödem), verursacht schwere Verätzungen der Haut und schwere Augenschäden, sehr giftig für Wasserorganismen.		
MAK-Wert	$0,1\ mL/m^3$ (ppm)		
Ätzend 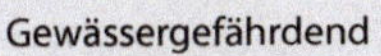Gewässergefährdend Hochentzündlich			
Bromwasserstoff	HBr	80,92 g/mol	10–20 bar flüssig
	Smp −87 °C	Kp −66,7 °C	
Relative Dichte, gasf. (Luft = 1):	2,8		
Löslichkeit in Wasser:	700 g/L, hydrolisiert		
Explosionsgrenzen (Vol.% in Luft):	Nicht brennbar		
Nachweis:	Universalindikatorpapier		
Herstellung im Labor:	$KBr + H_3PO_4 \rightarrow KH_2PO_4 + HBr\uparrow$		
Sperrflüssigkeit:	Schwefelsäure konz.		
Vernichtung/Absorption:	Absorbieren in Wasser, verdünnte Bromwasserstoffsäure kanalisieren		

◩ Tab. 13.2 (*Fortsetzung*) Tabelle der Gaskenndaten

Sicherheit:	Giftig beim Einatmen, verursacht schwere Verätzungen der Haut und schwere Augenschäden, kann die Atemwege reizen
MAK-Wert	2 mL/m³ (ppm)

Ätzend

Hochentzündlich

Butan	C_4H_{10}	58,12 g/mol	5–10 bar flüssig
	Smp −138 °C	Kp −0,5 °C	
Relative Dichte, gasf. (Luft = 1):	2,1		
Löslichkeit in Wasser:	88 mg/L		
Explosionsgrenzen (Vol.% in Luft):	1,4–9,4 % (V)		
Nachweis:	Dräger-Röhrchen Nr. CH26 101		
Herstellung im Labor:			
Sperrflüssigkeit:	Wasser, Schwefelsäure konz.		
Vernichtung/Absorption:	Verbrennen $2\,C_4H_{10} + 13\,O_2 \rightarrow 8\,CO_2 + 10\,H_2O$		
Sicherheit:	Extrem entzündbares Gas, geruchlos		
MAK-Wert	800 mL/m³ (ppm)		

Hochentzündlich

Chlor	Cl_2	70,94 g/mol	60–80 bar flüssig
	Smp −101 °C	Kp −34 °C	
Relative Dichte, gasf. (Luft = 1):	2,5		
Löslichkeit in Wasser:	8620 mg/L		
Explosionsgrenzen (Vol.% in Luft):			
Nachweis:	Kaliumiodidstärkepapier, Dräger-Röhrchen Nr CH24301		
Herstellung im Labor:	$2\,KMnO_4 + 16\,HCl \rightarrow 2\,MnCl_2 + 2\,KCl + 8\,H_2O + 5\,Cl_2{\uparrow}$		
Sperrflüssigkeit:	Schwefelsäure konz		

◘ Tab. 13.2 (*Fortsetzung*) Tabelle der Gaskenndaten

Vernichtung/Absorption:	Verdünnte, kalte Natronlauge $2\,NaOH + Cl_2 \rightarrow NaCl + NaOCl + H_2O$
Sicherheit:	Kann Brand verursachen oder verstärken, Lebensgefahr beim Einatmen (Lungenödem), verursacht schwere Augen- und Hautreizungen, sehr giftig für Wasserorganismen, wirkt ätzend auf die Atemwege
MAK-Wert	$0{,}5\,mL/m^3$ (ppm)

Ätzend Gewässergefährdend Brandfördernd Hochentzündlich

Chlorwasserstoff	HCl	36,46 g/mol	60–80 bar flüssig
	Smp −114 °C	Kp −85 °C	
Relative Dichte, gasf. (Luft = 1):	1,3		
Löslichkeit in Wasser:	439 L/L, hydrolisiert		
Explosionsgrenzen (Vol.% in Luft):	Nicht brennbar		
Nachweis:	Universalindikatorpapier, Dräger-Röhrchen Nr. CH29 501		
Herstellung im Labor:	$NaCl + H_2SO_4 \rightarrow NaHSO_4 + HCl\uparrow$		
Sperrflüssigkeit:	Schwefelsäure konz.		
Vernichtung/Absorption:	Absorbieren in Wasser, verdünnte Salzsäure kanalisieren		
Sicherheit:	Verursacht schwere Verätzungen der Haut und schwere Augenschäden, giftig beim Einatmen, wirkt ätzend auf die Atemwege (Lungenödem)		
MAK-Wert	$2\,mL/m^3$ (ppm)		

Ätzend Hochentzündlich

Cyanwasserstoff	HCN	27,02 g/mol	5–10 bar flüssig
	Smp −13,2 °C	Kp 25,7 °C	
Relative Dichte, gasf. (Luft = 1):	0,901		
Löslichkeit in Wasser:	Unendlich		
Explosionsgrenzen (Vol.% in Luft):			
Nachweis:	Dräger-Röhrchen Nr. CH25 701		

◻ **Tab. 13.2** *(Fortsetzung)* Tabelle der Gaskenndaten

Herstellung im Labor:	
Sperrflüssigkeit:	Schwefelsäure konz.
Vernichtung/Absorption:	Verdünnte Chlorlauge $HCN + NaOCl + 2\,H_2O \rightarrow CO_2 + NH_3 + H_2O + NaCl$
Sicherheit:	Flüssigkeit und Dampf extrem entzündbar, lebensgefährlich bei Verschlucken, Lebensgefahr bei Hautkontakt und Einatmen, schädigt die Organe bei längerer oder wiederholter Exposition, sehr giftig für Wasserorganismen (mit langfristiger Wirkung)
MAK-Wert	$1{,}9\,\text{mL/m}^3$ (ppm)

Gewässergefährdend   Hochentzündlich   Hochgiftig

Ethen (Ethylen)	$H_2C = CH_2$	28,05 g/mol	20–30 bar flüssig
	Smp −169 °C	Kp 103 °C	
Relative Dichte, gasf. (Luft = 1):	0,975		
Löslichkeit in Wasser:	131 mg/L		
Explosionsgrenzen (Vol.% in Luft):	2,4–32,6 %(V)		
Nachweis:	Dräger-Röhrchen Nr. 67 28 051		
Herstellung im Labor:			
Sperrflüssigkeit:	Wasser, Natronlauge konz.		
Vernichtung/Absorption:	Verbrennen $CH_2 = CH_2 + 3\,O_2 \rightarrow 2\,CO_2 + 2\,H_2O$		
Sicherheit:	Extrem entzündbares Gas, kann Schläfrigkeit und Benommenheit verursachen		
MAK-Wert	10'000 mL/L (ppm)		

Vorsicht Gefährlich   Hochentzündlich

Ethylenoxid	$H_2C\!-\!CH_2$ (O)	44,05 g/mol	5–10 bar flüssig
	Smp −112 °C	Kp 10,4 °C	
Relative Dichte, gasf. (Luft = 1):	1,5		

◻ Tab. 13.2 *(Fortsetzung)* Tabelle der Gaskenndaten

Löslichkeit in Wasser:	unendlich
Explosionsgrenzen (Vol.% in Luft):	2,6 %(V)–100 %(V)
Nachweis:	Dräger-Röhrchen Nr. 67 28 961
Herstellung im Labor:	
Sperrflüssigkeit:	Paraffinöl
Vernichtung/Absorption:	Verdünnte Natronlauge im Überschuss
Sicherheit:	Extrem entzündbares Gas, kann Krebs erzeugen, kann genetische Defekte verursachen, giftig bei Einatmen, verursacht schwere Augenreizungen, mit und ohne Luft explosionsfähig
MAK-Wert	1 mL/L (ppm)

Hochentzündlich

Gesundheitsschädigend

Helium	He	4,00 g/mol	Bis 200 bar gasförmig
	Smp −272,2 °C	Kp −269 °C	
Relative Dichte, gasf. (Luft = 1):	0,14		
Löslichkeit in Wasser:	1,5 mg/L		
Explosionsgrenzen (Vol.% in Luft):	nicht brennbar		
Nachweis:			
Herstellung im Labor:			
Sperrflüssigkeit:	Wasser, Schwefelsäure konz.		
Vernichtung/Absorption:	Kann in kleinen Mengen der Atmosphäre zugeführt werden		
Sicherheit:	Erstickend in hohen Konzentrationen		
MAK-Wert			

Kohlenstoffdioxid	CO_2	44,01 g/mol	60 bar flüssig
	Smp −56,6 °C	Kp −78,5 °C (subl.)	
Relative Dichte, gasf. (Luft = 1):	1,52		
Löslichkeit in Wasser:	2000 mg/L		
Explosionsgrenzen (Vol.% in Luft):			
Nachweis:	Bariumhydroxidlösung Dräger-Röhrchen Nr. CH25 101		
Herstellung im Labor:	$CaCO_3 + 2\,HCl \rightarrow CaCl_2 + H_2O + CO_2\uparrow$		
Sperrflüssigkeit:	Wasser, Schwefelsäure konz.		

⬛ **Tab. 13.2** (*Fortsetzung*) Tabelle der Gaskenndaten			
Vernichtung/Absorption:	Kann in geringen Mengen der Atmosphäre zugeführt werden		
Sicherheit:	Erstickend in hohen Konzentrationen		
MAK-Wert	5000 mL/L (ppm)		
Kohlenstoffmonoxid	CO	28,01 g/mol	
	Smp −205 °C	Kp −192 °C	
Relative Dichte, gasf. (Luft = 1):	1		
Löslichkeit in Wasser:	30 mg/L		
Explosionsgrenzen (Vol.% in Luft):	10,9–76 %(V)		
Nachweis:	Dräger-Röhrchen Nr. CH25 601		
Herstellung im Labor:			
Sperrflüssigkeit:	Wasser, Schwefelsäure, Natronlauge konz.		
Vernichtung/Absorption:	Verbrennen $2\,CO + O_2 \rightarrow 2\,CO_2$		
Sicherheit:	Extrem entzündbares Gas, kann die Fruchtbarkeit beeinträchtigen oder das Kind im Mutterleib schädigen, giftig bei Einatmen, schädigt die Organe bei längerer oder wiederholter Exposition, verhindert Sauerstoffaufnahme im Blut		
MAK-Wert	30 mL/L (ppm)		

Methan	CH_4	16,03 g/mol	200 bar gasförmig
	Smp −182 °C	Kp −161 °C	
Relative Dichte, gasf. (Luft = 1):	0,6		
Löslichkeit in Wasser:	26 mg/L		
Explosionsgrenzen (Vol.% in Luft):	4,4–15 %(V)		
Nachweis:			
Herstellung im Labor:			
Sperrflüssigkeit:	Wasser, Schwefelsäure konz.		
Vernichtung/Absorption:			
Sicherheit:	Extrem entzündbares Gas		
MAK-Wert	10'000 mL/L (ppm)		

◨ Tab. 13.2 *(Fortsetzung)* Tabelle der Gaskenndaten

Hochentzündlich

Methylamin	CH_3NH_2	31,06 g/mol	3 bar flüssig
	Smp −93 °C	Kp −7 °C	
Relative Dichte, gasf. (Luft = 1):	1,08		
Löslichkeit in Wasser:	1360 g/L		
Explosionsgrenzen (Vol.% in Luft):	4,9–20,7 %(V)		
Nachweis:	Universalindikatorpapier Dräger-Röhrchen Nr. 67 18 401		
Herstellung im Labor:			
Sperrflüssigkeit:	Paraffinöl, Natronlauge konz.		
Vernichtung/Absorption:	Verdünnte Salzsäure $CH_3NH_2 + HCl \rightarrow CH_3NH_2 \cdot HCl$		
Sicherheit:	Extrem entzündbares Gas, verursacht schwere Augenschäden, verursacht Hautreizungen, Gesundheitsschädlich bei Einatmen, kann die Atemwege reizen		
MAK-Wert	10 ml/m^3 (ppm)		

Vorsicht Gefähr-lich   Ätzend   Hochentzündlich

Phosgen (Carbonylchlorid)	O=C(Cl)Cl	98,92 g/mol	20–30 bar flüssig
	Smp −128 °C	Kp 7,4 °C	
Relative Dichte, gasf. (Luft = 1):	3,5		
Löslichkeit in Wasser:	Zersetzung		
Explosionsgrenzen (Vol.% in Luft):	Nicht brennbar		
Nachweis:	Dräger-Röhrchen Nr. CH19 401		
Herstellung im Labor:			
Sperrflüssigkeit:	Schwefelsäure konz.		

◘ Tab. 13.2 (*Fortsetzung*) Tabelle der Gaskenndaten

Vernichtung/Absorption:	Verdünnte Natronlauge $4\,NaOH + ClCOCl \rightarrow Na_2CO_3 + 2\,NaCl + 2\,H_2O$
Sicherheit:	Lebensgefahr bei Einatmen, verursacht schwere Verätzungen der Haut und Augenschäden, wirkt ätzend auf die Atemwege
MAK-Wert	$0{,}1\,ml/m^3$ (ppm)

Ätzend

Hochentzündlich

Propan	$CH_3CH_2CH_3$	44,10 g/mol	5–10 bar flüssig
	Smp −188 °C	Kp −42,1 °C	
Relative Dichte, gasf. (Luft = 1):	1,5		
Löslichkeit in Wasser:	75 mg/L		
Explosionsgrenzen (Vol.% in Luft):	1,7–10,8 %(V)		
Nachweis:	Dräger-Röhrchen Nr. CH26 101		
Herstellung im Labor:			
Sperrflüssigkeit:	Wasser		
Vernichtung/Absorption:	Verbrennen $CH_3CH_2CH_3 + 5\,O_2 \rightarrow 3\,CO_2 + 4\,H_2O$		
Sicherheit:	Extrem entzündbares Gas		
MAK-Wert	$1000\,ml/m3$ (ppm)		

Hochentzündlich

Sauerstoff	O_2	32,00 g/mol	Bis 200 bar gasförmig
	Smp −219 °C	Kp −183 °C	
Relative Dichte, gasf. (Luft = 1):	1,105		
Löslichkeit in Wasser:	39 mg/L		
Explosionsgrenzen (Vol.% in Luft):	Nicht brennbar		
Nachweis:	Dräger-Röhrchen Nr. 67 28 081		
Herstellung im Labor:			
Sperrflüssigkeit:	Wasser, Schwefelsäure konz.		
Vernichtung/Absorption:	Kann der Atmosphäre zugeführt werden		

◘ Tab. 13.2 (*Fortsetzung*) Tabelle der Gaskenndaten

Sicherheit:	Kann Brand verursachen oder verstärken, Oxidationsmittel
MAK-Wert	

Brandfördernd

Schwefeldioxid	SO_2	64,06 g/mol	5–10 bar flüssig
	Smp −75,5 °C	Kp −10 °C	
Relative Dichte, gasf. (Luft = 1):	2,3		
Löslichkeit in Wasser:	Hydrolisiert		
Explosionsgrenzen (Vol.% in Luft):	Nicht brennbar		
Nachweis:	Kaliumiodidstärkepapier, Dräger-Röhrchen Nr. 67 27 101		
Herstellung im Labor:			
Sperrflüssigkeit:	Schwefelsäure konz.		
Vernichtung/Absorption:	Natronlauge w = maximal 0,1 $2\,NaOH + SO_2 \rightarrow Na_2SO_3 + H_2O$		
Sicherheit:	Giftig bei Einatmen, verursacht schwere Verätzungen der Haut und schwere Augenschäden, wirkt ätzend auf die Atemwege		
MAK-Wert	0,5 mL/m^3 (ppm)		

Ätzend   Hochentzündlich

Schwefelwasserstoff	H_2S	34,08 g/mol	10–15 bar flüssig
	Smp −86 °C	Kp −60,2 °C	
Relative Dichte, gasf. (Luft = 1):	1,2		
Löslichkeit in Wasser:	3980 mg/L		
Explosionsgrenzen (Vol.% in Luft):	3,9–45,5 %(V)		
Nachweis:	Bleiacetatpapier, Dräger-Röhrchen Nr. 67 28 041		
Herstellung im Labor:	$FeS + H_2SO_4 \rightarrow FeSO_4 + H_2S\uparrow$		
Sperrflüssigkeit:	Natriumchloridlösung		
Vernichtung/Absorption:	Chlorlauge $H_2S + NaOCl \rightarrow S + NaCl + H_2O$		

◪ Tab. 13.2 *(Fortsetzung)* Tabelle der Gaskenndaten

Sicherheit:	Extrem entzündbares Gas, Lebensgefahr bei Einatmen, kann die Atemwege reizen, sehr giftig für Wasserorganismen	
MAK-Wert	5 mL/m^3 (ppm)	

Gewässergefährdend

Hochentzündlich

Hochgiftig

Stickstoff	N$_2$	28,01 g/mol	Bis 200 bar gasförmig
	Smp −210 °C	Kp −196 °C	
Relative Dichte, gasf. (Luft = 1):	0,97		
Löslichkeit in Wasser:	20 mg/L		
Explosionsgrenzen (Vol.% in Luft):	Nicht brennbar		
Nachweis:			
Herstellung im Labor:			
Sperrflüssigkeit:	Wasser, Schwefelsäure konz.		
Vernichtung/Absorption:	Kann der Atmosphäre zugeführt werden		
Sicherheit:	Erstickend in hohen Konzentrationen		
MAK-Wert			
Wasserstoff	H$_2$	2,01 g/mol	Bis 200 bar gasförmig
	Smp −259 °C	Kp −253 °C	
Relative Dichte, gasf. (Luft = 1):	0,07		
Löslichkeit in Wasser:	1,6 mg/L		
Explosionsgrenzen (Vol.% in Luft):	4 %(V)−77 %(V)		
Nachweis:	Dräger-Röhrchen Nr. CH30 901		
Herstellung im Labor:	Zn + 2 HCl → ZnCl$_2$ + H$_2$↑		
Sperrflüssigkeit:	Schwefelsäure konz.		
Vernichtung/Absorption:	Verbrennen 2 H$_2$ + O$_2$ → 2 H$_2$O		
Sicherheit:	Extrem entzündbares Gas		
MAK-Wert			

Hochentzündlich

13.5 Zusammenfassung

Bei vielen chemischen Reaktionen entstehen Gase oder werden Gase als Reaktionspartner eingesetzt.

In der ◨ Abb. 13.25 finden sich Beispiele dazu:

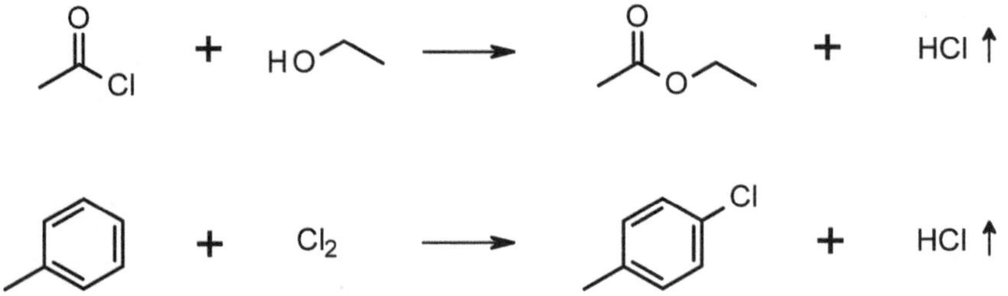

◨ **Abb. 13.25** Beispiele von chemischen Reaktionen mit Gasen

Ferner benötigt man Gase zum Schützen und Fördern von Chemikalien.

Besondere Eigenschaften von gasförmigen Stoffen:

- Gase breiten sich im ganzen Raum aus. Sie sind deshalb mit entsprechenden Massnahmen unter Kontrolle zu halten
- viele Gase sind gesundheitsschädigend
- viele Gase wirken korrodierend
- viele Gase belasten die Umwelt
- viele Gase bilden mit Luft explosive Gemische
- Gase können farblos und geruchlos sein
- Gase sind komprimierbar.

Weiterführende Literatur

http://www.pangas.ch/de/index.html (aufgerufen am 21.4.2015)
http://www.messergroup.com/de/index.html (aufgerufen am 21.4.2015)
http://www.carbagas.ch/de/produkte.html (aufgerufen am 21.4.2015)
Mortimer C, Müller U (2014) Chemie, das Basiswissen der Chemie. Thieme, Stuttgart
Schwetlick K et al (2009) Organikum, 23. Aufl. Wiley-VCH, Weinheim

Serviceteil

© Springer International Publishing Switzerland 2017
aprentas (Hrsg.), *Laborpraxis Band 1: Einführung, Allgemeine Methoden*, DOI 10.1007/978-3-0348-0966-5

Nachwort zur 6. Auflage

aprentas ist der führende Ausbildungsverbund für Grund- und Weiterbildung für naturwissenschaftliche, technische und kaufmännische Berufe. Das Bildungsangebot sichert langfristig den Berufsnachwuchs der Kunden und unterstützt sie in der Weiterbildung ihrer Mitarbeiterinnen und Mitarbeiter.

Die Stärken von aprentas sind die gezielte Verbindung von Theorie und Praxis in Schule und praktischer Grundausbildung sowie die Zusammenarbeit mit den Lehrbetrieben. Das qualitativ hochstehende Angebot ist auf die Bedürfnisse und Erwartungen der Kunden sowie weiterer Anspruchsgruppen abgestimmt. Die partnerschaftliche Zusammenarbeit mit den Kunden in der Grund- und Weiterbildung schafft hohen Kundennutzen. Aufgrund dieser Zielsetzungen haben der Vorstand und die Geschäftsleitung von aprentas entschieden, die LABORPRAXIS zu aktualisieren und neu herauszugeben.

Erarbeitet wurden die Kapitel der LABORPRAXIS von den Ausbilderinnen und Ausbildern der Laborantenausbildung der Fachrichtung Chemie im aprentas-Ausbildungszentrum Muttenz.

Dabei konnten sie auf die ideelle Hilfe und praktische Unterstützung von Kolleginnen und Kollegen der Berufsfachschule aprentas, der aprentas-Weiterbildung und von Berufsbildner/-innen der aprentas-Trägerfirmen BASF Schweiz AG, Novartis Pharma AG und Syngenta Crop Protection AG zählen.

Spezieller Dank gebührt Dr. Hans-Thomas Schacht für seine Unterstützung bezüglich des Kapitels Massenspektroskopie und Daniel Stauffer, welcher viele Illustrationen für die Chromatographiekapitel erstellt hat.

Folgende Personen, Firmen und Institutionen haben uns freundlicherweise mit Illustrationen unterstützt:

Agilent Technologies (Schweiz) AG	4052 Basel/Schweiz	agilent.com
Anton Paar Switzerland AG	5033 Buchs AG/Schweiz	anton-paar.com
Dr. Ralf Arnold	Deutschland	ir-spektroskopie.de/spec/ftir-prinzip
Asynt Ltd.	Isleham, Ely, Cambridgeshire, UK	asynt.com
Berufsgenossenschaft Nahrungsmittel und Gastgewerbe	68165 Mannheim/Deutschland	bgn.de
Berufsgenossenschaft Rohstoffe und Chemische Industrie	69115 Heidelberg/Deutschland	bgrci.de
BFB Beratungsstelle für Brandverhütung	3011 Bern/Schweiz	vkf.ch
Priv.-Doz. Dr. rer.nat. Peter Boeker, Universität Bonn	53115 Bonn/Deutschland	altrasens.de
Bohlender GmbH	97947 Grünsfeld/Deutschland	bohlender.de
Brabender GmbH & Co. KG	47055 Duisburg/Deutschland	brabender.com
Brand GmbH + CO KG	97877 Wertheim/Deutschland	brand.de
Bruker BioSpin AG	8117 Fällanden/Schweiz	bruker.com
BÜCHI Labortechnik AG	9230 Flawil/Schweiz	buchi.com
CAMAG	4132 Muttenz/Schweiz	camag.com
CEM GmbH	47475 Kamp-Lintfort/Deutschland	cem.de

CTC Analytics AG	4222 Zwingen/Schweiz	palsystem.com
Dräger Schweiz AG	3097 Liebefeld/Schweiz	draeger.com
ETH Zürich, Laboratorium für Organische Chemie	8092 Zürich/Schweiz	analytik.ethz.ch/vorlesungen/biopharm/Spektroskopie/NMR.pdf
Hellma Schweiz AG	8126 Zumikon/Schweiz	hellma.ch
Industriegaseverband e.V.	10117 Berlin/Deutschland	industriegaseverband.de
KNAUER Wissenschaftliche Geräte GmbH	14163 Berlin/Deutschland	knauer.net
KNF Neuberger AG	8362 Balterswil/Schweiz	knf.ch
Macherey-Nagel GmbH	52355 Dueren/Deutschland	mn-net.com
Methrom Schweiz AG	4800 Zofingen/Schweiz	metrohm.ch
Mettler-Toledo (Schweiz) GmbH	8606 Greifensee/Schweiz	mt.com
Müller Optronic, Groß- und Einzelhandel Müller GmbH	99086 Erfurt/Deutschland	mueller-optronic.com
Oxfort Instruments	Tubney Woods, Abingdon, Oxfordshire, UK	oxford-instruments.com
PanGas AG	6252 Dagmersellen/Schweiz	pangas.ch
Radleys	Saffron Walden, Essex, UK	radleys.com
Prof. Wiliam Reusch	USA	chemistry.msu.edu/faculty-research/emeritus-faculty-research/william-reusch
Schweizer-Brandschutz GmbH	8602 Wangen/Schweiz	schweizer-brandschutz.ch
Siemens AG	Deutschland	siemens.com
Sigma-Aldrich Chemie GmbH	9470 Buchs/Schweiz	sigmaaldrich.com
VACUUBRAND GMBH + CO KG	97877 Wertheim/Deutschland	vacuubrand.com
WIKA Alexander Wiegand SE & Co. KG	63911 Klingenberg/Deutschland	wika.de
Wiley-VCH Verlag GmbH & Co. KGaA	69469 Weinheim/Deutschland	wiley-vch.de

Abschliessend möchten wir uns bei Dr. Jutta Lindenborn von Springer Nature, Dr. Hans Detlef Klueber von Springer International Editing AG und Jeannette Krause von le-tex publishing services GmbH für ihre engagierte Mitarbeit und Begleitung bei der Erstellung der vorliegenden 6. Auflage bedanken.

September 2016   aprentas

Stichwortverzeichnis

Stichwortverzeichnis

Stichwortverzeichnis

Stichwortverzeichnis